宁夏乡村建设工匠培训教材

宁夏回族自治区住房和城乡建设厅　组编

武汉理工大学出版社
·武　汉·

图书在版编目（CIP）数据

宁夏乡村建设工匠培训教材/宁夏回族自治区住房和城乡建设厅主编.—武汉：武汉理工大学出版社,2024.3
ISBN 978-7-5629-6858-0

Ⅰ.①宁…　Ⅱ.①宁…　Ⅲ.①农村住宅-建筑工程-工程施工-技术培训-教材
Ⅳ.①TU241.4

中国国家版本馆 CIP 数据核字（2023）第 235587 号

项目负责人：汪浪涛
责 任 编 辑：汪浪涛
责 任 校 对：张莉娟
版 式 设 计：正风图文
出 版 发 行：武汉理工大学出版社
地　　　　址：武汉市洪山区珞狮路 122 号
邮　　　　编：430070
网　　　　址：http://www.wutp.com.cn
经　　　　销：各地新华书店
印　　　　刷：湖北金港彩印有限公司
开　　　　本：787×1092　1/16
印　　　　张：16.75
字　　　　数：397 千字
版　　　　次：2024 年 3 月第 1 版
印　　　　次：2024 年 3 月第 1 次印刷
定　　　　价：85.00 元

宁夏乡村建设工匠培训教材

专家委员会名单

编委会名单

主　　编：车佳玲　舒宏博　包　超
副 主 编：白俊英　郭紫薇　杨仁泽　夏玉萍　张晓宇
主　　审：杨　普

前　　言

党的二十大报告指出,"中国共产党领导人民打江山、守江山,守的是人民的心。治国有常,利民为本。为民造福是立党为公、执政为民的本质要求。必须坚持在发展中保障和改善民生,鼓励共同奋斗创造美好生活,不断实现人民对美好生活的向往。"乡村建设事关百姓切身利益,是增强农民群众获得感、幸福感、安全感的一项重大民生工程。习近平总书记多次在不同场合就防灾减灾救灾工作发表重要讲话或作出重要指示,多次深入灾区考察,始终把人民群众的生命安全放在第一位。

2022 年 7 月,人力资源与社会保障部向社会公示了新修订的《中华人民共和国职业分类大典》(以下简称《大典》)。此次《大典》修订工作,是由人力资源与社会保障部、国家市场监督管理总局、国家统计局于 2021 年 4 月联合启动的,也是自 1999 年颁布首部国家职业分类大典以来的第二次全面修订。其中,乡村建设工匠这个"老行当"作为新职业纳入国家职业分类目录,明确了其职业定义、具体任务、主要工种等。此次将乡村建设工匠纳入《大典》,标志着长期活跃在广袤农村的乡村建设从业人员有了正式的职业称谓,将有力促进乡村建设工匠队伍培育与规范管理,让传统"老行当"在新时代发挥优势,持续建设新农村。

当前,我国决战脱贫攻坚取得全面胜利,但无法回避的是,我国农房的设计建造水平亟待提高,村庄建设仍然存在较多短板。目前,迫切需要完善农房功能,提高农房品质,加强乡村基础设施和公共服务设施建设,全面提升乡村建设水平,改善农民生产生活条件,建设美丽宜居乡村,不断增强农民群众的获得感、幸福感、安全感。与此同时,实施乡村危房改造和地震高烈度设防地区农房抗震改造,逐步建立健全乡村住房安全保障长效机制,助力巩固拓展脱贫攻坚成果同乡村振兴的有效衔接。

对此,宁夏回族自治区住房和城乡建设厅组织有关专家编写完成了《宁夏乡村建设工匠培训教材》。期望通过开展以本书为载体的系列培训,对树立乡村建设工匠法律意识,强化施工过程的管理,提高业务技能和水平有所裨益。

本书内容主要包括农房建设政策与法律法规、建筑工程项目管理、建筑识图、建筑材料、宁夏农房建筑风貌设计、农房构造与抗震、农房安全性鉴定和房屋修缮及抗震加固、农房施工技术与施工安全、村庄建设等方面。本书贴近宁夏乡村建设工匠实际需求,文字简洁、图文并茂、浅显易懂,既可作为乡村建设工匠的培训教材,也可作为建房村民和乡村建设管理人员的参考资料。

除本书编委外,研究生赵颂凯、刘晨、于妍、谷家威、宋盛达为本书制作了部分视频和插图,特在此对他们表示深切的感谢。

本书在编写过程中参考了大量的国内文献和视频资料,并引用了一些学者的资料,在参考文献中已予列出。

由于时间紧张,编者知识水平有限,书中难免出现不妥之处,敬请广大读者提出宝贵意见。联系邮箱:che_jialing@nxu.edu.cn.

编　者
2023 年 5 月

目　　录

第一章 绪 论

1.1 乡村建设工匠培训的意义

乡村"匠人"是一个再熟悉不过的称谓。在农村,村民需要盖房子、修茸院墙,甚至在北方做灶台、制作新炕时都需要找村里能盖房子的匠人收拾一番。在农村,村民很尊重匠人,往往房子开工、主梁完工、房子竣工都需要设宴款待他们,俗称"谢木匠",这里的"木匠",就是乡村一切能工巧匠的合称。就是这样一个在广袤天地间存在的"老行当",既符合农村灵活就业的特点,也为乡村建设做着积极的贡献。

2022年7月,人力资源与社会保障部向社会公示了新修订的《中华人民共和国职业分类大典》(后简称《大典》),此次正式将乡村"匠人"纳入国家职业大典,标志着长期活跃在广袤农村的乡村建设从业人员有了正式的职业称谓。《大典》指出,乡村建设工匠是指"在乡村建设中,使用小型工具、机具及设备,进行农村房屋、农村公共基础设施、农村人居环境整治等小型工程修建、改造的人员"。乡村建设工匠中能组织不同工种的工匠承揽建设农村小型工程项目,且具有丰富实操经验、较高技术水平和管理能力的业务骨干,即"乡村建设带头工匠"。

鉴于乡村建设对建设工匠的迫切需求以及改善乡村就业环境的要求,近年来国家出台了一系列政策大力倡导对乡村建设工匠的培训工作。乡村建设工匠培训工作的意义主要在于以下几个方面:

一是乡村振兴战略的需要。

民族要复兴,乡村必振兴。实施乡村振兴战略,是以习近平同志为核心的党中央着眼于党和国家事业全局、顺应亿万农民对美好生活的向往,对"三农"工作作出重大决策部署;是决胜全面建成小康社会、全面建设社会主义现代化国家的重大历史任务;是新时代做好"三农"工作的总抓手。党的十九大以来,党中央、国务院采取一系列重大举措加快推进乡村振兴。如果说决胜脱贫攻坚为农业农村现代化打下坚实基础,全面推进乡村振兴则开启了农业农村现代化建设的新征程,使其迈入了快车道。

乡村建设工匠是建设宜居宜业美丽乡村的主力军,这就要求乡村建设工匠要有更高的技能,不仅要懂得农房设计和施工,还要了解村庄设计和建设,掌握小型基础设施建设施工技能。

二是保障农房建设质量安全、规范村镇建设程序的迫切需要。

原建设部曾于1996年颁布的《村镇建筑工匠从业资格管理办法》中规定了建筑工匠在村镇从事房屋建筑活动应具备一定资质,但上述规定已于2004年基于《行政许可法》的实施而被取消。因此,到目前为止尚无法律、法规或部门规章对农村建筑工匠的从业资质作出规范要求。然而近年来,我国农房建设发生较大变化,住房面积增大、层数增加、改扩建明显增

宁夏银川市兴庆区通贵乡通南村,道路干净　　　　在宁夏掌政镇茂盛村,沿路的门庭院落
整洁,院落明亮宽敞,用庭院"小美"促进　　　　宁静整洁,处处干净整洁、清爽宜人。
乡村"大美"。

宁夏"森林村庄"简泉村地处贺兰山脚下,因村中山涧有泉水涌出而得名。在美丽乡村等项目
资金的支持下,简泉村围绕泉水,在泉水旁修文化广场、建绿化带;依托泉水优势,村庄被一
条公路分隔开来,一边是居住区,一边是密布温室大棚的生产区。

图 1-1　生态宜居的美丽新农村

多,质量安全问题凸显,各种纠纷、矛盾越来越多。

为切实保障人民群众生命财产安全,加强农房建设质量安全管理,住房城乡建设部发布《住房城乡建设部关于切实加强农房建设质量安全管理的通知》(建村〔2016〕280号)。该通知要求贯彻落实党中央、国务院决策部署,把农房建设质量安全管理作为加强基层社会治理的重要内容,落实管理责任,全面推动农房建设实行"五个基本",即有基本的建设规划管控要求、基本的房屋结构设计、基本合格的建筑工匠、基本的技术指导和管理队伍、基本的竣工检查验收。

农房建设是社会主义新农村建设的重要内容,是提升农村人居环境质量、提高农民生活水平的主要环节。以农房为主的农村建设任务主要是由农村建设工匠完成的,建设工匠作为农房的建设者和建筑文化的传承者,肩负的使命光荣,担负的责任重大。

三是促进乡村建设工匠职业发展的需要。

一方面,大量农村青壮年渴望学习建筑知识,掌握一技之长,为今后从业创造条件;另一方面,具有一定技能水平的农村建设从业人员需要接受继续教育,进行知识更新,学习并掌握更多的农房建设新理论、新材料、新技术、新标准、新方法和新工艺,丰富和提高建设工匠自身综合素质。

《宁夏回族自治区农村集体建设用地房屋建筑设计施工监理管理服务办法(试行)》指出,县(市、区)住房城乡建设主管部门应当对农村建筑工匠进行培训考核,发放培训合格证书,建立农村建筑工匠名录,统一向社会公布,并将工匠信息录入宁夏回族自治区智慧建筑管理服务信息平台;鼓励培训合格的农村建筑工匠等从业人员依照有关法律法规规定,成立农房建设专业合作社、农房建设公司、农房建设监理公司、建设类劳务公司等,承揽农村自建低层房屋建设项目。此外,乡村建设工匠带头人还可以依法承揽农村小型工程项目,如道路硬化工程、广场建设等,实现家门口就业,并带动村民就业。

1.2 乡村建设工匠基本要求

1.2.1 乡村建设工匠的主要任务

（1）识读农村工程建设项目设计图纸，并准备工具、机具及设备和建筑材料；

（2）使用工具、机具及设备，进行测量放线、脚手架搭设、模板安装拆卸、木构件制作安装等施工作业；

（3）使用工具、机具及设备，进行农村小型工程建设项目砌筑、挂瓦、抹灰、墙体保温、屋面防水等施工作业；

（4）使用工具、机具及设备，进行钢筋加工绑扎、混凝土拌制浇筑养护等施工作业；

（5）使用工具和机具，进行给排水管道、厨卫设施及采暖系统安装等施工作业；

（6）使用电工工具和机具，进行强弱电线路敷设、照明灯具及家电设备安装等施工作业；

（7）使用工具、机具及设备，参与农村水电路气信等小型公共基础设施施工作业；

（8）使用工具、机具及设备，进行改厕、污水垃圾处理、村容村貌提升等农村人居环境整治等施工作业；

（9）自检自查，做好施工记录，参与验收。

1.2.2 乡村建设带头工匠的职责和作用

（1）向农户建房提供咨询与建议

乡村建设工匠应向农户提供乡村建房政策法规、建造程序、建房选址、建筑布局、结构形式等咨询与建议。

（2）承揽农房建设工程和小型基础设施工程

乡村建设工匠主要包括但不限于瓦工、混凝土工、木工、水暖工、电工等工种，一般由"带头工匠"临时组织小规模施工班组承接农村低层住宅和限额以下工程建设。乡村建设工匠必须严格执行国家相关标准、规范和操作规程等，按合同约定履行房屋交付后的保修义务，对承揽的房屋工程质量实行终身负责制。

（3）在农村建房中起到示范带头作用

乡村建设工匠要带头采用规范方法及科学合理的施工工艺，带头执行质量技术标准，带头应用新技术、新材料、新工艺，对当地村民建房起到示范作用。

（4）言传身教的作用

在实践中向身边的徒弟和周边村民传授所学技能与建设知识，形成学习建设技能的浓厚氛围。

1.2.3 五个意识

（1）遵纪守规意识

乡村建设工匠必须自觉遵守国家的法律法规，自觉执行建筑行业的规范和标准，自觉抵制建筑行业的违法违规行为,做遵纪守法的模范。

（2）诚实守信意识

乡村建设工匠要加强职业道德修养,讲求信誉,自觉信守合同,凡纳入合同条款由工匠负责的内容,必须自觉履行合同,主动地承担相应责任,让户主满意。

（3）以人为本意识

乡村建设工匠应确立为广大农民朋友服务的思想,与户主主动沟通,和谐相处,多为户主的利益着想,主动为户主提出合理化建议,进行成本核算,避免不必要的浪费,及时化解矛盾纠纷。

（4）安全意识

建筑施工行业是高危险行业。乡村建房,承包人普遍没有从业资格和企业资质,施工人员普遍没有从事建筑施工的专业技能,施工安全设施简陋,施工过程中没有相应的安全防范措施以应对违规作业,如未设置防电网、脚手架,未按要求搭设、不戴安全帽、施工用电不规范、水电乱接乱引、材料胡乱堆放、建房场地不符合安全标准等。

安全无小事！在施工过程中一旦发生安全事故,轻者造成施工人员伤残,重者造成人员死亡,结果不但使受害者及其家属承受巨大的心理伤痛,还不得不垫付巨额的医药费,而且雇主和房主也面临着受害者及其家属的经济索赔,背负沉重的经济负担,有的还会因经济赔偿问题引发新的纠纷。所以,施工过程中千万要记住安全是第一位的。乡村工匠安全意识的提高是一个长期的过程,需要他们常预测、常学习、常提醒、常检查,严格执行安全操作规程。

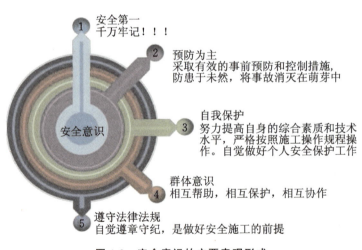

图 1-2　安全意识的主要表现形式

（5）质量意识

质量意识是每一位建筑从业人员对工作质量的认识和理解的程度,这对质量行为起着极其重要的影响和制约作用。在这里"质量"有两种含义:一是房屋的质量,二是房屋建造过程的质量。提升乡村建设工匠的质量意识对提高乡村建设的建筑质量有重要作用。

① 乡村建设工匠应具有设计质量控制意识

对于乡村自建房来说,施工之前的设计应选用县级以上地方人民政府编制和发放的农村实用抗震技术图集,或交给专业的设计人员进行全面的房屋设计,并按照图集或者设计的要求进行施工。若在施工现场发现设计存在不详、漏误及容易引起误解的问题,应与设计人员沟通确认后再继续施工。

② 乡村建设工匠应具有材料质量控制意识

建筑材料是房屋实体的组成部分,与房屋质量有着直接关系,在购买建筑材料时,应确保其数量和质量,严禁不合格材料和半成品以次充好进入施工现场。

由于农民缺乏建材方面的专业知识,购买建材时多考虑价格因素,轻视质量标准,导致劣质建材产品在农村地区较为常见。

③ 乡村建设工匠应具有施工质量控制意识

施工质量问题是造成农房病害的重要因素之一。施工质量要严格把关,坚持质量第一。

1.2.4　三个能力

一是具备基本的农房建筑知识与熟练的农房建筑和小型基础设施工程施工技能。常言道,"没有金刚钻,不揽瓷器活""工欲善其事,必先利其器"。过硬的技术技能是乡村建设工匠的立身之本,是确保工程质量与赢得户主信任的首要条件。

二是具备较强的组织、管理和协调能力。承揽农房建设工程和小型基础设施工程的工匠实际上就是该工程的项目经理,要对现场人员分工、施工组织、施工安全等进行合理的安排和管理,及时发现问题,妥善进行处理,确保工程施工的顺利进行。

三是承担风险的能力。建房是农民朋友一生中的大事之一,有的家庭几乎是倾其所有,加之参加建房的工匠大多是自家的顶梁柱,一旦施工出了安全质量问题或发生人身伤亡事故,犹如遭到灭顶之灾。因此,承揽农房建筑工程的工匠除应加强施工质量安全管理、健全人身财产保护制度等抵御各种风险的措施外,还应具备承担一定风险的经济实力,一旦遇到不测,尽可能及时化解矛盾并将损失降到最低程度。

1.3　乡村建设工匠知识、技能体系

1.3.1　乡村建设工匠知识体系

1.3.1.1　农房建造常识

(1)农房建设一般程序
了解当地农村宅基地用地标准;了解自建房如何申请宅基地;了解宅基地的审批手续。
(2)农房建设应遵守的法律法规
了解国家法律法规及针对农村建房的主要条文;了解地方法律法规及针对当地农村建房的规定、要求;懂得农村宅基地、自留地、承包地的所有权、使用权归属问题;了解非法占用土地建房的行为、性质和后果。
(3)建设工程项目施工管理
熟悉农房施工承包合同的草拟、协商与确立方法;熟悉合理安排施工工序与缩短建房工

期的方法与措施;了解农房施工过程中的基本安全要求和防护措施;了解主要建筑材料的市场平均价格与浮动情况;熟悉当地大工、小工的平均工作效率;熟悉当地不同工种、不同技术水平的人工日工资标准;熟悉农房工程造价控制的基本知识。

(4)建筑识图

掌握一般农房设计图的比例、定位轴线、标高、尺寸标注等基础知识;了解常用建筑材料的图例方法;了解一般构件代号或编号方法;熟悉通过详图索引查找相应构造图集的方法;掌握现浇板板底钢筋、板面钢筋、架立钢筋的表示方法等。

(5)普通农房的建设原则

了解农房应遵循"房屋安全、成本经济、功能现代、风貌乡土、绿色环保"的建设方针。

(6)农房主要建筑材料

了解砖块、砌块的质量要求;了解水泥砂浆、混合砂浆的作用与基本要求;熟悉常用木材的干燥、防腐做法;了解混凝土搅拌的基本要求;了解常用水泥的种类、质量要求与保管方法。

(7)农房选址与规划

懂得什么是有利地段、不利地段、危险地段;了解农房与高压线之间的安全距离。

(8)农房地基基础

熟悉当地农房常见的地基处理方法;了解农房常见基础形式与做法。

(9)农房主要建筑结构形式

熟悉当地农房的建筑形式与风格;熟悉当地农房的主要结构形式与基本构造做法;熟悉当地农房地面、楼面、屋面的基本做法。

1.3.1.2　各工种专业知识

(1)砌筑工、抹灰工

① 熟悉常用块材(烧结黏土砖、砌块等)的材料组成、规格及强度指标;

② 掌握常用砌筑砂浆的使用条件、配合比及强度指标;

③ 掌握如何正确调整新拌砂浆的和易性(流动性、保水性);

④ 熟悉影响砂浆强度的主要因素(配合比、原材料、搅拌时间、养护时间等);

⑤ 了解季节性施工(冬季、暑期、雨季)的基本要求与方法;

⑥ 了解配筋砖砌体的施工工艺及要求;

⑦ 了解砖墙、砌块墙常见质量问题及防治措施;

⑧ 熟悉抹灰工程常用胶凝材料的性能及用法;

⑨ 熟悉常用墙面、楼地面装饰块材和板材的规格与质量要求;

⑩ 熟悉常见外墙面装饰抹灰技术与质量要求;

⑪ 熟悉常见饰面块材的粘结方法与质量要求。

(2)混凝土工、钢筋工

① 了解混凝土的不同分类及强度指标;

② 了解适合农房建造使用的普通混凝土配合比设计方法;

③ 了解混凝土的搅拌、浇注、养护等技术要求;

④ 了解混凝土的质量控制及检查检验方法；

⑤ 了解对常见混凝土施工缺陷的处理方法；

⑥ 了解混凝土季节施工（冬季、夏季、雨季）的基本要求与方法；

⑦ 了解普通钢筋的性能与强度指标；

⑧ 了解钢筋配料、除锈、调直、切割、绑扎、搭接、焊接等技术要求；

⑨ 了解钢筋工程的质量验收标准。

（3）木工

① 熟悉常用木材的物理力学性质；

② 熟悉常用人造板材的种类与使用方法；

③ 熟悉木工常用胶黏剂的种类与使用方法；

④ 掌握木材材积的计算方法；

⑤ 掌握木模板的配置与安装要求；

⑥ 掌握简单木屋架的构造特点及放样技术；

⑦ 熟悉室内木装修的一般技术要求。

1.3.2　乡村建设工匠技能体系

（1）砌筑工、抹灰工

① 熟练操作、使用常用小型砌筑工具、抹灰工具；

② 熟练掌握砌筑工程、抹灰工程的质量检测工具；

③ 掌握砂浆搅拌机的使用与维修方法；

④ 熟练掌握木脚手架、钢管脚手架的架设方法；

⑤ 熟练掌握实心砖墙、空心砖墙、常用砌块的不同组砌形式、施工工艺和技术要点；

⑥ 熟练掌握毛石基础的砌筑方法与技术要点；

⑦ 熟练掌握屋面瓦片的铺设方法与技术要点；

⑧ 熟悉一般抹灰工程质量的允许偏差和检验方法；

⑨ 掌握水泥砂浆地面、水磨石地面的施工工艺与技术要点；

⑩ 熟练掌握外墙面砖、马赛克、饰面板材的施工工艺与技术要点。

（2）混凝土工、钢筋工

① 熟练操作、使用混凝土工程中的常用机具，包括混凝土搅拌机、混凝土运输机具、混凝土振动器；

② 熟练掌握混凝土的搅拌操作工艺；

③ 熟练掌握梁、板、柱混凝土的浇筑与振捣工艺；

④ 熟练掌握混凝土施工缝的留设位置和处理方法；

⑤ 掌握混凝土的养护、拆模技术要求；

⑥ 掌握现场预制简单混凝土构件的技术和方法；

⑦ 熟练操作、使用钢筋加工、焊接工具；

⑧ 熟练掌握梁、板、柱钢筋的绑扎、连接与安装工艺。

（3）木工

① 熟练操作、使用木工常用机具和设备；

② 熟练掌握榫卯节点制作工艺；

③ 熟练掌握普通木门窗的制作工艺；

④ 掌握木模板的配置、加工与安装工艺；

⑤ 掌握木材圆钉连接、扒钉连接、螺栓连接及搭接结合等施工工艺；

⑥ 掌握简单木屋架、钢木屋架的制作工艺；

⑦ 熟悉常见木楼梯的施工和制作工艺；

⑧ 熟悉简单室内木装修的施工工艺。

第二章　乡村农房建设管理

2.1　农房建设程序与政策

2.2.1　农房选址

新建农房必须坚持"避害"的选址原则,有利地段优先选,避开自然灾害易发地段,农房不应布置在地震断裂带、河边、崖畔处和不避风的高地上,特别要避免洪涝、滑坡、泥石流等自然灾害的威胁,如图 2-1 所示。对建造于危险地段的农房,应结合规划迁址新建。

建设单位和个人进行建设活动时要遵守城乡规划的法律法规,严格执行先规划后建设、无规划不得建设的规定。

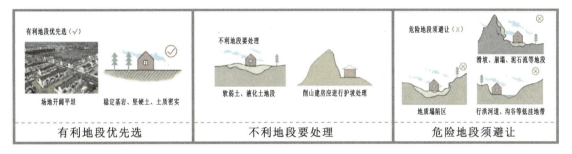

图 2-1　农房选址避害原则示意图

2.2.2　宁夏新建农房一般程序、建造标准和设计基本原则

2.2.2.1　宁夏乡村新建农房一般程序

(1)农村建房应严格履行报批程序。由符合宅基地申请条件的农户,以户为单位向所在村民小组提交宅基地和建房(规划许可)书面申请。村民小组收到申请后,应提交村民小组会议讨论,并将申请理由、拟用地位置和面积、拟建房层高和面积等情况在本小组范围内公示。公示无异议或异议不成立的,村民小组将农户申请、村民小组会议记录等材料提交村级组织审查。村级组织重点审查提交的材料是否真实有效、拟用地建房是否符合村庄规划、是否征求了用地建房相邻权利人意见等。审查通过的,由村级组织签署意见,报送乡(镇)人民政府或街办。乡(镇)人民政府或街办依据县级负责管理自然资源、农业农村等部门的审核结果对农民宅基地建房申请进行审批。

(2)为保证农房建设质量安全,专业设计是基本保障。建房人可选用由住房城乡建设主管部门免费提供的农村自建低层房屋设计图通用图册或新建农房建筑指导手册进行建设活动,或选用由符合要求的从业人员修改后的通用设计图或者绘制的设计图、由有资质的单位编制的设计图。

(3)建房人必须聘请符合条件的施工单位或乡村建设工匠承揽自建低层房屋建设,并与施工方、监理方签订书面合同,约定房屋保修期限和相关责任。

建房人应增强法律意识,房屋施工前应签订书面合同或协议。附录1给出了砌体结构农房承建合同示例。

农户作为农村自建房的安全责任主体,在房屋开工建设、竣工验收、使用及维护中应提高安全意识,及时发现并消除房屋安全隐患,未经许可不得擅自改建、扩建。家庭普通装修,不可过多增加荷重,不可削弱房屋结构与受力构件。

(4)建房人必须在开工前一个月填写《宁夏农村自建低层房屋开工登记表》(附录2),报乡(镇)人民政府规划建设办公室登记。

(5)施工单位或乡村建设工匠必须按照设计图、国家规定的施工技术标准和操作规程进行施工。

(6)施工单位或乡村建设工匠完成设计图要求、施工合同约定的各项内容后,建房人必须组织设计、施工、监理等参建各方进行竣工验收,验收合格后一个月内,填写《宁夏农村自建低层房屋竣工验收表》(附录2),将验收信息报乡(镇)人民政府规划建设办公室存档。

2.2.2.2　宁夏新建农房建造标准

(1)农村村民一户只能拥有一处宅基地,宅基地的面积标准,严格按照《宁夏回族自治区土地管理条例》执行。该条例第六十二条规定了农村村民住宅用地标准:使用水浇地的,每户不得超过二百七十平方米;使用平川旱作耕地的,每户不得超过四百平方米;使用山坡地的,每户不得超过五百四十平方米。各地要结合本地资源状况,按照节约用地的原则,严格执行宅基地面积标准。

(2)农房建筑基底面积不宜大于宅基地面积的70%,应留有适当的院落空间。

(3)农房建造应以单层或2层以下为主。宁夏地区海原县李俊乡抗震设防烈度为9度(抗震设防烈度8度以上地区),应建造单层农宅;其余地区自建农宅可建造单层或2层。3层及以上城乡新建房屋,以及经营性自建房必须依法依规经过专业设计和专业施工,严格执行房屋质量安全强制性标准。

(4)农房层高不宜超过3 m,其中底层层高可酌情增加,但不应超过3.6 m。

(5)农房建设应符合抗震设防要求。依据《中华人民共和国防震减灾法》第三十五条规定,新建、扩建、改建建设工程应当达到抗震设防要求。政府资助的农村危房改造房屋抗震构造措施应齐全,并符合《农村危房改造抗震安全基本要求(试行)》(建村〔2011〕115号)的规定。

2.2.2.3　新建农房设计基本原则

新建农房应遵循"房屋安全、成本经济、功能现代、风貌乡土、绿色环保"的建设方针,改善农民居住条件和居住环境,提升乡村风貌,宜结合农户生产、生活的需求,实施建筑节能、建筑风貌及宜居性和室内外环境改造,鼓励新技术、新材料、新工艺在农房改造中应用和推广。

农房设计图应选用县级以上地方人民政府编制和发放的农村实用抗震技术图集,或交给专业的设计人员进行全面的房屋设计。

2.2.3　宁夏农房改造条件和一般程序

宁夏是中国的欠发展地区,随着经济发展、政府的政策和经济扶持,基本实现了农房由夯土结构建筑向砖砌体结构建筑转换。

为了改变宁夏地区居住现状,减少房屋破坏造成的人员伤害和财产损失,宁夏住房和城乡建设厅已采取了相应措施。实施抗震宜居农房改造建设,是宁夏贯彻落实中央提高自然灾害防治能力建设要求,立足我区为抗震设防高烈度地区的实际,进一步消除农村住房不安全因素,切实维护广大人民群众生命财产安全作出的重大部署。

开展农村住房调查评估,是全面掌握农村住房现状及抗震设防情况,科学推进抗震宜居农房改造建设,实现农房科学化、长效化、制度化管理的重要基础和前提。全面开展农村住房调查评估,有序实施抗震宜居农房改造建设,对提升农村房屋建筑安全性和宜居性,增强人民群众获得感、幸福感、安全感具有重要的意义。

2.2.3.1　宁夏农房抗震性能调查评估程序

（1）按照规范要求调查评估

各县(市、区)要使用"宁夏抗震宜居农房在线监管信息系统"APP,依据《宁夏农村住房抗震性能评估导则》,按照明确的农村住房调查及抗震性能评估工作流程、技术规范,以及不同结构类型农村住房调查评估技术要领、指标标准、等级认定、处置建议等,对辖区所有农户住房进行调查评估和定位,对达不到抗震设防标准的房屋进行精准认定识别,确保不漏一户、不漏一房。

（2）调查评估对象

农村住房调查评估范围为全区各县(市、区)所辖区域内所有农村住房。与危窑危房改造政策相衔接,对已实施危窑危房改造及移民搬迁的新建房屋,具备上下圈梁、构造柱、三七墙等8度抗震设防烈度要求(含盐池县6度、彭阳县7度地区),建立了改造档案的,或未实施危窑危房改造,房屋危险性鉴定为A级或B级,并具有相应等级的抗震构造措施、有鉴定档案的,可将改造档案或鉴定档案同时作为"一户一档"农户住房档案,不再重复进行调查评估。坚持"一户一宅"原则,以户口为准,每户只对住人主房进行全面调查和抗震性能评估,并支持实施改造,辅助用房按要求调查载明相关信息。

（3）全面建立农户住房档案

调查评估通过"宁夏抗震宜居农房在线监管信息系统"APP,全面采集农户及其住房相关信息,认真准确地登记录入《宁夏农村住房基本情况调查表》(附录3)、《宁夏农村住房抗震性能评估表》(附录4)和房屋现状照片资料表,以及户口簿、身份证、不动产权登记证明或宗地图等图文信息数据,上传至"宁夏抗震宜居农房在线监管信息系统"电脑端,生成农户住房"一户一档"电子档案,形成自治区、市、县、乡、村五级农村住房数据库,同步以乡镇为主体管理单位建立农户住房纸质档案,完善相关签字确认程序,对农村各类住房实施全面精准汇总、分析、管理,对达不到抗震设防标准的房屋作出科学合理有序的改造建设计划安排。

2.2.3.2　宁夏抗震宜居农房支持改造条件

抗震宜居农房改造主要支持抗震设防烈度在 8 度及以上地区(含盐池县 6 度、彭阳县 7 度地区)、具有本地农村户籍、住房达不到相应抗震设防标准的唯一住房的农户解决住房不安全问题。具体可以分为以下三个条件和不予支持的七种情形:

➤　三个条件

(1)抗震设防烈度在 8 度及以上地区、达不到抗震设防标准的住房。盐池县达不到 6 度、彭阳县达不到 7 度抗震设防烈度要求,群众有改造意愿的可纳入改造建设;

(2)具有本地农村户籍的农户;

(3)现住房是唯一住房。

➤　不予支持的七种情形

(1)另有符合抗震设防要求自有住房的;

(2)近年来享受政策实施了危窑危房改造或移民搬迁,且住房达到抗震设防标准的,以及今后新增"四类重点对象"危窑危房改造、计划实施移民搬迁,拟按相应政策申请支持的;

(3)已享受城镇棚户区改造等中央资金支持政策的;

(4)国有土地上的住房;

(5)突击分户、不履行赡养老人义务、骗取套取补助资金的;

(6)近期规划撤并村庄内在原址加固改造翻建房屋、不执行法定规划安排和有关政策规定的;

(7)其他不符合支持补助条件的。

➤　"一户一宅"基本住房制度

特别要贯彻农村"一户一宅"基本住房制度,一院一户主要看住人主房是否达到抗震设防标准;一院两户及以上且常住、另外没有宅基地的,可按户口分别对其住人的主房进行调查评估、认定支持;一院一户多代多人、没有分户和另批宅基地且常住的,如住人主房人均面积小于当地农村人均住房面积,经农户申请、按照规定程序评议审核审批后,可按两户对住人主房进行调查评估、认定支持;对于早些年享受政策实施了危窑危房改造、移民搬迁,但因当时建房标准低或不可抗力等因素,现住房达不到抗震设防标准的,也可在认真调查评估的基础上严格把关、予以支持。对于其他特殊情况,需支持实施抗震宜居农房改造建设的,可一事一议,由农户申请,逐级评议审核批准并报地级市和自治区住房和城乡建设厅备案同意后予以支持,但杜绝不履行赡养老人义务、骗取套取补助资金等行为。

2.2.3.3　宁夏抗震宜居农房改造建设方式

实施抗震宜居农房改造建设可采用加固改造、原址翻建、异地迁建或房屋置换这四种方式之一。

(1)住房抗震性能评估为 D 级的,因地制宜,采取原址翻建、异地迁建或房屋置换方式;评估为 C 级的,一般鼓励采取加固改造方式,但不具备加固改造条件,或房屋生命周期达到一定年限、加固改造不经济、没有保护价值的,根据村民意愿,也可选择原址翻建、异地迁建、房屋置换方式,享受相应改造政策支持。

（2）对传统村落保护范围内传统建筑进行加固修缮保护,应遵循修旧如初的原则,按照文物保护要求加固维修保护村落内濒危的文物保护单位;按照传统建筑要求加固维修保护传统建筑;整治保护范围内影响整体风貌的现代危旧房屋;对有传承保护价值的破损建筑进行局部修缮加以保护;对保护区域内的新建房屋执行安全住房建设标准,外观改造运用传统工艺和乡土材料进行建设,在建设风貌上与原有建筑保持协调一致。截至 2022 年 8 月,宁夏共有国家级传统村落 6 个,分别为固原市隆德县城关镇红崖村、奠安乡梁堡村,中卫市沙坡头区迎水桥镇北长滩村、香山镇南长滩村,吴忠市利通区东塔寺乡石佛寺村,固原市彭阳县城阳乡长城村。

（3）对有地质灾害隐患区域的农房,严格按规划要求,整体采取异地迁建方式改造建设。

（4）改造建设以农户自建为主,农户自建有困难或愿意统建的,可由政府组织有资质的施工队伍统建,补助资金可经农户自愿签字认领、严格履行相关手续后集中统一支付。

2.2.3.4　宁夏农房改造一般程序

（1）农房鉴定评估后可进行加固改造处理。建房人必须填写《宁夏抗震宜居农房改造申请审批表及唯一住房承诺书》(附录 5)和《宁夏抗震宜居农房改造建设协议书》(附录 6),取得相关政府许可后进行加固改造。加固流程主要包括设计、施工和验收三个环节。

（2）建房人必须聘请符合条件的施工单位或乡村建设工匠承揽加固改造的设计、施工、监理项目,选择符合要求的加固改造项目设计图,包括通用图册内的设计图、"抗震宜居农房改造建设规程"提供的方法且由符合要求的从业人员修改后的通用设计图或者绘制的设计图、由有资质的单位编制的设计图。

（3）建房人必须与施工方、监理方签订书面合同,约定房屋保修期限和相关责任。

（4）建房人必须在开工前一个月填写《宁夏抗震宜居农房改造开工登记表》,报乡(镇)人民政府规划建设办公室登记。

（5）提升农房安全性的同时,宜结合美丽乡村建设有关要求及农户生产生活需求,实施建筑节能、建筑风貌、厕改厨改及其他宜居性和室内外环境改造,保护自然生态环境。

2.2.3.5　施工

（1）施工单位或乡村建设工匠必须按照设计图、国家规定的施工技术标准和操作规程进行施工。

（2）农房抗震加固宜做到一户一方案,应严格按照加固方案进行施工。

（3）施工过程中发现原结构或构件有严重缺陷与损伤时,应在加固过程中一并处理,消除缺陷和损伤。

2.2.3.6　验收

（1）农房改造加固或新建完成达到入住条件后,按规定先自行组织竣工验收,填写并提交《宁夏抗震宜居农房改造竣工验收表》,申请乡(镇)对农房进行竣工验收。

(2) 乡(镇)收到农户验收申请后,应当对农房建设进行核验,或会同县(区)有关部门、村(组)逐户进行备案复查,查验合格后签字确认盖章,在 APP 中拍摄录入并上传竣工房屋及验收照片,组织拆除原有不抗震住房。各地级市住房和城乡建设部门要全面参与农房竣工备案复查工作,可会同县、乡、村共同开展,也可单独复查,但均应在竣工验收备案书上签字确认,宁夏回族自治区将根据情况进行抽验抽查。经各方按程序履行备案复查工作,确认房屋改造加固或新建迁建后房屋达到相关技术导则要求或设计文件标准,通过农户"一卡通"账户全额兑现补助资金;对于由政府组织施工队伍统建房屋的,补助资金可经农户自愿签字认领、严格履行相关手续后集中统一支付。

2.2 农房建设法律法规

对于广大村民来说,建房是件大事,但不少人对于乡村建房的政策与法律法规缺乏了解,导致建房过程中出现了一些违法、违规的情况,造成乡村建房无序。因建房造成的人身伤亡赔偿案件也逐渐增加,给村民带来了很大的损失,甚至产生了严重的社会矛盾。因此,乡村建设工匠必须了解乡村建房的有关政策与法律法规,在建房过程中,给农村村民提供科学的建议和指导,避免出现违法违规的建房行为。

农房建设应遵守相关法律法规和政策要求。宁夏农房建设政策法规摘选见附录 7。

2.2.1 农房建设须知

2.2.1.1 农村村民建房占地须依法审批,不能随意占地建房

根据《中华人民共和国土地管理法》第六十二条规定,农村村民建房,应当符合乡(镇)土地利用总体规划、村庄规划,不得占用永久基本农田,并尽量使用原有的宅基地和村内空闲地。农村村民住宅用地,由乡(镇)人民政府审核批准。

根据新法实行前的做法及地方性规定,宅基地建房要经过农户申请、村委会审查、乡(镇)政府审核和区(县)政府审批四大环节,少一个环节农村村民将无法取得用地批准文件和乡村建设规划许可证,其未完成审批流程的建房占地行为即涉嫌违法建设。

如果所建房屋属于"无证房",就存在被乡(镇)政府责令限期拆除的风险,在面临征收拆迁、旧村改造时极有可能不能获得补偿。需要强调的是,无论是过去还是现在,村主任没有批准占地建房的权利,其同意建房不具任何效力。

2.2.1.2 农村村民建房须符合规划,不能违法违规建房

农村村民建房的地点和高度均有要求,不可随意建设。农村村民建房,应当符合乡(镇)土地利用总体规划、村庄规划。村民不得占用永久基本农田建房,不能在河道、湖泊管理范围内、架空电力线路保护区内、公路建筑控制区内、风景名胜区的核心景区内建房。

有些农村村民建房占地随意且缺乏统一且科学合理的规划,零零散散的房屋一旦建起来,不仅破坏农村整体环境,不利于城乡整体规划,而且各家各户之间也易因缺乏规划发生

相邻防火、防洪、排污、排水、采光、通风、通行、噪声、管线安设等方面的纠纷,这些纠纷若处理不当,极易发生人身损害纠纷和引发刑事犯罪。

2.2.1.3　宅基地上房屋不得随意翻建、改建、扩建

即使农村村民已经依法取得了集体土地建设用地使用证,获批了宅基地,也不意味着可以随意在自家的宅基地上翻建、改建、扩建住宅和附属设施。若未依法报批,则涉嫌违反城乡规划,同样有可能被乡(镇)政府责令限期改正直至限期拆除。未经专业技术人员设计或确认,不能加层扩建,不能拆除承重墙柱等构件进行装修改建;不能随意自行拆改燃气管道和设施;不能将没有防水措施的房间或者阳台改为卫生间、厨房等。

2.2.1.4　遵循"建新拆旧"原则,不得违法收回宅基地

农村村民应严格按照批准面积和建房标准建造住宅,禁止未批先建、超面积占用宅基地。经批准易地建造住宅的,应严格按照"建新拆旧"要求,将原宅基地交还村集体。村民享受易地扶贫搬迁政策后希望村里能保留村民山上的老宅,这不符合"一户一宅"的原则,而"建新拆旧"则是符合宅基地管理的原则。农村村民出卖、出租、赠予住宅后,再申请宅基地将不予批准。

易地拆迁后,村集体不能强制收回宅基地使用权,对于有实际征收项目存在的,必须严格依据征收程序办理征收并给予补偿,不得以"收回"替代征收。

2.2.1.5　屋主和参与建房的各方均应对建房的质量安全负责

农房建设单位或个人应对房屋的质量安全负总责,承担建设主体责任。农房设计、施工、材料供应单位或个人分别承担相应的建设工程质量和安全责任。发生质量事故时,承包人应承担修理、重做、减少报酬、赔偿损失等责任;如果屋主直接聘请人员建房的,屋主自行承担质量责任,如果施工人员故意或者因重大过失造成质量问题的,应承担赔偿责任。发生施工安全事故造成人员伤亡的,如果是屋主发包给个体承包人建房的,由屋主和施工个体承包人员对伤亡人员共同承担连带赔偿责任;如果是屋主直接聘请人员建房的,由屋主对伤亡人员承担赔偿责任;如果是屋主发包给建筑施工企业承包建设的,由建筑施工企业承担赔偿责任。如果施工人员违反安全技术和管理规定,因违法、违规、违纪施工造成安全事故的,亦应自行承担部分责任。

2.2.1.6　增强法律意识,房屋施工应签订书面合同或协议

由于法制意识淡薄,农村建房房主、承包人、工人等之间大多只有口头约定,没有签订书面合同或协议,有的甚至是一边建房一边商量,劳务关系不明确,无法明确是承揽关系还是雇佣关系,一旦出现问题,发生纠纷,常常互相推卸责任,通常很难解决,这给村民造成了很大困扰。很多房主错误地认为,房屋建设已经承包给建筑队(承包人),自己就没有责任了。建房各方维权意识欠缺,不能及时地保全证据,倘若房主或建筑承包人否认案件事实,甚至在起诉时分不清谁是赔偿人,造成法律诉讼困难,双方的权益均无法得到保障。

2.2.2　违法案例分析

2.2.2.1　占用永久基本农田建房被拆除案例

案例：占用永久基本农田建房被拆除案

【基本案情】

（1）宁夏固原市原州区高某违法占用永久基本农田建房案

2021年5月，高某违法占用彭堡镇蒋口村6组0.42亩永久基本农田建设房屋。同年12月，原州区自然资源局发现该违法行为，会同镇政府工作人员对当事人下达整改通知书，要求当事人拆除违法建筑物并恢复土地原貌。目前，该违法用地上的建筑物已拆除，土地已复耕。

（2）宁夏中卫市沙坡头区曹某违法占地建废品收购站案

2020年9月，曹某违法占用东园镇曹闸村0.72亩耕地建设废品收购站。2021年12月，沙坡头区自然资源局发现该违法行为，联合相关部门拆除该违法用地上的建筑物。目前，土地已复耕。

（3）宁夏中卫市沙坡头区杨某违法占用永久基本农田建房案

2021年5月，宣和镇山羊场杨某违法占用0.23亩永久基本农田建设住宅。2022年2月，沙坡头区自然资源局发现该违法行为，并移交沙坡头区农业农村局和宣和镇政府。宣和镇政府责令当事人限期拆除违法用地上的建筑物。目前，该违法用地上的建筑物已拆除，土地已恢复原貌。

（4）宁夏中卫市海原县田某违法占用永久基本农田建房案

2021年5月，西安镇薛套村村民田某违法占用0.22亩永久基本农田建设住宅。2022年2月，海原县自然资源局发现该违法行为，并联合西安镇政府拆除该违法用地上的建筑物。目前，土地已恢复原貌。

【案情分析】

根据《中华人民共和国土地管理法》第三十三条规定，国家实行永久基本农田保护制度；第三十五条规定，永久基本农田经依法划定后，任何单位和个人不得擅自占用或者改变用途；第六十二条规定，农村村民建造住宅，应当符合乡（镇）土地利用总体规划、村庄规划，不得占用永久基本农田，并尽量使用原有的宅基地和村内空闲地。擅自占用永久基本农田建房，应对直接负责的人员和其他直接责任人员依法予以处罚，并拆除违法建筑。

农村村民住宅用地，应由乡（镇）人民政府审核批准。未完成审批流程的建房占地行为即涉嫌违法建设。如果所建房屋属于"无证房"，就存在被乡（镇）政府责令限期拆除的风险，在面临征收拆迁、旧村改造时极有可能不能获得补偿。需要强调的是，无论是过去还是现在，村主任没有批准占地建房的权利，其同意建房不具任何效力。

2.2.2.2　因违法建设及相关行为被追究刑事责任案例

案例：钟某妨害公务案

【基本案情】

2014年7月，被告人钟某在其父亲老屋原址上违法建造房屋。惠州市城管执法部门在对其下达责令改正（停止）违法行为通知书无效后，于同年10月27日上午再次要求钟某停止违法建设，并对违建模板进行拆除。钟某暴力抗拒执法，持水果刀追刺现场执法人员，后被拦住，才没有造成严重后果。案发后，钟某如实供述犯罪事实，认罪悔过态度较好，得到执法人员的谅解。

【案情分析】

广东省惠州市大亚湾经济技术开发区人民法院经审理认为，被告人钟某以暴力威胁方法阻碍国家机关工作人员依法执行公务，其行为已构成妨害公务罪，依法应予惩处。鉴于被告人归案后能如实供述自己的犯罪事实，有坦白情节，且得到了被害人谅解，故依法以妨害公务罪判处钟某拘役六个月，缓刑一年。被告人钟庆辉持水果刀追刺执法人员，是严重的暴力抗法行为。人民法院以妨害公务罪依法追究其刑事责任，对于遏制城乡规划建设领域的暴力抗法行为具有重要现实意义。

案例：周某玩忽职守案

【基本案情】

2008年5月至2012年6月，被告人周某在任孝昌县周巷镇国土资源所所长期间，对被告人周某甲及开发商周某癸等人非法占用农用地12.67亩建房的行为，不认真履行工作职责，未及时报告制止，从而导致违法占地建房成为事实，相关农用地种植条件严重毁坏，无法复垦。

【案情分析】

近年来，一些地方对违法建设行为负有监管、查处职责的少数国家工作人员，滥用职权或者玩忽职守，对违法建设行为置若罔闻，疏于履行监管职责，致使国家和人民利益遭受重大损失。此类纵容违法建设的行为，既助长了违法者的"气焰"，又给守法者造成了误导，形成了违法建设的"攀比"效应。被告人周某在担任孝昌县周巷镇国土资源所所长期间，对开发商周某癸、被告人周某甲的违法建设行为未能及时制止上报，致使国家和人民利益遭受重大损失，其行为已构成玩忽职守罪。鉴于周某能够当庭认罪，且犯罪情节轻微，故判其犯玩忽职守罪，免予刑事处罚。

2.2.2.3　宅基地使用权案例

案例：违法买卖宅基地案

【基本案情】

村民李某已有宅基地，后又取得一处宅基地。李某便与同村王某签订了宅基地使用权转让合同,李某将这处宅基地以 5 万元的价格转让给王某,王某将款项支付给李某。当王某开始建房时,被邻居张某阻止,致使王某无法建房。王某以侵权为由,将邻居张某诉至法院,请求停止侵权,排除妨碍。邻居张某以王某无权取得宅基地使用权为由,请求驳回李某的诉讼。

【案情分析】

《中华人民共和国土地管理法》第六十二条规定:"农村村民一户只能拥有一处宅基地,其他宅基地的面积不得超过省、自治区、直辖市规定的标准"。农村村民建造住宅,应当符合乡(镇)土地利用总体规划,并尽量使用原有的宅基地和村内空闲地。农村村民住宅用地,经乡(镇)人民政府审核,由县级人民政府批准;其中,涉及占用农用地的,依照本法第四十四条的规定办理审批手续。农村村民出卖、出租住房后,再申请宅基地的,不予批准。根据上述法律规定,李某在已拥有宅基地的情况下,不能取得这份宅基地的使用权。

案例:依法收回土地使用权案

【基本案情】

马某在杨伍庄村有两处宅基地,且均未颁发宅基地使用权证。杨伍庄村委会对村内平房进行改造,上述房屋在平房改造范围之内。经该村党支部、村委会研究,制定了《杨伍庄村平房改造方案》,并经村党支部、村委会和村民代表讨论表决通过。天津市农工商宏达总公司于 2015 年 7 月 13 日向西青区政府报送《关于杨伍庄村平房改造方案的请示》及附件《杨伍庄村平房改造方案》。西青区政府于 2015 年 7 月 20 日审批同意,于 2015 年 7 月 21 日对天津市农工商宏达总公司作出《关于同意收回杨伍庄村宅基地使用权的函》。而马某认为西青区政府以"文件承办单"作为政府批准文件不具有合法性,该无效的行政行为导致其失去了依法享有的宅基地使用权,遂提起诉讼。

【案情分析】

《中华人民共和国土地管理法》第六十六条规定"有下列情形之一的,农村集体经济组织报经原批准用地的人民政府批准,可以收回土地使用权:(一)为乡(镇)村公共设施和公益事业建设,需要使用土地的"。杨伍庄村委会在收回宅基地使用权之前制定了《杨伍庄平房改造方案》,该方案经党员及村民代表在会议上讨论通过。杨伍庄村进行平房改造履行了村民自治、民主议定程序,体现了大多数村民的意愿,符合大多数村民的利益。西青区政府批准杨伍庄村委会收回宅基地使用权的行为合法。

2.2.2.4　乡村建房安全事故赔偿案例

案例:乡村建房安全事故赔偿案

【基本案情】

2014 年年初,刘某在自家宅基地上自建两层半楼房,经人介绍认识李某,经商谈口头约定刘某以包工不包料的形式将建房工程承包给李某。刘某负责提供材料,李某负责施工,按照 140 元/m²收取费用,施工所需的其他工人由李某自行雇用。2014 年 4 月,由于工程量加大,李某临时雇用吕某参与建房,2014 年 4 月 29 日在建房过程中,吕某被安装在二楼的吊机坠落砸伤,经鉴定为九级伤残。各方就赔偿事宜无法达成一致意见,诉至法院。该案经法院审理,在查明事实的基础上承办法官提出合理的责任分配方案,最终达成一致调解意见,刘某赔偿吕某 2 万元,李某赔偿吕某 6 万元,吕某自担损失 2 万元。

【案情分析】

(1)通过近年上述类似案件的审理,了解到农村建房中伤亡者赔偿纠纷的形成有多方面原因,具有以下特点:

① 农村建房中劳务关系不明确。农村建房房主、承包人、工人等之间大多只有口头约定,有的甚至是一边建房一边商量。一旦发生事故,无法明确是承揽关系还是雇佣关系,在赔偿的时候就会互相推卸责任。

② 建房工匠的资质问题。农村大多数工匠并没有相应的资质证书,所请的工人也是出卖劳力的农村民工。绝大多数没有经过正规的培训,工作时不注意操作规范,致使事故发生的概率大大提升。

③ 安全意识不到位、监督管理缺失。农村建房中经常出现超负荷工作,违章蛮干,出现意外伤害。有时为节约成本,甚至偷工减料。至于安全帽、警示牌等都不具备,还存在酒后爬楼上梯的现象。政府职能部门对房屋设计的安全性、施工队的资质、施工过程中的操作等缺乏监管。

④ 房主法制观念淡薄、受害方维权能力欠缺。房主认为房子已经承包给建筑队就没有责任了。受害方不能及时地保全证据,建筑承包人否认案件事实,甚至在起诉时分不清谁是赔偿人,造成诉累。

(2)房主、承包人、伤亡者三方的责任划分

① 房主的责任。根据《最高人民法院关于审理人身损害赔偿案件适用法律若干问题的解释》第十条关于发包人、分包人承担连带责任的规定:"承揽人在完成工作过程中对第三人造成损害或者造成自身损害的,定作人不承担赔偿责任。但定作人对定作、指示者选任有过失的,应当承担相应的赔偿责任"。房主作为定作人,明知道承包人无建房资质仍聘请其建房,所以应当承担选任过失范围内的责任。且在建房的过程中,房主一般都在现场监督,在建房中发现存在的安全隐患应当及时与承包人沟通,妥善处理。房主未尽到以上义务,应该承担相应责任。因此,综合认定房主对于建房中伤亡应当承担次要责任。

② 承包人的责任。根据《最高人民法院关于审理人身损害赔偿案件适用法律若干问题的解释》第十一条第一款的规定,"雇员在从事雇佣活动中遭受人身损害,雇主应当承担赔偿责任。"雇主承担的是无过错责任,这符合我国《民法典》的公平原则。承包人一无施工资质,二施工安全措施不力,三对施工人员没有进行安全防范教育,这些是造成伤亡的主要因素。因此承包人要承担伤亡者的主要责任。

③ 伤亡者本身的责任。伤亡者也是施工人员,根据工程要求应当具备相应施工资质,再者施工人员在工作中应有安全意识,也要采取必要的安全措施。如果伤亡者未达到以上要求尽到以上义务,可以适当承担相应责任,以减少房主和承包人的责任。

具体到本案中,作为房主的刘某明知李某无相应资质,且在施工中监管不力,应该承担

次要责任。李某作为吕某的雇主,应对吕某尽到安全防范义务。因此李某应承担本案的主要责任。本案中吕某明知自己无相应资质,并且在工作中未采取安全措施,有过错,也应当认定为次要责任,可以适当减轻刘某和李某的责任。本院在调解本案中适时提出刘某、李某、吕某三人按2∶6∶2的责任划分,经过释明和教育得到各方的认同,最终达成一致赔偿意见。

2.3　项目成本管理

2.3.1　成本管理的任务、程序和措施

2.3.1.1　成本管理的任务

施工成本是指在建设工程项目的施工过程中所发生的全部生产费用的总和。

直接成本是指施工过程中耗费的构成工程实体或有助于工程实体形成的各项费用支出,是可以直接计入工程对象的费用,包括人工费、材料费和施工机具使用费等。

间接成本是指准备施工、组织和管理施工生产的全部费用支出,是非直接用于也无法直接计入工程对象,但为进行工程施工所必须发生的费用,包括管理人员工资、办公费、差旅交通费等。

成本管理的任务包括:成本计划编制→成本控制→成本核算→成本分析→成本考核。

2.3.1.2　成本管理的程序

成本管理的程序:掌握生产要素的价格信息;确定项目合同价;编制成本计划,确定成本实施目标;进行成本控制;进行项目过程成本分析;进行项目过程成本考核;编制项目成本报告;项目成本管理资料归档。

2.3.1.3　成本管理的措施(表2-1)

表2-1　成本管理的措施

措施名称	具体措施
组织措施	①实行项目经理责任制,落实成本管理的组织机构和人员,明确各级成本管理人员的任务和职能分工、权利和责任;②通过生产要素的优化配置、合理使用、动态管理,有效控制实际成本;③加强施工定额管理和任务单管理,控制活劳动和物化劳动的消耗;④加强施工调度,避免窝工
技术措施	①进行技术经济分析,确定最佳的施工方案;②通过代用、改变配合比、使用外加剂等方法降低材料消耗费用;③应用先进的施工技术、新材料和机械设备等
经济措施	最易为人们所接受和采用的措施,包括①对施工成本管理目标进行风险分析,并制定防范性对策;②对各种变更,及时做好增减账,及时落实业主签证

措施名称	具体措施
合同措施	选用合适的合同结构;对引起成本变动的风险因素的识别和分析,采取必要的风险对策;索赔

工匠经验:农村自建房防止增项超预算方法

　　农村自建房包工包料施工的价格没有最低,只有更低,往往追求价格最低的最后增项最多。农村自建房,不能只看单价,要清楚对应的报价包含了哪些分项。整个建房施工过程中,基础、钢筋、木工、泥工、瓦工、水电工、油漆工以及屋面的保温、隔热、防水、窗、外墙等装饰,一定要按照图纸施工。按照图纸的建筑说明,并附以明细的清单,才能够防止增项超预算

2.3.2　成本计划

2.3.2.1　施工预算与施工图预算(表 2-2)

表 2-2　施工预算与施工图预算

类型	编制依据	适用范围	发挥作用
施工预算	施工定额	施工企业内部	组织施工生产、签发任务书、经济核算
施工图预算	预算定额	建设单位、施工单位	投标报价

2.3.2.2　成本计划的编制依据

　　成本计划的编制依据包括合同文件、项目管理实施规划、相关设计文件、价格信息、相关定额、类似项目的成本资料。

2.3.2.3　按成本组成编制成本计划的方法

　　按照成本构成要素划分,建筑安装工程费由人工费、材料(包含工程设备)费、施工机具使用费、企业管理费、利润、规费和税金组成。施工成本按成本构成分解为人工费、材料费、施工机具使用费和企业管理费等。

2.3.3　成本控制

2.3.3.1　成本控制的依据(表 2-3)

表 2-3　成本控制的依据

施工成本控制的依据	合同文件、成本计划、进度报告、工程变更与索赔资料、各种资源的市场信息
成本控制的程序	管理行为控制程序是对成本全过程控制的基础,指标控制程序则是成本进行过程控制的重点。两个程序既相对独立又相互联系,既相互补充又相互制约

续表2-3

指标控制程序	①确定成本管理分层次目标;②采集成本数据,检测成本形成过程;③找出偏差,分析原因;④制定对策,纠正偏差;⑤调整改进成本管理的方法

2.3.3.2 成本过程控制的方法

人工费的控制可实行"量价分离"的方法。"量价分离"是指完成一个计量单位的工程所消耗的人工工日、材料、机械台班数量与其费用的价格分离。量价分离赋予报价企业更大的自主权,可以充分发挥报价企业的技术优势和管理水平。材料费控制同样按照"量价分离"原则,控制材料用量和材料价格。

包干控制:在材料使用过程中,对部分小型及零星材料(如钢钉、钢丝等)根据工程量计算出所需材料量,将其折算成费用,由作业者包干使用。

2.3.4 成本核算

成本核算原则:①分期核算原则;②相关性原则;③一惯性原则;④实际成本核算原则;⑤及时性原则;⑥配比原则;⑦权责发生制原则;⑧谨慎原则;⑨划分收益性支出与资本性支出原则;⑩重要原则。常用的成本核算方法及其优缺点、适用性如表2-4所示。

表 2-4　常用的成本核算方法及其优缺点、适用性

	优缺点、适用性
表格核算法	优点是简便易懂、方便操作,实用性较好;缺点是难以实现较为科学严密的审核制度,精度不高,覆盖面较小
会计核算法	优点是科学严密,人为控制的因素较小而且核算的覆盖面较大;缺点是对核算工作人员的专业水平和工作经验都要求较高。项目财务部门一般采用此种方法
两种方法综合使用	用表格核算法进行工程项目施工各岗位成本的责任核算和控制,用会计核算法进行工程项目成本核算

工匠经验:

(1)农村自建房如何省钱

基础的选择:根据地质情况,能做条形基础的就不要做板阀基础或者桩基础。

非地震带:砌体结构相较框架结构成本更低。

原材料的选择:选择适合工程且符合建筑规范要求的即可。

提前做好布局规划:避免施工过程中边建边改,耽误工期。

尽量不要建设地下层。

(2)农村自建房混凝土方量估算

乡村自建房混凝土的实际用量,预算应做得清清楚楚,才能够避免缺斤少两,超量采购会造成极大的浪费。混凝土的实际用量等于理论方量加损耗,比如浇筑的混凝土构件长 20 m、宽 30 m、厚 0.1 m,理论方量就等于长×宽×高,也就是 $20 \times 30 \times 0.1 = 60 \ m^3$(简称方)。损耗按照 2% 取,就等于 1.2 方,得出混凝土的实际用量 61.2 方。

（3）农村自建房钢筋用量计算

房屋建造使用的钢筋不是越粗、越多才好，其用量需要经过科学计算，不能随意地减少或者增加。以梁为例，梁的下部钢筋是承受拉力的，梁的上部混凝土是抗压的，两者共同合作才能使梁合理地受力。如果配置钢筋过多、过粗，梁被破坏的时候不会有明显的预兆，属于脆性破坏，危害非常大。为了避免灾害的发生，钢筋的用量、粗细不能胡乱决定，需要专业的设计师，结合房子的实际情况经科学计算得出，严格按照图纸施工。

每米钢筋重量（kg）计算公式为钢筋直径×钢筋直径×0.00617。农村自建房常用钢筋的规格每米重量及各截面面积见附录11。

2.4　项目进度控制

2.4.1　主要内容

建设工程项目是在动态条件下实施的，因此进度控制也必须是一个动态的管理过程。它包括：

（1）进度目标的分析和论证，其目的是论证进度目标是否合理，进度目标是否可能实现。如果经过科学论证，目标不可能实现，则必须调整目标。

（2）在收集资料和调查研究的基础上编制进度计划。

（3）进度计划的跟踪检查与调整包括定期跟踪检查所编制进度计划的执行情况，若其执行有偏差，则采取纠偏措施，并视情况调整进度计划。

2.4.2　控制目的

进度控制的目的是通过控制以实现工程的进度目标。盲目赶工，难免会导致施工质量问题和施工安全问题的出现，并且会引起施工成本的增加，因此施工进度控制不仅关系到施工进度目标能否实现，还直接关系到工程的质量和成本。在工程施工实践中，必须树立和坚持一个最基本的工程管理原则，即在确保工程质量的前提下，控制工程的进度。

2.4.3　控制任务

设计方进度控制的任务是依据设计任务委托合同针对设计工作进度的要求控制设计工作进度，这是设计方履行合同的义务。出图计划是设计方进度控制的依据，也是业主方控制设计进度的依据。

施工方进度控制的任务是依据施工任务委托合同针对施工进度的要求控制施工进度，这是施工方履行合同的义务。在进度计划编制方面，施工方应视项目的特点和施工进度控制的需要，编制深度不同的控制性、指导性和实施性施工的进度计划，以及按不同计划周期（年度、季度、月度和旬）的施工计划等。

2.5　项目质量控制

2.5.1　建设工程项目质量控制的内涵

建设工程项目质量包括在安全、使用功能以及在耐久性能、环境保护等方面满足要求的明显和隐含能力的特性总和。其质量特性主要体现在适用性、安全性、耐久性、可靠性、经济性及与环境的协调性等六个方面。

在质量管理体系中通过质量策划、质量控制、质量保证和质量改进等手段来实施和实现全部质量管理职能的所有活动。

质量控制是质量管理的一部分,是致力于满足质量要求的一系列相关活动。这些活动主要包括:设定目标→测量检查→评价分析→纠正偏差。

项目参与各方致力于实现业主要求的项目质量总目标的一系列活动。

项目质量控制的责任和义务:

建筑工程五方责任主体项目负责人是指承担建筑工程项目建设的建设单位项目负责人、勘察单位项目负责人、设计单位项目负责人、施工单位项目经理、监理单位总监理工程师。

建设工程五方责任主体项目负责人质量终身责任,是指在工程设计使用年限内对工程质量承担相应责任,涉及以下几种情况:

(1) 发生工程质量事故。

(2) 发生投诉、举报、群体性事件、媒体报道并造成恶劣社会影响的严重工程质量问题。

(3) 勘察、设计或施工原因造成尚在设计使用年限内的建筑工程不能正常使用。

(4) 存在其他需追究责任的违法违规行为。

2.5.2　项目质量风险分析和控制

2.5.2.1　质量风险识别

详见表2-5:

表 2-5　质量风险识别

自然风险（天然的）	恶劣的水文、气象条件,是长期存在的可能损害项目质量的隐患;地震、暴风、雷电、暴雨以及由此引发的洪水、滑坡、泥石流等突然发生的自然灾害都可能对项目质量造成严重破坏
技术风险	科学技术水平和人员对技术的掌握
管理风险	管理体系、管理制度

环境风险	社会上的种种腐败现象和违法行为,都会给项目质量带来严重的隐患;项目现场的空气污染、水污染、光污染和噪声、固体废弃物等都可能对项目实施人员的工作质量和项目实体质量造成不利影响

2.5.2.2　质量风险应对

详见表2-6：

表 2-6　质量风险应对

规避	例如:依法进行招标投标,选择有能力的单位;正确进行项目的规划选址;不选用不成熟、不可靠的方案;合理安排施工工期和进度计划,避开可能发生的水灾、风灾、冻害对工程质量的损害
减轻	例如在施工中有针对性地制定和落实有效的施工质量保证措施和质量事故应急预案
转移	依法采用正确的方法把质量风险转移给其他方承担。转移的方法有分包转移、担保转移和保险转移
自留	又称风险承担。采取设立风险基金的办法,在损失发生后用基金弥补;在建筑工程预算价格中通常预留一定比例的不可预见费,一旦发生风险损失,从不可预见费中支出

2.5.3　建设工程项目施工质量控制

建设工程项目的施工质量控制,有两个方面的含义:一是指项目施工单位的施工质量控制,包括施工总承包、分包单位进行的综合的和专业的施工质量控制;二是指广义的施工阶段项目质量控制,即除了施工单位的施工质量控制外还包括建设单位、设计单位、监理单位,以及政府质量监督机构,在施工阶段对项目施工质量所实施的监督管理和控制职能。

2.5.3.1　施工质量控制的依据与基本环节

施工质量要达到的最基本要求是通过施工形成的项目工程实体质量经检查验收合格。建设工程施工质量验收合格应符合下列规定:

（1）符合工程勘察、设计文件的要求;

（2）符合现行的《建筑工程施工质量验收统一标准》(GB 50300—2013)和相关专业验收规范的规定;

（3）施工质量在合格的前提下,还应符合施工承包合同约定的要求。

2.5.3.2　施工质量控制的基本环节

详见表2-7：

表 2-7　施工质量控制的基本环节

事前质量控制	（分析、预防）编制质量计划,明确质量目标,制订施工方案,设置质量管理点,落实质量责任,分析可能导致质量目标偏离的各种影响因素,针对这些影响因素制定有效的预防措施
事中质量控制	自控主体的质量意识和能力是关键,是施工质量的决定因素。 事中质量控制的目标是确保工序质量合格,杜绝质量事故发生;控制的关键是坚持质量标准;控制的重点是工序质量、工作质量和质量控制点的控制
事后质量控制	包括对质量活动结果的评价、认定;对工序质量偏差的纠正;对不合格产品进行整改和处理。控制的重点是发现施工质量方面的缺陷,并通过分析提出施工质量改进的措施,保持质量处于受控状态

2.5.3.3　施工准备的质量控制

熟悉图纸,组织设计交底和图纸审查;审核相关质量文件,细化施工技术方案和施工人员、机具配置方案,绘制各种施工详图等。

2.5.3.4　施工过程的质量控制

（1）工序施工质量控制

工序的质量控制是施工阶段质量控制的重点。工序施工质量控制主要包括工序施工条件质量控制和工序施工效果质量控制。

施工方是施工阶段质量自控主体。施工方不能因为监控主体的存在和监控责任的实施而减轻或免除其质量责任。

（2）施工作业质量的控制程序

其包括施工作业技术的交底、施工作业活动的实施、施工作业质量的检查。施工作业质量的检查包括施工单位内部的工序作业质量自检、互检、专检和交接检,以及现场监理机构的旁站检查、平行检验等。

2.5.3.5　施工作业质量的监控

为了保证项目质量,建设单位、监理单位、设计单位及政府的工程质量监督部门,在施工阶段依据法律法规和工程施工承包合同,对施工单位的质量行为和项目实体质量实施监督控制。

现场质量检查的方法见表 2-8。

表 2-8　现场质量检查的方法

目测法	感官,不辅助量具,看、摸、敲、照
实测法	辅助量具,靠、量、吊、套
试验法	理化试验;无损检测,如超声波探伤、X射线探伤、γ射线探伤等

2.5.4　施工质量验收

建设工程项目施工质量验收包括施工过程质量验收和竣工质量验收两部分。

2.5.4.1　施工过程质量验收

施工过程质量验收的内容主要是指检验批和分项、分部工程的质量验收,见表2-9。

表 2-9　施工过程质量验收

检验批质量验收	检验批是工程验收的最小单位,是分项工程乃至整个建筑工程质量验收的基础。 检验批应由监理工程师组织施工单位项目专业质量(技术)负责人等进行验收	检验批质量验收合格应符合下列规定: ①主控项目的质量经抽样检验均应合格; ②一般项目的质量经抽样检验合格; ③具有完整的施工操作依据、质量验收记录。主控项目的检查具有否决权
分项工程质量验收	监理工程师组织施工单位项目技术负责人等进行验收	
分部工程质量验收	由总监理工程师组织施工单位项目负责人和项目技术负责人等进行验收;勘察、设计单位项目负责人和施工单位技术、质量部门负责人应参加地基与基础分部工程质量验收;设计单位项目负责人和施工单位技术、质量部门负责人应参加主体结构、节能分部工程质量验收	分部工程质量验收合格应符合下列规定: ①所含分项工程的质量均应验收合格; ②质量控制资料应完整; ③有关安全、节能、环境保护和主要使用功能的抽样检验结果应符合相应规定; ④观感质量验收应符合要求

2.5.4.2　施工过程质量验收不合格的处理

施工过程的质量验收是以检验批的施工质量为基本验收单元。检验批质量不合格可能是由于使用的材料不合格,或施工作业质量不合格,或质量控制资料不完整等,其处理方法有:

(1)在检验批验收时,发现存在严重缺陷的应推倒重做,有一般缺陷的可通过返修或更换器具、设备消除缺陷后重新进行验收;

(2)个别检验批发现某些项目或指标不满足要求难以确定是否验收时,应请有资质的法定检测单位检测鉴定,当鉴定结果能够达到设计要求时,应予以验收;

(3)当检测鉴定达不到设计要求,但经原设计单位核算仍能满足结构安全和使用功能的检验批,可予以验收。

(4)严重质量缺陷或超过检验批范围内的缺陷,经法定检测单位检测鉴定以后,认为不能满足最低限度的安全储备和使用功能要求,则必须进行加固处理,虽然改变了外形尺寸,但能满足安全使用要求,可按技术处理方案和协商文件进行验收,责任方应承担经济责任。

2.5.4.3　竣工质量验收

详见表 2-10：

表 2-10　竣工质量验收

竣工质量验收的条件	(1)完成建设工程设计和合同约定的各项内容。 (2)有完整的技术档案和施工管理资料。 (3)有工程使用的主要建筑材料、建筑构配件和设备的进场试验报告。 (4)有勘察、设计、施工、工程监理等单位分别签署的质量合格文件。 (5)有施工单位签署的工程保修书
竣工质量验收程序和组织	建设单位应在工程竣工验收前 7 个工作日内将验收时间、地点、验收组名单书面通知该工程的工程质量监督机构
竣工验收备案	建设单位应当自建设工程竣工验收合格之日起 15 日内,将建设工程竣工验收报告和规划、公安消防、环保等部门出具的认可文件或准许使用文件,报建设行政主管部门或者其他相关部门备案

2.5.4.4　宁夏抗震宜居农房改造建设项目质量验收规定

(1) 在农房改造建设过程中,各乡镇要严把农房鉴定关、项目申报关、规划设计关、材料检验关、建设质量关、施工安全关、工程验收关,强化改造建设全过程监督管理。县(区)、乡(镇)、村要组织专业人员或委托专业机构,深入农房改造建设现场,开展技术指导工作和跟踪服务,及时指导检查各阶段分部分项工程实施情况,加强项目全程管理,保证工程质量安全,每户改造对象现场指导服务累计要达到 2 次以上,在 APP 中如实完整记录《宁夏抗震宜居农房改造建设技术指导服务及质量安全监督卡》(附录 8),同时在 APP 中拍照上传房屋改造建设进度照片资料,作为改造建设过程管理档案。

(2) 要把好改造房屋竣工验收销号关,落实被改造农户和建设工匠、施工单位或统建单位等房屋建设各方主体责任,农房改造加固或新建完成达到入住条件后,按规定先自行组织竣工验收,填写并提交《宁夏抗震宜居农房改造建设项目竣工验收备案书》(附录 9),申请乡镇主管部门对农房进行竣工验收。

2.5.5　施工质量不合格的处理

2.5.5.1　工程质量问题和质量事故的分类

根据我国国家标准《质量管理体系　基础和术语》(GB/T 19000—2016/ISO 9000:2015)的定义,工程产品未满足质量要求,即为质量不合格;而与预期或规定用途有关的质量不合格,称为质量缺陷。

（1）按质量事故造成损失的程度分级（表 2-11）

表 2-11　质量事故的分级

	一般事故	较大事故	重大事故	特别重大事故
死亡人数	A<3	3≤A<10	10≤A<30	A≥30
重伤人数	A<10	10≤A<50	50≤A<100	A≥100
直接经济损失	100 万元≤A<1000 万元	1000 万元≤A<5000 万元	5000 万元≤A<1 亿元	A≥1 亿元

注：①质量事故分级符合及格理论，即达到下限即符合等级要求，如死亡 3 人即达到较大事故的"及格线"。另，同时存在死亡、重伤及直接经济损失，事故定性取其重。如：死亡 1 人，重伤 10 人，直接经济损失 5200 万，为重大事故。
②质量事故分级与安全事故分级方法唯一的区别是：质量事故直接经济损失有下限，为不少于 100 万元，少于 100 万元直接经济损失的无死伤事故为质量问题。

（2）按质量事故责任分类

指导责任事故：工程负责人片面追求施工进度，放松或不按质量标准进行控制和检验，降低施工质量标准等造成的质量事故。

操作责任事故：浇注混凝土时随意加水，或振捣疏漏造成混凝土质量事故等。

2.5.5.2　施工质量事故的预防

施工质量事故预防的具体措施：

① 严格按照基本建设程序办事；

② 认真做好工程地质勘察；

③ 科学地加固处理好地基；

④ 进行必要的设计审查复核；

⑤ 严格把好建筑材料及制品的质量关；

⑥ 强化从业人员管理；

⑦ 依法进行施工组织管理；

⑧ 做好应对不利施工条件和各种灾害的预案；

⑨ 加强施工安全与环境管理。

2.5.5.3　施工质量问题和质量事故的处理

（1）施工质量事故报告和调查处理程序

① 事故报告：建设工程发生质量事故，有关单位应当在 24 小时内向当地建设行政主管部门和其他有关部门报告。事故报告内容：事故发生的时间、地点、工程项目名称、工程各参建单位名称；事故发生的简要经过、伤亡人数和初步估计的直接经济损失；事故原因的初步判断；事故发生后采取的措施及事故控制情况；事故报告单位、联系人及联系方式；其他应当

报告的情况。

② 事故调查:未造成人员伤亡的一般事故,县级人民政府也可以委托事故发生单位组织施工调查组进行调查。

③ 事故的原因分析。

④ 制定事故处理的技术方案。

⑤ 事故处理(事故的技术处理和事故的责任处罚)。

⑥ 事故处理的鉴定验收。

⑦ 提交事故处理报告,其内容包括事故调查的原始资料、测试的数据;事故原因分析和论证结果;事故处理的依据;事故处理的技术方案及措施;实施技术处理过程中有关的数据、记录资料;检查验收记录;对事故相关责任者的处罚情况和事故处理的结论等。

(2) 施工质量事故处理的基本要求

① 质量事故的处理应达到安全可靠、不留隐患、满足生产和使用要求、施工方便、经济合理的目的。

② 消除造成事故的隐患,注意综合治理,防止事故再次发生。

③ 正确确定技术处理的范围和正确选择处理的时间和方法。

④ 切实做好事故处理的检查验收工作,认真落实防范措施。

⑤ 确保事故处理期间的安全。

(3) 施工质量缺陷处理的基本方法(表 2-12)

表 2-12 施工质量缺陷处理的基本方法

返修处理	例如,某些混凝土结构表面出现蜂窝、麻面,或者混凝土结构局部出现损伤,如结构受撞击、局部未振实、冻害、火灾、酸类腐蚀、碱-骨料反应等,当这些缺陷或损伤仅在结构的表面或局部,不影响其使用和外观,可进行返修处理。再比如混凝土结构出现裂缝,经分析研究后如果不影响结构的安全和使用功能时,也可采取返修处理。当裂缝宽度不大于 0.2 mm 时,可采用表面密封法;当裂缝宽度大于 0.2 mm 时,采用嵌缝密闭法;当裂缝较深时,则应采取灌浆修补的方法
加固处理	主要针对危及结构承载力的质量缺陷的处理
返工处理	例如,某防洪堤坝填筑压实后,其压实土的干密度未达到规定值,经核算将影响土体的稳定且不满足抗渗能力的要求,须挖除不合格土,重新填筑,重新施工;某公路桥梁工程预应力按规定张拉系数为 1.3,而实际仅为 0.8,属严重的质量缺陷,也无法修补,只能重新制作
不作处理	不影响结构安全和使用功能的;后道工序可以弥补的质量缺陷;法定检测单位鉴定合格的;经检测鉴定达不到设计要求,但经原设计单位核算,仍能满足结构安全和使用功能的

2.6　工程安全生产管理

2.6.1　安全生产管理制度

详见表 2-13：

表 2-13　安全生产管理制度

安全生产责任制	是最基本的安全管理制度,是所有安全生产管理制度的核心
安全生产许可证制度	安全生产许可证的有效期为 3 年。安全生产许可证有效期满需要延期的,企业应当于期满前 3 个月向原安全生产许可证颁发管理机关办理延期手续。安全生产许可证的有效期内,未发生死亡事故的,安全生产许可证有效期届满时,经原安全生产许可证颁发管理机关同意,不再审查,安全生产许可证有效期延期 3 年
安全生产教育培训制度(一般包括对管理人员、特种作业人员和企业员工的安全教育)	特种作业人员具备的条件是:①年满 18 周岁,且不超过国家法定退休年龄;②经社区或者县级以上医疗机构体检健康合格,并无妨碍从事相应特种作业的器质性心脏病、癫痫病、美尼尔氏症、眩晕症、癔症、震颤麻痹症、精神病、痴呆症以及其他疾病和生理缺陷;③具有初中及以上文化程度;④具备必要的安全技术知识与能力;⑤相应特种作业规定的其他条件。 经常性安全教育的形式有:每天的班前班后会上说明安全注意事项;安全活动日;安全生产会议;事故现场会;张贴安全生产招贴画、宣传标语及标志等
安全措施计划制定	安全措施计划的范围应包括改善劳动条件、防止事故发生、预防职业病和职业中毒等内容。具体包括:①安全技术措施;②职业卫生措施;③辅助用房及设施;④安全宣传教育措施
特种作业人员持证上岗制度	离开特种作业岗位 6 个月后,应当按照规定重新进行实际操作考核,经确认合格后方可上岗作业
施工起重机械使用登记制度	《建设工程安全生产管理条例》第三十五条规定:施工单位应当自施工起重机械和整体提升脚手架、模板等自升式架设设施验收合格之日起 30 日内,向建设行政主管部门或者其他有关部门登记
安全检查制度	安全检查的主要内容包括查思想、查管理、查隐患、查整改、查伤亡事故处理等
"三同时"制度	同时设计、同时施工、同时投入生产和使用
工伤和意外伤害保险制度	《建筑法》规定,建筑施工企业应当依法为职工缴纳工伤保险费。鼓励企业为从事危险作业的职工办理意外伤害保险,并支付保险费

工匠经验:农村自建房安全施工建议

施工安全非常重要,出了事故轻则小伤小痛,影响工程进度;重则致伤致残,甚至付出生命的代价。所以,在施工过程中一定要注意安全,以下几点需要注意:

(1)业主和包工头要增强忧患意识,居安思危,才能防患于未然;

(2)若安全措施没有完善,一定不要踏入工地半步,进入工地时,必须要佩戴安全帽;

(3)禁止高空抛物,禁止建筑垃圾直接往下面扔;

(4)购买意外伤害险;

(5)要严格按照建筑规范安全要求施工。

2.6.2　施工安全技术措施和安全技术交底

2.6.2.1　建设工程施工安全技术措施

安全控制的目标是减少和消除生产过程中的事故,保证人员健康安全和财产免受损失。具体应包括:

(1)减少或消除人的不安全行为的目标;

(2)减少或消除设备、材料的不安全状态的目标;

(3)改善生产环境和保护自然环境的目标。

施工安全技术措施的一般要求:

(1)施工安全技术措施必须在开工前制定;

(2)施工安全技术措施要有针对性;

(3)施工安全技术措施应力求全面、具体、可靠;

(4)施工安全技术措施必须包括应急预案;

(5)施工安全技术措施要有可行性和可操作性。

2.6.2.2　安全技术交底

详见表 2-14:

表 2-14　安全技术交底

安全技术交底 主要内容	(1)工程项目和分部分项工程的概况。 (2)本施工项目的施工作业特点和危险点。 (3)针对危险点的具体预防措施。 (4)作业中应遵守的安全操作规程以及应注意的安全事项。 (5)作业人员发现事故隐患应采取的措施。 (6)发生事故后应及时采取的避难和急救措施

安全技术交底的要求	(1)项目经理部必须实行逐级安全技术交底制度,纵向延伸到班组全体作业人员。 (2)技术交底必须具体、明确,针对性强。 (3)技术交底的内容应针对分部分项工程施工中给作业人员带来的潜在危险因素和存在的问题。 (4)应优先采用新的安全技术措施。 (5)对于涉及"四新"项目或技术含量高、技术难度大的单项技术设计,必须经过两阶段技术交底,即初步设计技术交底和实施性施工图设计技术交底。 (6)应将工程概况、施工方法、施工程序、安全技术措施等向工长、班组长进行详细交底。 (7)定期向由两个以上作业队和多工种进行交叉施工的作业队伍进行书面交底。 (8)保持书面安全技术交底签字记录

2.6.3　安全隐患的处理

详见表2-15:

表 2-15　安全隐患的处理

冗余安全度治理原则	例如道路上有一个坑,既要设防护栏及警示牌,又要设照明及夜间警示红灯
单项隐患综合治理原则	如某工地发生触电事故,一方面要进行人的安全用电操作教育,同时现场也要设置漏电开关,对配电箱、用电线路进行防护改造;另一方面也要严禁非专业电工乱接乱拉电线
预防与减灾并重治理原则	如应及时切断供料及切断能源的操作方法;应及时降压、降温、降速以及停止运行的方法;应及时排放毒物的方法;应及时疏散及抢救的方法;应及时请求救援的方法等。还应定期组织训练和演习,使该生产环境中每名干部及工人都真正掌握这些减灾技术

2.6.4　建设工程施工现场职业健康安全与环境管理的要求

2.6.4.1　施工现场文明施工基本要求

项目经理为现场文明施工的第一责任人。

严禁泥浆、污水、废水外流或未经允许排入河道,严禁堵塞下水道和排水河道。

2.6.4.2　施工现场环境保护的要求

详见表2-16:

表 2-16　施工现场环境保护的要求

大气污染防治措施	①易飞扬材料(如水泥、白灰、珍珠岩)入库密封存放或覆盖存放。②禁止施工现场焚烧产生有毒、有害烟尘或恶臭气体的物质(禁止焚烧)
水污染防治措施	①禁止将有毒有害废弃物作土方回填;②污水必须经沉淀池沉淀合格后再排放;③现场存放油料,必须对库房地面进行防渗处理
固体废弃物处理方法	①回收利用;②减量化处理;③焚烧;④稳定和固化;⑤填埋

2.7　建设工程合同与合同管理

2.7.1　建设工程施工承包合同谈判的主要内容

见表 2-17。

表 2-17　建设工程施工承包合同谈判的主要内容

关于工程内容和范围的确认	经双方确定的工程内容和范围方面的修改或调整,应以文字方式确定下来,并以"合同补遗"或"会议纪要"方式作为合同附件,并明确它是构成合同的一部分
关于技术要求、技术规范和施工技术方案	双方尚可对技术要求、技术规范和施工技术方案等进行进一步讨论和确认,必要的情况下甚至可以变更技术要求和施工方案
关于合同价格条款	一般在招标文件中就会明确规定合同将采用什么计价方式,在合同谈判阶段往往没有讨论的余地。但在可能的情况下,中标人在谈判过程中仍然可以提出降低风险的改进方案
关于价格调整条款	对于工期较长的建设工程,容易遭受货币贬值或通货膨胀等因素的影响,可能给承包人造成较大损失。价格调整条款可以比较公正地解决这一承包人无法控制的风险损失
关于合同款支付方式的条款	建设工程施工合同的付款分四个阶段进行,即预付款、工程进度款、最终付款和退还保留金
关于工期和维修期	承包人应力争以维修保函来代替业主扣留的保留金。与保留金相比,维修保函对承包人有利,主要是因为可提前取回被扣留的现金,而且保函是有时效的,期满将自动作废。同时,它对业主并无风险,若真正发生维修费用,业主可凭保函向银行索回款项

农村自建房施工合同注意事项：

通过签订农村自建房施工合同，能够明确各方责任，保障自建房的质量。

第一，关注违约的责任。重点关注三点：（1）假设在约定的工期内没有完成工程；（2）假设合同里面规定的材料和品牌没有按照约定来供应；（3）假设没有按照标准工艺施工导致验收不合格。这三点在合同中需要规定到违约责任。

第二，核心是关于费用的支付问题。一般是三个 30%，一个 10%，分成四次来支付。不管是分三次还是分四次支付，关键是每笔款项支付要达到要求。

第三，安全责任的约定。要求所有的工人规范施工，为所有的工人购买意外保险，严防安全事故发生。

2.7.2 建设工程施工合同风险管理和工程保险

2.7.2.1 施工合同风险管理

按合同风险产生的原因，可以分为合同工程风险和合同信用风险。合同工程风险是指客观原因导致的，如工程进展过程中发生不利的地质条件变化、工程变更、物价上涨、不可抗力等。合同信用风险是指主观原因导致的，表现为合同双方的机会主义行为，如业主拖欠工程款、承包商层层转包、非法分包、偷工减料、以次充好、知假买假等。

农村自建房选择包工头风险防范

农村自建房都会选择当地的包工头进行建设，他们有非常明显的成本优势，诚实守信的包工头，合作起来比较放心。但也不排除遇到不负责任的包工头，追求利益最大化，带来造价超预算的风险，甚至会造成房屋质量安全风险，减少配筋、降低强度等级、偷工减料、工人的安全意识低下、风控不严格，造成工伤事故，损失惨重。应从以下三个方面防范：

第一，签订合同。明确材料的品牌规格、所承包的项目，以防后期增项。

第二，施工方要严格按照图纸施工，承担质量安全责任。

第三，安全责任的约定。施工方对房子的质量安全、人员安全进行全权负责。

2.7.2.2 工程保险

◇ **为什么必须参保？**

在农房建造过程中，财产损失、人身安全的风险远远高于平时的生产和生活各项活动，一旦风险降临，将会给房主造成较大的经济损失。识别、防范、化解各类风险，减低风险带来的损失，是农村工匠应当考虑的事情。

要处理好房屋建造过程中的财产损失和人身风险，除了认识风险并加强防范外，把无法克服和无法避免的风险转嫁给保险公司去承担是最好的办法。

在乡村房屋建造中最需要参保的是建筑设备和材料的财产损失保险、建设工匠的人身意外伤害保险和建造施工过程中造成第三方人身财产损害的责任保险。也可购买 CIP 保险（俗称一揽子保险）。

◇ **保险与保险索赔的规定**

（1）财险合同可以转让。在保单有效期内，保险标的危险程度显著增加的，被保险人应当及时通知保险人，保险人可以按照合同约定增加保费或解除合同。

（2）人身保险不能转让。保险人对人身保险的保费，不可以诉讼方式要求投保人支付。

（3）保险事故发生后，投保人、被保险人或者受益人应当向保险人提供与确认事故的性质、原因、损失程度相关的证明材料。

（4）投保人、被保险人或者受益人知道保险事故发生后，应当及时通知保险人。

（5）保险财产虽然没有全部损毁或者灭失，但其损坏程度已无法修理，或虽然能够修理但修理费将超过赔偿金额的，也应当按照全损定损。

（6）如果一个建设项目由多家保险公司联合承保，应按照约定比例分别向不同保险公司索赔（按份责任）。

第三章 农房建筑材料及要求

建筑材料质量是工程质量的基础。建筑材料的选用是否合理、产品是否合格、材质是否经过检验、保管使用是否得当等,都将直接影响农房的安全性[①]、适用性[②]和耐久性[③]。因此,作为一名农村建设工匠,应该对常用建筑材料相关知识进行系统学习,并在农房施工或指导农户建房时做到"严把材料关"。主要从以下三个方面把好材料关:

一是把好采购关,严禁采购不合格的材料;二是把好材料质量关,对运到施工现场的材料需附有产品出厂合格证及技术说明书,工匠要按规定进行检验,对不合格的材料不允许进场;三是把好材料存放关,质量合格的材料从进场到其使用这段时间内,如果材料存放、保管不良,可能导致质量状况的恶化,如损坏、变质等,影响工程质量。

此外,为加强对我区建设领域推广应用新技术、新产品的指导和限制禁止使用技术与产品的管理,引领绿色建筑发展,加快推进建设领域科技进步,推动产业技术升级,宁夏住房和城乡建设厅组织编制了《宁夏建设领域推广应用和限制禁止使用技术与产品目录》。乡村建设工匠是美丽乡村建设的主力军,责任重大,使命艰巨,应带头采用新技术、新产品,不得使用已被禁止使用的技术与产品。

3.1 水 泥

水泥在砂浆和混凝土中起胶结作用。正确选择水泥品种、严格质量验收、妥善运输与储存等是保证工程质量、杜绝质量事故的重要措施。

3.1.1 水泥品种的选择原则

可根据环境条件、工程特点、混凝土所处部位选择水泥品种。农房建筑一般选择强度等级为 42.5R 的普通硅酸盐水泥。各类水泥特性及强度等级见表 3-1。

---

① 在正常施工和使用时,能承受可能出现的各种作用(包括荷载及外加变形或约束变形);当发生火灾时,在规定的时间内可保持足够的承载力;当发生爆炸、撞击、人为错误等偶然事件时,结构能保持必需的整体稳固性,不出现与起因不相符的破坏后果,防止出现结构的连续倒塌。

② 在正常使用时保持良好的使用性能。

③ 在正常维护下具有足够的耐久性能。

表 3-1　水泥特性及强度等级

项目	硅酸盐水泥	普通硅酸盐水泥	矿渣硅酸盐水泥	火山灰质硅酸盐水泥	粉煤灰硅酸盐水泥	复合硅酸盐水泥
主要成分	以硅酸盐水泥熟料为主,不掺或掺加不超过5%的混合材料	硅酸盐水泥熟料,>5%且≤20%的混合材料	硅酸盐水泥熟料,>20%且≤70%的粒化高炉矿渣	硅酸盐水泥熟料,>20%且≤40%的火山灰质混合材料	硅酸盐水泥熟料,>20%且≤40%的粉煤灰	硅酸盐水泥熟料,>20%且≤50%,不少于2种复合掺料
特性	①硬化快,强度高;②水化热较高;③抗冻性较好;④耐热性较差;⑤耐腐蚀性较差	①早期强度较高;②水化热较高;③抗冻性较好;④耐热性较差;⑤耐腐蚀性较差	①硬化慢,早期强度低,后期强度增长得较快;②水化热较低;③抗冻性差,易碳化;④耐腐蚀性较好;⑤耐热性较好;⑥对温度、湿度变化较为敏感	抗渗性较好,其他同矿渣水泥(耐热性不及矿渣硅酸盐水泥)	收缩性较小,抗裂性较好,其他同矿渣硅酸盐水泥	3 d龄期强度高于矿渣水泥,其他同矿渣硅酸盐水泥

注:强度等级中 R 表示早强型,其他为普通型。例如,强度等级 42.5 和 42.5R 硅酸盐水泥 28 d 抗压强度均为 42.5 MPa,但其 3 d 抗压强度分别为 17 MPa 和 22 MPa。

3.1.2　水泥的验收

（1）核对物品　根据供货单位的发货明细表或入库通知单及质量合格证,分别核对水泥包装上所注明的工厂名称、水泥品质、名称、代号和强度等级、产品编号等是否相符。

（2）数量验收　袋装水泥按袋计数验收,随机抽取 20 袋,其总质量应不少于 1000 kg。

（3）外观质量验收　外观质量验收主要检查物品受潮变质情况。首先检查纸袋是否因受潮而变色、发霉,然后用手按压纸袋,凭手感判断袋内水泥是否结块(图 3-1)。

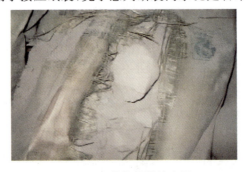

图 3-1　严禁使用结块水泥

3.1.3　水泥的运输和储存

水泥的运输和储存,主要是防止受潮,不同品种、强度等级和出厂日期的水泥应分别储运,不得混杂,避免错用并应考虑先存先用,不可储存过久。在正常储存条件下,经 3 个月后,水泥强度降低 10％～25％,经 6 个月后,水泥强度降低 25％～40％。

露天临时储存袋装水泥,应选择地势高、排水良好的场地,并应认真上盖下垫,防止水泥受潮。

散装水泥应按品种、强度等级及出厂日期分库存放,储存应密封良好、严格防潮。

储存水泥的库房必须干燥,库房地面应高出室外地面 30 cm。若地面有良好的防潮层并以水泥砂浆抹面,可直接储存水泥;否则应用木料垫离地面 20 cm。袋装水泥堆垛不宜过高,一般为 10 袋(图 3-2),如储存时间短、包装袋质量好,可堆至 15 袋。袋装水泥堆垛一般距离墙壁和窗户 30 cm 以上。水泥堆垛应设立标示牌,注明生产工厂、品种、日期等。应尽量缩短水泥的储存期,通用水泥不宜超过 3 个月;铝酸盐水泥不宜超过 2 个月;快硬水泥不宜超过 1 个月。否则应重新测定强度,按实测强度使用。

图 3-2　水泥堆垛(水泥堆垛不应超过 10 袋)

3.2　石灰和石膏

3.2.1　石灰

除混凝土生产中需要使用水泥作为胶结材料外,还有许多建筑材料的生产都离不开无机胶凝材料,如砌体结构中的砂浆,各种免烧墙体块体、板体材料及无机装饰材料中的胶结材料,基础处理中用到的灰土、三合土等。

3.2.1.1　石灰的品种

石灰是对石灰岩、贝壳石灰岩等岩石煅烧之后得到的材料。建筑用的石灰有生石灰(块灰)、生石灰粉、熟石灰(又称消石灰、水化石灰)和石灰膏等。

通常把白色轻质的块状石灰称为块灰;以块灰为原料经磨细制成的生石灰称为磨细生石灰粉或建筑生石灰粉。

3.2.1.2　石灰的熟化

使用石灰时,把生石灰加水,使之生成熟石灰,这一过程称为石灰的熟化,俗称"淋灰"。石灰熟化会放出大量的热,体积膨胀1～2倍,质量增加约1.3倍。

根据加水量的不同,石灰可熟化成消石灰粉或石灰膏。石灰熟化的理论需水量为石灰质量的32%。在生石灰中,均匀加60%～80%的水,可得到颗粒细小、分散均匀的消石灰粉。若用过量的水熟化,将得到具有一定稠度的石灰膏。石灰中一般都含有过火石灰,过火石灰熟化慢,若在石灰浆体硬化后再发生熟化,会因熟化产生的膨胀而发生隆起和开裂。为了消除过火石灰的这种危害,石灰在熟化后还应"陈伏"2周左右。

3.2.1.3　石灰的硬化

石灰浆体在空气中通过凝结、碳化而逐渐具有一定强度的过程称为石灰的硬化。石灰浆体的硬化包括干燥结晶和碳化两个同时进行的过程。结晶过程主要在浆体内部发生,析出的晶体数最少,对强度的贡献不大。

3.2.1.4　石灰的应用

（1）拌制灰土或三合土

灰土是将消石灰粉和黏土按一定比例拌和均匀、夯实而成。石灰常用比例为灰土总重的10%～30%,即一九灰土、二八灰土及三七灰土。石灰用量过高,往往导致其强度和耐水性降低。若将消石灰粉、黏土和骨料(砂、碎砖块、炉渣等)按一定比例混合均匀并夯实,即为三合土。

灰土和三合土广泛用作建筑物的基础、路面或地面的垫层,它的强度和耐水性远远高出石灰或黏土。

（2）配制混合砂浆和石灰砂浆

熟化并陈伏好的石灰膏和水泥、砂配制而成的砂浆称为混合砂浆,它是目前用量最大、用途最广的砌筑砂浆;石灰膏和砂配制而成的砂浆称为石灰砂浆;石灰膏和麻刀或纸筋配制而成的膏体称为麻刀灰或纸筋灰,它们广泛用于内墙、天棚的抹面工程中。

3.2.1.5　石灰的储存和运输

块状生石灰放置太久,会吸收空气中的水分自动熟化成石灰粉,再与空气中的二氧化碳作用形成碳酸钙而失去胶凝能力。所以储存生石灰,不但要防止受潮,而且不宜久存,最好运到现场后即熟化成石灰浆,变储存期为"陈伏"期。另外,生石灰受潮熟化要放出大量的热,且体积膨胀,所以生石灰不宜与易燃易爆物品共存,以免酿成火灾或发生爆炸。

3.2.2　石膏

建筑上常用的石膏,主要是由天然二水石膏(或称生石膏)经过煅烧、磨细而制成的。

（1）建筑石膏的技术要求　建筑石膏呈洁白粉末状,属轻质材料。其主要技术要求包括细度、凝结时间和强度等方面。建筑石膏产品的标记顺序为产品名称、抗折强度、标准号。

例如抗折强度为 2.5 MPa 的建筑石膏记为建筑石膏 25GB9776。

（2）石膏的凝结与硬化　建筑石膏与适量的水混合后,起初形成均匀的石膏浆体,接着石膏浆体又会逐渐产生凝结,当浆体的水分蒸发后,石膏就已经完全硬化。

（3）用途　建筑石膏在工程中可用作室内抹灰、粉刷、油漆打底等材料,还可以用于制造建筑装饰制品、石膏板等。

（4）石膏的保管和使用　建筑石膏易受潮吸湿,凝结硬化快,因此在运输、贮存的过程中应注意避免受潮。石膏长期存放,强度也会降低,一般贮存三个月后强度下降 30% 左右。所以,建筑石膏贮存时间不得过长,若超过 3 个月,应重新检验并确定其等级。

3.3　混凝土

3.3.1　混凝土的组成材料

混凝土（砼）是指由胶凝材料、粗（细）骨料、水、矿物掺合料和化学外加剂等组分按一定配合比形成,开始时具有可塑性,硬化后具有一定强度和堆聚状结构的复合材料。

配制混凝土的胶凝材料可以是有机物、无机物或有机无机复合物。目前使用的混凝土多指无机胶凝材料混凝土,特别是水泥混凝土。过去主要使用由水泥、砂、石、水等配制的四组分混凝土,现在大多使用由水泥、砂、石、水、化学外加剂、矿物掺合料等配制的六组分混凝土。

> **混凝土配合比小知识：**
>
> 　　水多→蒸发多→干燥收缩引起裂缝;
>
> 　　水多→坍落度大、水灰比大→强度低、耐久性差、产生泌水,施工性好;
>
> 　　水泥多→水化发热多→膨胀收缩引起裂缝。

混凝土化学外加剂是一种在混凝土搅拌之前或拌制过程中加入、用以改善新拌混凝土和（或）硬化混凝土性能的材料。外加剂按其主要功能,一般分为以下四类：

（1）改善混凝土拌合物流变性能的外加剂,包括各种减水剂和泵送剂等;

（2）调节混凝土凝结时间、硬化性能的外加剂,包括缓凝剂、促凝剂和速凝剂等;

（3）改善混凝土耐久性的外加剂,包括引气剂、防水剂和阻锈剂等;

（4）改善混凝土其他性能的外加剂,包括膨胀剂、防冻剂、着色剂等。

其中,减水剂是最常用的外加剂。常用减水剂主要有聚羧酸系、萘系、脂肪族系等,使用时根据工程需要和减水剂性能进行选择。

➤　聚羧酸系高性能减水剂掺量低、减水率高,减水率可高达 45%,掺量为胶凝材料总量的 0.5%～2.0%,常用掺量为 0.2%～0.5%,使用前应进行混凝土试配试验,以求最佳掺量。不可与萘系高效减水剂复配使用,与其他外加剂复配使用时也应预先进行混凝土相容性试验。

➤　萘系减水剂不仅能够使混凝土的强度提高,而且还能改善其多种性能,如抗磨损性、抗腐蚀性、抗渗透性等;减水率可达 15%～25%;粉剂掺量范围为 0.75%～1.50%;液体掺量范围为 1.5%～2.5%。萘系减水剂要放在气温较高地方(16 ℃以上),不然容易结晶,影响减水效果。

➤ 脂肪族系高性能减水剂减水率可达 20%,可以用于低强度等级混凝土,会使混凝土染色,其最佳掺量需要通过试验找出,推荐掺量范围为 1.5%～2.0%。脂肪族系高效减水剂与拌合水一并加入混凝土中,也可以采取后加法,加入脂肪族系高效减水剂的混凝土要延长搅拌时间 30 s。

3.3.2　混凝土的基本性能

混凝土的基本性能包括混凝土的强度、变形、碳化、耐腐蚀性、耐热性能、防渗性能等。一般以混凝土抗压强度作为检验其力学性能的基本指标。

《混凝土结构设计规范》(GB 50010—2010)规定,混凝土强度等级应按边长为 150 mm 立方体抗压强度标准值确定,并将其按立方体抗压强度标准值的大小划分为 14 级,即 C15、C20、C25、C30、C35、C40、C45、C50、C55、C60、C65、C70、C75、C80,其中 C50 及其以下为普通混凝土,C50 以上为高强混凝土。

在混凝土结构中,混凝土强度等级的选用除与结构受力状态和性质有关外,还应考虑与钢筋强度等级相匹配。根据工程经验和技术经济等方面的要求,钢筋混凝土结构的混凝土强度等级不应低于 C20;当采用强度级别 HRB400 及以上的钢筋时,混凝土强度等级不应低于 C25。

3.3.3　功能性混凝土

(1)防水混凝土　普通混凝土由于施工质量差或在凝结硬化过程中的收缩等往往不够密实,在压力水作用下会产生渗水现象,如是软水还会进一步产生溶出性腐蚀,导致有抗渗要求的混凝土构筑物不能正常使用,因此应采用防水混凝土。

防水混凝土可以通过调整普通混凝土配合比、加入外加剂等方式实现。

防水混凝土施工应一次浇筑完成,尽量不留施工缝,必须留施工缝时,应留企口缝,并设止水带;严格控制原材料质量,尤其是砂、石含泥量要低于规定限值;模板要求不漏浆,板面光洁,可提高混凝土的抗渗能力;适当延长搅拌时间,以保证混凝土拌合物和外加剂搅拌均匀,外加剂必须先用水稀释后加入;采用机械振捣;加强养护,至少 14 d;不得过早脱模,以防出现裂缝。

(2)耐热混凝土　耐热混凝土是能在长期高温 200～900 ℃作用下保持使用性能的混凝土。耐热混凝土可以通过调整胶凝材料和粗(细)骨料类型实现。

(3)耐酸混凝土　普通混凝土是以水泥为胶凝材料的,因而在酸性介质下将受到腐蚀。耐酸混凝土采用耐酸的胶凝材料及耐酸的骨料。常用的胶凝材料为水玻璃、硫黄、沥青等,耐酸骨料有石英砂、石英岩或花岗岩碎石。

3.3.4　纤维混凝土

纤维混凝土是由普通混凝土和均匀分散于其中的短纤维所组成的。

纤维在混凝土中起增强作用,可提高混凝土的力学性能,如抗拉抗弯、冲击韧性,也能有效地改善混凝土的脆性。其冲击韧性为普通混凝土的 5～10 倍,初裂抗弯强度可提高 2.5 倍。

目前,纤维混凝土主要用于对抗冲击性要求高的工程,如飞机跑道、高速公路、桥面面层等,除此之外,在屋面和墙体也逐渐有所应用。

3.3.5　高延性混凝土

高延性混凝土是由胶凝材料、骨料、外加剂和合成纤维等原材料组成,按一定比例加水搅拌,成型以后,具有高韧性、高抗裂性能的特种混凝土。目前,高延性混凝土面层加固技术已广泛应用于宁夏村镇砌体结构农房加固。由于原材料、制备工艺对高延性混凝土力学性能影响显著,加固施工应由专业施工团队指导进行。

3.4　砌体材料

砌体材料是指砌筑而成的墙体、柱等承重或非承重构件所用的块体、砂浆、灌孔混凝土等材料。

为了保证承重墙体质量和安全,砌块、砂石和水泥等材料一定要通过正规渠道购买,并且购买的产品一定要有合格证书和相应性能检测报告,购买材料应在保质期内。

砌体材料的选材必须满足《砌体结构通用规范》(GB 55007—2021)的相关要求。抗震地区严禁使用空斗墙,禁止使用泥浆砌筑墙体。

3.4.1　一般规定

(1)砌体结构材料应依据其承载性能、节能环保性能、使用环境条件合理选用。

(2)砌体结构选用材料应符合下列规定:

① 所有的材料应有产品出厂合格证书、产品性能检验报告;

② 应对块材、水泥、钢筋、外加剂、预拌砂浆、预拌混凝土的主要性能进行检验,证明其质量合格并符合设计要求;

③ 应根据块材类别和性能,选用与其匹配的砌筑砂浆。

(3)砌体结构不应采用非蒸压硅酸盐砖、非蒸压硅酸盐砌块及非蒸压加气混凝土制品。

(4)长期处于 200 ℃以上或急热急冷的部位,以及有酸性介质的部位,不得采用非烧结墙体材料。

(5)砌体结构中的钢筋应采用热轧钢筋或余热处理钢筋。

3.4.2　块体材料

3.4.2.1　常用块体材料

我国常用的块材:砖、砌块、石材。砌体结构块体材料的外形尺寸除符合建筑模数要求外,还应满足地方现行相关规定。

（1）砖

砌体结构常用的砖有烧结普通砖（简称为普通砖）、空心砖、粉煤灰砖和非烧结硅酸盐砖（简称硅酸盐砖）等。

烧结普通砖:是以砂质黏土为原料,经配料调制、制坯、干燥、熔烧而成。按制作工艺分为机制砖和手工砖。砖的现行标准尺寸为 240 mm×115 mm×53 mm。现行《砌体结构设计规范》（GB 50003—2011）将砖分为 MU30、MU25、MU20、MU15 和 MU10 五个强度等级,MU 表示块材,后面的数字表示抗压强度平均值（单位为 MPa 或 N/ mm²）。烧结普通砖具有良好的保温隔热性能和耐久性能,强度也能满足使用要求,砌筑较为方便,适用于房屋上部及地下基础等部位,在砖混结构中,常用来砌筑承重墙、柱及条形基础。

烧结空心砖（图 3-3 左）:简称空心砖,是指以页岩、煤矸石或粉煤灰为主要原料,但孔洞率不小于 25%。其具有节约黏土、减少砂浆用量、提高工效、节省墙体造价;减轻块体自重、增强墙体抗震性能等优点。其强度等级同烧结普通砖,适用于房屋上部非承重结构,不宜用于冻胀地区地下部位。

粉煤灰砖（图 3 3 右）:以粉煤灰、石灰为主要原料,掺加适量石膏和集料,经胚料制备、压制成型、高压蒸汽养护而成,简称粉煤灰砖。蒸压粉煤灰砖的尺寸与普通实心黏土砖完全一致,为 240 mm×115 mm×53 mm,所以用蒸压砖可以直接代替实心黏土砖。

非烧结硅酸盐砖（包括蒸压灰砂砖和蒸压粉煤灰砖）:原料为石灰和砂,尺寸同烧结普通砖。其不得用于长期受热 200 ℃以上、受急冷急热和有酸性介质侵蚀的建筑部位,MU15 和 MU15 以上的蒸压灰砂砖可用于基础及其他建筑部位;蒸压粉煤灰砖用于基础或用于受冻融和干湿交替作用的建筑部位必须使用一等砖。

| 空心砖 | 粉煤灰砖 |

图 3-3　砖示意图

小知识:**国家为什么限制实心黏土砖**?

国家限制使用实心黏土砖最根本的原因为环保问题。实心黏土砖的主要原料为黏土,我国因为每年烧砖都要使用黏土资源 10 多亿立方米,导致很多农田被毁。此外,在烧砖过程中会产生很多废气,也会对环境造成污染。所以我国自 1993 年开始,就已经禁止使用红色实心黏土砖,但还是有很多小烧砖厂违规烧砖。

《宁夏建设领域推广应用和限制禁止使用技术与产品目录(2020 版绿色建筑技术公告)》中规定,禁止使用黏土含量超过 20% 的墙体材料。

(2)砌块

砌块(图 3-4)是一种尺寸比烧结普通砖大,又比条板小的新型墙体材料,目前我国采用的有粉煤灰、硅酸盐砌块、混凝土空心砌块、加气混凝土砌块等。

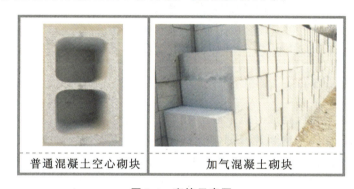

| 普通混凝土空心砌块 | 加气混凝土砌块 |

图 3-4 砌块示意图

(3)石材

石材主要来源于重质岩石和轻质岩石。根据石材的加工程度可分为细料石、粗料石和毛石。石材抗压强度高、抗冻性强、导热系数大,但整体性差(尤其是毛石),适用于砌基础、挡土墙和围墙,不适用于砌房屋墙体。

3.4.2.2 块体材料的选择

(1)我国目前推广应用的块体材料为以废弃砖瓦、混凝土块、渣土等废弃物为主要材料制作的块体。

(2)选择的块体材料应满足抗压强度等级和变异系数的要求。对于承重墙体的多孔砖和蒸压普通砖尚应满足抗折指标的要求。

(3)选用的非烧结含孔块材应满足最小壁厚及最小肋厚的要求,选用承重多孔砖和小砌块时尚应满足孔洞率的上限要求。

(4)地面以下或防潮层以下的砌体、潮湿房间的墙,按规范选择材料。建(构)筑物防潮层以下砌体的填充墙不应使用轻骨料混凝土小型空心砌块或蒸压加气混凝土砌块砌体。

(5)满足 50 年设计工作年限要求的块材碳化系数和软化系数均不应小于 0.85,软化系数小于 0.9 的墙体材料不得用于潮湿环境、冻融环境和化学侵蚀环境下的承重墙体。未经灌实的多孔砖、空心砌块不得用于 ±0.000 以下的承重墙体。

（6）严格遵守《砌体结构通用规范》（GB 55007—2021）中关于块体最低强度等级的规定。

小知识：农村自建房实心砖的选取

农村自建房常用的砖有空心砖和实心砖。空心砖的隔音效果好,成本要略低,但以下几个部分需要采用实心砖：

（1）化粪池一定要用实心砖,防止渗漏。

（2）地基的垫层一定要用实心砖,空心砖容易反潮。

（3）门窗洞口一定要用实心砖,可以增加安装框的握钉力。

（4）挂空调的位置一定要选用实心砖。

（5）厨房挂油烟机的位置一定要选用实心砖,增强承载力。

（6）卫生间的洗漱台、悬挂柜的墙面一定要选择实心砖。

（7）厨房橱柜的墙面和土灶台一定要用实心砖。

（8）所有的墙体、楼板、板面上"三线"用实心砖。

3.4.2.3　材料进场规定

（1）非烧结块体运输、存放时应采取防雨、防水措施。

（2）非烧结砖、砌块未达到现行国家和行业标准相关规定的龄期,不得砌筑上墙,做到砌块达到龄期后才使用。严格砌体材料的进场验收,非烧结砖、砌块的出厂停放期宜为 45 d 且不应小于 28 d,并不得在饱和水状态下施工,上墙含水率宜为 5％～8％。

（3）严禁破损断裂砌块上墙,控制小砌块的容重及强度等指标满足设计要求。

3.4.3　砂浆

调研发现,宁夏砌体结构中约有 66％采用红砖与泥浆进行砌筑,砖缝采用水泥砂浆进行勾缝;其余砌体结构采用水泥砂浆或混合砂浆砌筑。研究表明,相较砂浆砌筑墙体,泥浆砌筑墙体的抗震性能显著降低,应避免使用。

3.4.3.1　砂浆的作用

砂浆的主要作用是把块材黏成整体并使块材间应力均匀分布,用砂浆填满块材之间的缝隙,还能减小砌体的透气性,从而提高砌体隔热性能和抗冻性。

3.4.3.2　砂浆分类

砂浆按其组成可分为以下三类,优缺点见表 3-2。

（1）水泥砂浆

其指不加任何塑性掺合料的纯水泥砂浆,由水泥、砂子和水按照一定的比例混合拌制而成。它具有强度高、防水性好的特点,适用于砌筑潮湿环境下的基础墙和墙体。

（2）混合砂浆

其指在水泥砂浆中加一些塑性掺合料形成的砂浆,如水泥石灰砂浆、水泥黏土砂浆等。

混合砂浆具有一定的强度和耐久性,且保水性、和易性较好,便于施工,砌筑质量容易保证,是一般砌体上部结构中常用的砂浆。与水泥砂浆相比,当强度等级相同时,混合砂浆砌筑的砌体其强度要高于水泥砂浆砌筑的砌体强度。

(3)非水泥砂浆

其指不含水泥的砂浆,如石灰砂浆、黏土砂浆等。这种砂浆强度不高,耐久性也差,故只能用在受力不大的砌体或简易建筑、临时性建筑的砌体中。砂浆的强度等级有 M15、M10、M7.5、M5 和 M2.5,共五级。

表 3-2　砂浆的优缺点对比

砂浆品种	塑性掺合料	和易保水性	强度	耐久性	耐水性
水泥砂浆	无	差	高	好	好
混合砂浆	有	好	较高	较好	差
非水泥砂浆	有	好	低	差	无

(4)其他砂浆

防水砂浆:在水泥砂浆中掺入 3%～5%防水剂制成的砌筑砂浆。它具有良好的防水效果,常用于地下室墙、砖砌水池、化粪池等有防水要求的砌体结构中。

嵌缝砂浆:一般使用水泥或白水泥、细砂或特细砂和水混合拌制而成。一般用于勾缝,如装饰工程中的地面砖、墙面砖的嵌缝。

3.4.3.3　砌筑砂浆的选择

(1)应根据"因地制宜,就地取材"的原则,尽量选择当地性能良好的砂浆材料,以获得较好的技术经济指标。

(2)严格遵守《砌体结构通用规范》(GB 55007—2021)中关于砂浆最低强度等级的规定。砌筑砂浆应进行配合比设计和试配,砂浆配合比参考附录 10。当砌筑砂浆的组成材料有变更时,其配合比应重新确定。砌筑砂浆采用水泥砂浆、预拌砂浆及其他专用砂浆时,应考虑其储存期限对材料强度的影响。现场拌制砂浆时,各组分材料应采用质量计量。砌筑砂浆拌制后在使用中不得随意掺入其他粘结剂、骨料、混合物。

(3)设计有抗冻要求的砌体时,砂浆应进行冻融试验,其抗冻性能不应低于墙体块材。

(4)配置钢筋的砌体不得使用掺加氯盐和硫酸盐类外加剂的砂浆。

(5)砌体结构的砌筑砂浆和抹灰砂浆应根据块材的不同类型采用其专用砂浆。

3.4.3.4　砌筑砂浆制备的注意事项

根据配合比拌制好砌筑砂浆,有条件时应采用砂浆搅拌机拌制。

砌筑砂浆应采用砂浆搅拌机拌和均匀,自投料完算起,搅拌时间应符合以下标准:

(1)水泥砂浆和水泥混合砂浆不得少于 2 min;

(2)水泥粉煤灰砂浆和掺用外加剂的砂浆不得少于 3 min;

(3)砂浆应随拌随用,常温下水泥砂浆应在拌后 3 h 内用完,混合砂浆应在拌后 4 h 内用完。砂浆若有泌水现象,应在砌筑前再进行拌和。

3.5　钢筋混凝土结构用钢筋

3.5.1　钢筋分类

我国常用的钢筋品种有热轧钢筋、钢绞线、消除应力钢丝、热处理钢筋等。农房混凝土构件应采用普通热轧钢筋。

普通热轧钢筋中,HPB300 级钢筋[图 3-5(a)、图 3-5(d)]表面光圆,直径 6～22 mm。HRB400、HRB500 级钢筋的直径为 6～50 mm,强度较高,为了加强钢筋和混凝土的粘结,表面一般轧制成月牙肋或等高肋,称为带肋钢筋[图 3-5(b)、图 3-5(c)、图 3-5(e)]。

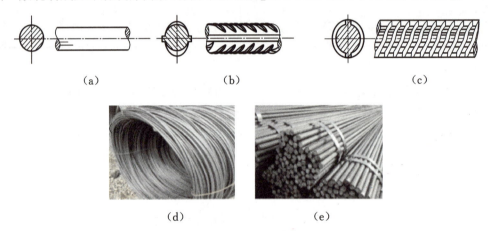

(a)　　　　　　　　　　　(b)　　　　　　　　　　　(c)

(d)　　　　　　　　　(e)

图 3-5　热轧钢筋外形

(a)光圆钢筋;(b)月牙肋钢筋;(c)等高肋钢筋;(d)光圆钢筋照片;(e)带肋钢筋照片

3.5.2　钢筋质量鉴别

钢筋质量证明书(原件或加盖经销商红章的复印件)与钢筋标牌(图 3-6)(每捆钢材 2个)是否齐全,内容是否吻合。其中,标牌上的"炉(批)号"是唯一的,必须与质量说明书上的"炉(批)号"相吻合,并且注意查看是否有改动痕迹。如不吻合或有改动痕迹,肯定为伪劣产品! 一般无标牌或只有简易标牌(仅标数量)和无质量证明书的钢筋肯定为伪劣产品。

3.5.3　钢筋的堆放和保管

(1)钢筋应尽量堆放在仓库或料棚内,如果条件不具备,应选择地势较高、土质坚实、较为平坦的露天场地堆放。在仓库、料棚或场地周围应有一定的排水设施,以利于排水。钢筋垛下要垫枕木,使钢筋离地高度不小于 200 mm。钢筋也可以用钢筋架存放。

(2)钢筋不允许和酸、盐、油等物品存放在一起,以防钢筋被腐蚀。

(3)钢筋的存储量应该和当地的钢材供应情况、钢筋的加工能力及使用量相适应,周转期应尽量缩短,避免存储过长而引起污染和锈蚀。

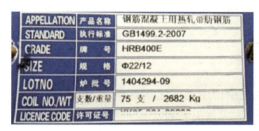

图 3-6　钢筋标牌

（4）钢筋进库前要清点钢筋的数量，并认真检查钢筋的规格等级和牌号。把不同品种、规格的钢筋分别进行堆放，每垛钢筋应立标签，每捆钢筋上应挂标牌，标牌和标签上应标明钢筋的品种、等级、直径、技术证明书编号及数量等。

（5）钢筋成品要分工程名称和构件名称，按号码顺序存放。同一项工程与同一构件的钢筋存放在一起，按钢号挂牌排列，牌上注明构件的名称，部位，钢筋形式、尺寸、钢号、直径、数量，不能将几项工程的钢筋混放在一起。

3.6　木　材

3.6.1　木材防腐与防虫

木材是天然有机材料，易受真菌侵害而腐朽变质。真菌在适当温度（25～35 ℃）下、含水率为30％～50％的木材中大量繁殖，分解木材细胞壁作为养分从而破坏木材的组织，使木材丧失强度。危害木材的昆虫有白蚁、天牛、蠹虫等。白蚁性喜蛀蚀潮湿的木材，在温暖和潮湿环境中生存繁殖；天牛主要侵害含水率较低的木材，它分解木质纤维素作为养分从而破坏木材。较严重的虫害两三年内就可完全破坏木材，出现木结构崩溃。

宁夏农房屋架形式90％为硬山搁檩，还有一些三角形木屋架、型钢三角屋架、预制楼板屋盖。经调研发现，木屋架及屋面所用木构件均未做防腐处理，易造成木构件虫蛀、腐蚀，导致屋架系统破坏。

木材的防腐与防虫，可以采用结构防腐措施和化学处理：

（1）结构防腐措施是使木构件各部位都处在良好的通风条件下，降低含水率，保证木构件经常处于干燥状态，从而避免或减少真菌的腐朽作用。

（2）化学处理是采用涂刷、渗透和浸渍等方法并使用防腐剂或防虫剂对木材进行处理，毒化木材，杜绝真菌和昆虫的生存繁殖，达到防腐、防虫目的。

3.6.2　木材防火

木材易燃是其主要缺点之一。为防止木材着火，按防火规范应使木结构与热源保持防火间距或设置防火墙，设计时在构件表面也可以设置抹灰层起隔热作用。并且，用木材作围护墙时，应避免形成空气流。

采用化学药剂也是木材防火的有效措施之一。防火剂一般有浸注剂和防火涂料两类。

防火涂料遇火时能产生隔热层,阻止木材着火燃烧。

3.7　保温材料

为了常年保持室内温度的稳定,凡房屋围护结构所用的建筑材料,必须有一定的保温性能。在建筑中主要作为保温、隔热用的材料,通称为保温材料。建筑墙体外保温是保温材料应用的重要方向之一,是实现建筑节能的重要手段。目前,国内的外墙保温中保温层约80%采用的是可燃有机绝热材料,并时有保温层火灾事故发生的案例。为此,我国有关行政主管部门要求:民用建筑外保温材料应采用燃烧性能为 A 级的材料;当以泡沫塑料类材料作为外墙保温系统中的绝热材料时应进行可靠的阻燃处理并设置防火隔离带。

《建筑材料及制品燃烧性能分级》(GB 8624—2012)将建筑材料及制品的燃烧性能划分为四个等级,见表 3-3。

表 3-3　建筑材料及制品的燃烧性能等级

燃烧性能等级	A	B₁	B₂	B₃
名称	不燃材料	难燃材料	可燃材料	易燃材料

燃烧性能用来区分可发性聚苯乙烯板(EPS 板)是否具有阻燃性能。阻燃型 EPS 板含有大量阻燃减烟原料,燃烧时产生的烟浓度低,而且离火不燃烧,不会滴下着火的火球,材料具有自熄功能。在选购阻燃型 EPS 板时可用打火机点燃样品一角,如果样品表面没有闪燃、泡沫块融缩的现象,则为阻燃型 EPS 板。若垂直点燃样品,点火点在最上方,样品仍然可以持续燃烧而不熄灭,则通常不具备阻燃性能。

挤塑板(XPS 板)广泛应用于墙体保温、平面混凝土屋顶及钢结构屋顶的保温,低温储藏地面、低温地板辐射采暖管下、泊车平台等领域的防潮保温,在控制地面冻胀等方面,是目前建筑业物美价廉、品质俱佳的隔热、防潮材料。

3.8　装饰材料

3.8.1　建筑陶瓷

建筑陶瓷是以黏土为主要原料,经配料、制坯、干燥、焙烧而制成的工程材料。建筑陶瓷制品种类很多,最常用的有釉面砖、墙地砖、陶瓷锦砖、琉璃制品等。

(1)釉面砖　釉面砖又称瓷砖、内墙面砖。釉面砖正面有釉,背面有凹凸纹,形状主要为正方形或长方形。釉面砖主要用于厨房、浴室、卫生间等室内墙面、台面等,通常不宜用于室外,如果用于室外,经常受到气温、湿度影响及日晒雨淋作用,会导致釉层发生裂纹或脱落,严重影响装饰的效果。

(2)墙地砖　墙地砖包括建筑物外墙装饰贴面用砖和室内外地面装饰铺贴用砖,因为此类砖常可墙、地两用,故称为墙地砖。墙地砖有多种形状的产品,其表面有光滑、粗糙或凹凸花纹之分,有光泽与无光泽质感之分。其背面为了便于和基层牢固粘贴也制有背纹,但造价偏高。墙地砖主要用于装饰等级要求较高的建筑内外墙、柱面及室内外通道、走廊、门厅、展厅、浴室、厕所、厨房等。

（3）陶瓷锦砖　陶瓷锦砖是陶瓷什锦砖的简称，俗称"马赛克"，是指由边长不大于 40 mm、具有多种色彩和不同形状的小块砖，镶拼组成各种花色图案的陶瓷制品。它坚固耐用且造价便宜，主要用于室内地面铺贴，如门厅、走廊、餐厅、厨房、浴室等的地面铺装，也可用作外墙饰面材料。

（4）琉璃制品　琉璃制品主要包括琉璃瓦、琉璃砖、琉璃兽，以及琉璃花窗、栏杆等各种装饰制件。琉璃制品的特点是坚硬、密实、不易玷污、坚实耐久、色彩绚丽、造型古朴。

3.8.2　建筑装饰板材

建筑装饰板材可以分为实木板材与人造板材两大类。实木板材造价比较高，在农村用得不多，以下主要介绍人造板材。

（1）胶合板　胶合板是将原木切成薄片，经干燥处理后，再用胶粘剂粘合热压而制成的人造板材，一般为 3～13 层。建筑中常用的是三合板和五合板。

胶合板的特点：材质均匀，强度高，吸湿性小，不起翘开裂，幅面大，使用方便，装饰性好，广泛用作建筑室内隔墙板、护壁板、顶棚、门面板，以及各种家具和装修。

（2）细木工板　细木工板是将小块木条拼接起来，两面胶粘薄板而制成的板材，具有质坚、吸声、绝热等特点，适用于家具和室内装修等。

（3）纤维板　纤维板是以植物纤维为主要原料，经破碎、浸泡、研磨成木浆，再加入一定的胶料，经热压成型、干燥等工序制成的一种人造板材。纤维板按密度分为硬质纤维板、软质纤维板、半硬质纤维板。

（4）刨花板、木丝板、木屑板　刨花板、木丝板、木屑板是利用木材加工中产生的大量刨花、木丝、木屑作为原料，经干燥，与胶结料拌和、热压而制成的板材。这类板材表观密度小、强度较低，主要用作绝热和吸声材料。经饰面处理后，还可用作吊顶板材、隔断板材等。

3.8.3　建筑玻璃

建筑玻璃主要指的是平板玻璃、装饰玻璃、安全玻璃和节能装饰玻璃，典型的包括以下几种：

（1）窗用平板玻璃　窗用平板玻璃也称平光玻璃或净片玻璃，也就是我们一般所说的玻璃，主要装配于门窗，起透光、挡风雨、保温、隔声等作用。

窗用平板玻璃的厚度一般有 2 mm、3 mm、4 mm、5 mm、6 mm 五种，其中 2～3 mm 厚的，常用于民用建筑。

（2）磨砂玻璃　磨砂玻璃又称"毛玻璃"，表面粗糙，具有透光不透视的特点，且使室内光线柔和。常被用于卫生间、浴室、厕所、办公室、走廊等处的隔断。

（3）彩色玻璃　彩色玻璃也称有色玻璃，可拼成各种花纹、图案，适用于公共建筑的内外墙面、门窗装饰以及对采光有特殊要求的部位。

（4）彩绘玻璃　彩绘玻璃是一种用途广泛的高档装饰玻璃产品，是在平板玻璃上做出各种透明度的颜色和图案，而且彩绘涂膜附着力强、耐久性好，可擦洗，易清洁。可用于门窗、顶棚吊顶、灯箱、壁饰、家具、屏风等，利用其不同的图案和画面可达到不同装饰效果。

（5）防火玻璃　防火玻璃是经特殊工艺加工和处理、在规定的耐火试验中能保持其完整性和隔热性的特种玻璃。

（6）钢化玻璃　钢化玻璃是用物理的或化学的方法，在玻璃的表面形成一个压应力层，而内部处于较大的拉应力状态，内外拉压应力处于平衡状态。因为玻璃本身具有较高的抗压强度，其表面不会造成破坏。

（7）镀膜玻璃　镀膜玻璃是在玻璃表面涂镀一层或多层金属、合金或金属化合物薄膜。按产品的不同特性可分为热反射玻璃、低辐射玻璃。其可阻止太阳热辐射进入室内。

3.8.4　铝合金与塑钢

3.8.4.1　铝合金

（1）铝合金的特性

延伸性好、硬度低、易加工、耐腐蚀，较广泛地用于各类房屋。常用的铝合金制品有：断桥铝合金门窗（图3-7、图3-8）、铝合金装饰板及吊顶、铝合金波纹板、压型板、冲孔平板、铝箔等，其具有承重、耐用、装饰、保温、隔热等优良性能。

图 3-7　断桥铝合金窗　　　　　图 3-8　断桥铝合金门

（2）铝合金制品的选择与使用

查看产品出厂合格证，注意出厂日期、规格、技术条件、企业名称和生产许可证编号；仔细查看产品的表面状况，不能有明显的擦划伤、气泡等缺陷，产品色彩鲜亮，光泽度好；一定要注意产品的壁厚，门窗料的产品厚度应不小于 1.2 mm；注意产品表面涂层的厚度，阳极氧化产品的膜厚不低于 10 μm（微米），电泳涂漆产品的膜厚不低于 17 μm，粉末喷涂的涂层厚度不超出 40～120 μm 范围，氟碳漆喷涂产品应在二者以上，不能低于 30 μm。日常维护时，不能用刷子等其他硬物作为清洗工具，应选择柔软的棉纱和棉布；清洗剂可以用水、洗涤灵和肥皂，但不能用其他有机物。

3.8.4.2　塑钢

（1）塑钢的特性

塑钢型材简称"塑钢"，主要化学成分是 PVC，因此也叫作"PVC 型材"，是被广泛应用的一种新型的建筑材料。该材料性能优良、加工方便，通常用作铜、锌、铝等有色金属的替代品。并且由于塑钢采用多腔结构设计，密封性好，隔热保温性能卓越，在房屋建筑中主要用于门窗、护栏、管材和吊顶材料等方面。如图 3-9 所示。

推拉门窗　　平开门窗

图 3-9　塑钢推拉窗

（2）塑钢门窗的选择与使用

塑钢门窗产品应在明显部位标注产品制造厂名或商标、产品名称、型号和标准编号；塑钢门窗表面应平滑，颜色应基本均匀一致，无裂纹、无气泡，焊缝平整，清角到位，不得有影响使用的伤痕、杂质等缺陷；门窗密封条平整无卷边、无脱槽，胶条无气味；门窗关闭时，扇与框之间无缝隙，门窗四扇均连为一体且无螺钉连接，推拉门窗应滑动自如，声音柔和，无粉尘脱落。

3.9　建筑防水材料

防水材料是保证房屋建筑能够防止雨水、地下水与其他水分侵蚀渗透的重要组成部分，是工程建设中不可缺少的建筑材料。建筑防水按其材料特性可分为柔性防水和刚性防水。地面一般选择柔性防水，墙面一般选择刚性防水。

3.9.1　柔性防水

柔性防水是通过柔性防水材料（如防水卷材、防水涂料）来阻断水的通路，以达到建筑防水的目的或增强抗渗能力。农房建造常用的屋面防水材料为防水卷材和防水涂料。

防水卷材（图 3-10）是由工厂生产的具有一定厚度的片状柔性防水材料，可以卷曲并按一定长度成卷出厂。防水卷材包括：沥青防水卷材、高聚物改性沥青防水卷材、合成高分子防水卷材等。沥青防水卷材由于价格便宜、施工方便，在农房屋面防水中较多采用。高聚物改性沥青防水卷材是采用改性后的沥青来作为卷材浸涂材料的，其特点主要是利用聚合物的优良特性，改善了石油沥青的热淌冷脆，从而提高了普通沥青防水卷材的技术性能。

图 3-10　防水卷材

防水涂料（图 3-11）在常温下呈无定形态（液状、稠状或现场拌制成液状），经现场涂覆，可在结构物表面固化形成具有防水功能的膜层作用。防水涂料分为沥青基防水涂料、高聚物改性沥青防水涂料、合成高分子防水涂料、有机无机复合防水涂料、水性氟碳涂料等。

油毡面	水泥屋顶	屋顶裂缝
彩钢瓦	外墙墙面	墙角墙根

图 3-11　防水涂料

3.9.2　刚性防水

刚性防水材料是以水泥、细骨料为主要原材料,以聚合物和添加剂等为改性材料,并以适当配合比混合而成的防水材料。刚性防水材料具有较高的压缩强度及一定的抗渗透能力,如防水砂浆和防水混凝土。其禁止用于建筑的防水防腐工程:S型聚氯乙烯防水卷材、采用二次加热复合成型工艺或再生原料生产的聚乙烯丙纶等复合防水卷材、焦油型聚氨酯防水涂料、水性聚氯乙烯焦油防水涂料、焦油型聚氯乙烯建筑防水接缝材料。

3.10　建筑排水材料

农房建造中常用的排水材料有小青瓦、琉璃瓦等。水泥瓦、石棉瓦、树脂瓦、彩钢板、树皮、石板等常用于临时建筑,如图 3-12 所示。

3.11　农房建筑新材料运用

建筑材料提倡采用石头、夯土、木等原生材料,鼓励使用水泥砖、粉煤灰砖、水泥瓦等新型材料代替黏土砖、黏土瓦,探索装配式建筑等现代农房建造工艺,尽量在符合传统风貌的同时保护生态环境。

积极推广应用太阳能光热、光伏与建筑一体化技术,积极推进农房屋顶分布式光伏发电的建设,把分布式光伏发电和分户分布式清洁取暖有机结合,有条件的情况下采用外墙保温材料及复合墙体,使得外墙传热系数降低。

宁夏农房建筑
材料运用视频

小青瓦	琉璃瓦	树脂瓦
小青瓦在北方地区又叫阴阳瓦，在南方地区叫作蝴蝶瓦、阴阳瓦，俗称合瓦，是一种弧形瓦	琉璃瓦用矿石烧制而成，它的颜色比较丰富，造型多样。防水防火性能好，隔音效果好，耐日晒、不褪色。缺点是在施工的时候非常容易碎，容易脱落	树脂瓦分为天然树脂和合成树脂。其保温效果好，具有阻燃作用。造型比较多，颜色也比较丰富，本身轻巧，便于安装，但是容易掉色，比较容易老化

水泥瓦	石棉瓦	彩钢板
彩色水泥瓦色彩多样，使用年限长，辊压型通体水泥瓦颜色持久，造价适中。它既适用于普通民房，也适用于高档别墅及高层建筑的防水隔热	石棉瓦的特点是单张面积大、有效利用面积大，还具有防火、防潮、防腐、耐热、耐寒、质轻等特性，造价低、用途广	彩钢板是一种带有有机涂层的钢板。彩钢板分为单板、彩钢复合板、楼承板等。广泛用于活动板房及集成房屋的墙面和屋面

图 3-12　几种常用的排水材料

第四章　农房地基与基础

在建筑工程中,承受由基础传递的荷载的土体或岩体称为地基。基础是建筑物地面以下的下部承重构件,是建筑的一部分,承受建筑物上部结构传递的全部荷载,并将这些荷载及基础本身的自重一并传给地基。地基与基础之间,既协同工作,又相互影响、互相制约,见图 4-1。房屋的安全事故,多数都与地基和基础有关。

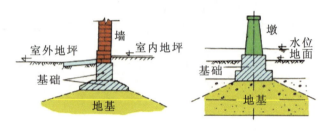

图 4-1　地基与基础

宁夏农房基础埋深在 300～500 mm,多为毛石基础;局部地区不设置下埋基础。宁夏川区冻深−0.9 m,山区冻深−1.1 m,湿陷性黄土地区分布广;黄河灌溉区地下水位较高,且季节变化大。由此引起的冻胀、湿陷变形、水位变化、盐碱腐蚀等对地基基础影响显著,见图 4 2。

农房地基基础破坏的内因主要为地基处理深度不足,地基基础的构造薄弱性,基础埋深浅、截面小,整体性差。外因主要为选址不当,移民村落建在未处理的填方区域;新建人工湖、灌溉设施、乡村道路等引起的水位变化,村庄内部排水不畅,均影响农房地基基础安全。内因和外因共同作用,引起地基基础出现不均匀下沉、侵蚀、腐蚀、截面削弱等现象,进而影响农房的安全,见图 4-3。

图 4-2　基础盐碱腐蚀

图 4-3　基础不均匀下沉引起开裂

4.1　地　基　处　理

农村建房必须保证地基稳固。地基应首先选择坚硬的岩石和土层,这样地基承载力高,房屋建好后不容易下沉和产生不均匀变形。如果碰到淤泥、膨胀土、湿陷性黄土等软弱地基时,应进行地基处理,一般可换填承载力高、变形稳定的灰土、砂石、三合土等并进行分层夯实。同时,设置地圈梁进一步均匀分散上部房屋重量,增强房屋抵抗地基不均匀变形的能力。

4.1.1　对地基的一般要求

为了保证建筑物的安全和正常使用,地基应满足以下地基承载力要求:

(1)地基土应有足够的强度,在荷载作用下不发生剪切破坏和整体失稳。

(2)地基变形要求:不使地基产生过大的沉降或不均匀沉降,保证建筑物的正常使用。

良好的地基应该具有较高的承载力及较低的压缩性,如果地基土软弱、工程性质较差,而且建筑物荷载较大,地基承载力和变形都不能满足上述两项要求时,需对地基进行人工加固处理后才能作为建筑地基。

4.1.2　处理范围

4.1.2.1　什么情况下需要进行地基处理

农房建造前,当土层分布复杂时建议进行简易地质勘探,以查明土质类型,确定科学合理的地基处理措施。无条件时,宜请教对当地地基处理有经验的建设工匠或相关技术人员,或参考当地传统地基处理方法。

农房建造时,如果工程场地为岩石、碎石、卵石时,承载力满足要求且无地下水时,一般可不进行地基处理。如果验槽发现地基为软弱地基或特殊土地基等不良地基土时,则必须进行地基处理!我国《建筑地基基础设计规范》(GB 50007—2011)中规定,软弱地基主要是由淤泥、淤泥质土、冲填土、杂填土或其他高压缩性土层构成的地基;特殊土地基大部分带有地区特点,它包括软土、湿陷性黄土、膨胀土、红黏土、冻土和岩溶等。

地基处理对农房建造来说十分重要,不良地基土需要进行地基处理后才可进行建造。

4.1.2.2　农房地基处理范围

(1)地基处理深度

农房地基处理深度应根据当地土质、房屋层数、开间大小等综合确定,一般不宜小于300 mm。当遇到以下情况时,应适当加大处理深度:

◇ 当黄土湿陷等级为Ⅱ级(中等湿陷性)以上时;

◇ 当处于地震区且场地砂土有可能在地震时发生液化,导致房屋震陷时;

◇ 当地基下出现暗沟、暗塘、软土坑、古井、古墓、洞穴或严重不均匀土质时;

◇ 当淤泥或淤泥质土层较厚时;

◇ 当处于冻融土层且地基土对冻胀非常敏感时。

> **小知识:砂土液化**
>
> 含水饱和的疏松粉土、细砂土在振动作用下突然破坏而呈现液态的现象称为"砂土液化"。液化发生时,地下水携带砂粒冲破土层表面已有裂缝,常常产生所谓的"喷水冒砂"现象,土体就像沸腾的开水一样,丧失承载能力,导致房屋瞬间沉陷或倾倒。地震引起的砂土液化最为广泛,危害极为严重。

（2）地基处理宽度

一般农房较多采用条形基础,相应可采用局部地基处理方案。当土质较差、房屋层数较多、开间较小时,也可采用整片处理。

当采用局部处理时,地基处理宽度应大于基础底面宽度,条形地基总宽度不应小于地基处理深度。一般每侧应超出基础底面宽度的1/4,且不小于300 mm。

当采用整片处理时,其处理范围应大于房屋底层平面的面积,超出房屋外墙基础边缘的宽度,不宜小于处理土层厚度的1/2,且不应小于500 mm。

> **小知识:湿陷性黄土**
>
> 黄土在中国广泛分布(图4-4),黄土的湿陷性对建筑物和公路存在巨大的危害性。
>
>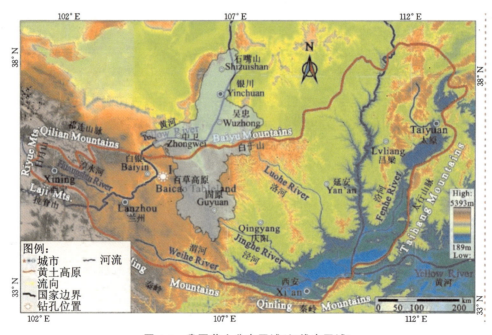
>
> **图4-4　我国黄土分布区域(红线内区域)**

宁夏湿陷性黄土多分布在固原市和同心县周边地区,还有部分分布在盐池县和灵武市周边地区。在湿陷性黄土地基上进行农房建设,必须考虑因地基的湿陷引起的附加沉降对农房造成的危害,需选择合适的地基处理方法。

分类:黄土按有无湿陷性可以分为非湿陷性黄土和湿陷性黄土。湿陷性黄土又可分为自重湿陷性黄土和非自重湿陷性黄土。自重湿陷性黄土在自重作用下遇水湿陷,非自重湿陷性黄土在无荷载作用下遇水不湿陷。

湿陷性原因:(1)内因,黄土内有肉眼可见的大孔隙,黄土颗粒表面含有可溶盐。(2)外因,水侵入,可溶盐溶解。

影响黄土湿陷性的因素:天然孔隙比大,湿陷性强;天然含水率高,湿陷性低。

判别方法:根据探井土样的试验结果,判定土样的湿陷程度、场地的湿陷类型,是否具有自重湿陷和非自重湿陷以及湿陷变化规律。

4.1.2.3 农房地基常见处理方法

地基处理的方法多种多样,一般根据地基处理的加固机理将地基处理方法分为换填垫层法、强夯法、预压法、挤密桩法、加筋法、浆液固化法。

换填垫层法是最普遍采用的农房地基处理方法(图 4-5)。其原理是挖出浅层软弱土或不良土,然后回填以强度较大的砂、砂石或灰土等,并分层夯实至设计要求的密实程度,作为地基的持力层。换填垫层法适用于浅层软弱土层或不均匀土层的地基处理。垫层法可提高地基承载力,减小沉降量,消除或部分消除土的湿陷性和胀缩性,防止土的冻胀作用及改善土的抗液化性。

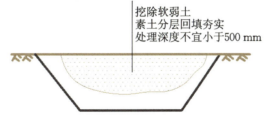

挖除软弱土
素土分层回填夯实
处理深度不宜小于500 mm

图 4-5 软弱土层进行地基处理

换填垫层法的优点:可就地取材、施工方便、机械设备简单、工期短、造价低。换土垫层与原土相比,具有承载力高、刚度大、变形小等优点。

换填垫层按回填材料可分为灰土垫层、三合土垫层、砂石垫层等。

换填垫层法的处理深度常控制在 0.5～3.0 m 范围以内。若换填垫层太薄,则其作用不甚明显,因此处理深度不应小于 0.5 m。农房地基处理也不宜太深,当处理深度超过 1.5 m 尚不能满足要求时,采取换填垫层法就不太适合:一是造价过高不经济,二是挖槽太深不安全。

(1)灰土垫层

灰土垫层是将基础底面以下一定范围内的软弱土挖去,用按一定体积比配合的灰土在最优含水率情况下分层回填夯实(或压实)。其适用地基为膨胀土,尤其是湿陷性黄土的中小型工程。

灰土垫层的材料为石灰和土,石灰和土的体积比一般为 3∶7(俗称"三七灰土")或 2∶8(俗称"二八灰土")。灰土垫层的强度随用灰量的增大而提高,但当用灰量超过一定值时,其强度增幅很小。灰土地基施工工艺简单、费用较低,是一种应用广泛、经济且实用的地基加固方法,适用于加固处理 1～3 m 厚的软弱土层。

灰土垫层质量要点:

◇ 石灰掺量要合理,不宜太少。一般情况下,二八灰土即可。土质较差或严重湿陷性土质时宜采用三七灰土。

◇ 拌和要均匀,加水要适量。灰土夯实前含水率以"握手成团、落地开花"的标准控制,如图 4-6 所示。水少了夯不实,水多了易成"橡皮土"。

◇ 灰土铺实厚度要合理。一般每层虚铺 220~250 mm,夯实后为 150 mm。

◇ 灰土随铺随打,不可隔日夯打。夯实后的灰土在 3 d 内不得受到浸泡。

◇ 夯打力量要保证。有条件时尽量选用蛙式打夯机或振动压实机,每层夯打至少 2 遍。当采用木夯或铸铁夯锤人工夯实时,每一夯点至少夯打 2 锤,每次夯击时,夯锤提升高度至少在 0.5 m 以上。

◇ 灰土分段施工时,接茬处应做成斜坡或台阶形式。

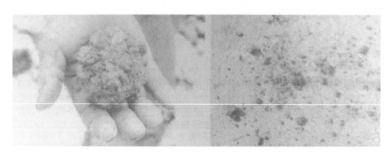

图 4-6 "握手成团、落地开花"控制灰土含水率

(2) 三合土垫层

三合土是一种建筑材料。它由石灰、黏土(或碎砖、碎石)和细砂所组成,其实际配合比视泥土的含砂量而定。经分层夯实,具有一定强度和耐水性,多用于建筑物的基础或路面垫层。三合土垫层适用于软弱土、杂填土、膨胀土等土质的地基处理。

三合土垫层常用配合比:石灰、砂、骨料(碎砖、碎瓦片或碎石)以 1∶2∶4 或 1∶3∶6 的体积拌和后,每层虚铺 200 mm 厚左右,分层夯实。我国的地质存在大量的"亚黏土",俗称"黄土""红土"。在有泥土的地方,三合土的材料为泥土、熟石灰和砂。泥土的含砂量多,则砂的量减少;熟石灰一般占 30%。

三合土垫层质量要点:

◇ 砂:采用中粗河砂。

◇ 碎砖:废旧断砖打碎后即可使用,最大尺寸不超过半砖长度。使用前应充分过水。

◇ 施工要点:配制时,应先将石灰与砂倒在拌板上加水拌匀成为浓灰浆,再加碎砖充分拌透,使碎砖周围被灰浆包裹,然后铲入基槽内分层铺设夯实。如三合土太干,应补浇灰浆,并随浇随打。

(3) 砂石垫层

砂石垫层采用一定级配的中粗砂、砾砂、卵石、碎石或天然砂砾石等混合物铺设夯实而成。适用于一般软弱地基(包括膨胀土、杂填土、冻土的加固处理),不适用于湿陷性黄土地区。

砂石垫层质量要点:

◇ 砂石级配合理,砂砾石中石子含量不宜大于 50%,石子粒径最大不超过 50 mm。

◇ 砂、石子中均不得含有草根、垃圾等有机杂物。

◇ 砂石使用前拌和均匀,垫层铺设应分层夯实或振实。

◇ 也可采用水撼法施工:待砂石垫层虚铺后,在基槽内灌水没过砂垫层,用铁钎摇撼或振捣,渗水后再铺第二层。

（4）其他垫层

建筑垃圾作垫层:建筑垃圾的均质性和密实度较好时,替代天然骨料可以应用在夯扩桩、灰土桩、再生混凝土等地基处理方式中,既可以节省成本,降低工程造价,也可以减少对环境的破坏,节约自然资源。

粉煤灰垫层:作为燃煤电厂废弃物的粉煤灰也是一种良好的地基处理材料,粉煤灰的物理力学性能可满足地基处理工程的技术要求,使得利用粉煤灰作为地基处理材料已成为岩土工程领域的一项新技术。粉煤灰用于垫层,相关性能应根据土工试验确定。

矿渣垫层:高炉重矿渣(简称钢渣),是高炉熔渣经空气自然冷却或经热泼淋水处理后得到的渣,可以作为一种换填土的填料,适用于厂房、机场等大、中、小型工程的大面积填筑。

建筑垃圾垫层、粉煤灰垫层、矿渣垫层的设计可以根据砂垫层的设计原则,再结合各自的垫层特点和场地条件与施工机械条件,确定合理的施工方法和选择各种设计计算参数,并可参照有关的技术和文献资料。

4.1.2.4　地基处理工程验槽

（1）待地基处理完成,开挖至基底设计标高后进行验槽。

（2）保证基槽的宽度、深度符合设计要求,除要求基础全部坐落在设计要求土层上外,还应查清基槽下地基土的局部异常现象,针对不同情况对地基进行局部处理。

（3）对于换填地基、强夯地基,应现场检查处理后的地基均质性、密实度等检测报告和承载力检测资料。

（4）对于特殊土地基,应现场检查处理后地基的湿陷性、地震液化、冻土保温、膨胀土隔水、盐渍土改良等方面的处理效果检测资料。

（5）经过地基处理的地基承载力和沉降特性,应以处理后的检测报告为准。

4.2　基础埋置深度

4.2.1　基础埋置深度与基本要求

基础埋置深度一般是指基础底面到室外设计地面的距离,简称基础埋深。基础埋深大一些,房屋的稳定性就要强一些,在地震或强风作用下就不容易倾覆或歪斜。如图 4-7所示。

根据埋深,基础可分为浅基础和深基础。基础埋深不超过 5 m 时,此类基础称为浅基础。基础埋深超过 5 m 时,此类基础称为深基础,如桩基、沉箱、沉井和地下连续墙等。

基础应坐落在坚实的土层上,因农村房屋一般不超过三层,上部荷载不大,基础埋深一般比较浅,但为了确保有足够的承载、变形能力与房屋根部嵌固要求,基础埋深不应小于

0.5 m；在冻土地区，为了避免基础受土层冻胀的影响，一般应埋在冻土层以下。

宁夏地区一般单层农房的基础埋深不应小于 1100 mm，二层农房的基础埋深不应小于 1300 mm。

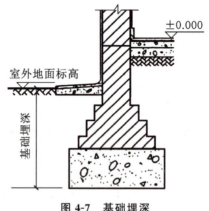

图 4-7　基础埋深

4.2.2　影响基础埋深的因素

影响基础埋深选择的主要因素可以归纳为以下几个方面：

（1）建筑物的用途，有无地下室、设备基础和地下设施，基础的形式和构造不同。

（2）作用在地基上的荷载大小和性质，即房屋开间越大、层数越高，作用在地基上的荷载就越大，这时其基础埋深就要大一些。当抗震设防等级较高或风灾严重时，基础埋深也要大一些，以保证房屋结构在水平力作用下有良好的稳定性与抗倾覆能力。

（3）工程地质和水文地质条件：基础埋深一般在地下水位以上，以减少地下水对基础的侵蚀，方便施工。地下水位高时，基础埋深在最低地下水位以下 200 mm，不应使基础底面面积处于地下水位的变化范围之内，以减少地下水浮力的影响。图 4-8 是地下水位对基础埋深的影响。

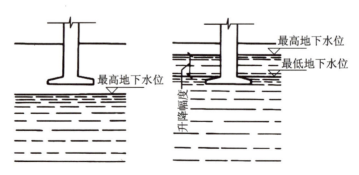

图 4-8　地下水位对基础埋深的影响

4.2.3　地基土冻胀和融陷的影响

严寒或寒冷地区冻结土和非冻结土的分界线称为冰冻线。冰冻线的深度称为冻结深度,基础底面置于冰冻线以下。冬季,土的冻胀会把基础抬起;春季,气温回升,冻土层融化,基础会下沉,使建筑物处于不稳定状态。这种冻胀和融陷过程也会使房屋墙体开裂、门窗发生变形。因此,原则上在严寒或寒冷地区,基础埋深应在冰冻线以下 200 mm 处,如图 4-9 所示。

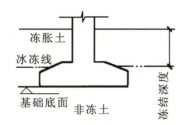

图 4-9　冻结深度对基础埋深的影响

当地基为冻胀不敏感土层时,基础埋深可不考虑冰冻线的影响。当冰冻线较深(1.5 m 以上)且土质冻胀敏感时,可按图 4-10 所示的方法处理,以适当减小基础埋深,降低农房建造成本。

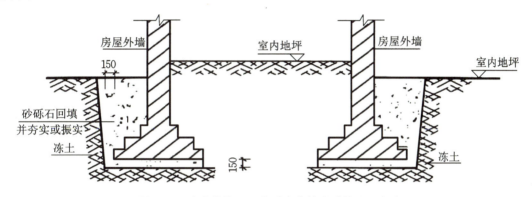

图 4-10　冰冻线较深且土质冻胀敏感时的处理方法

4.2.4　相邻建筑物的基础埋深

一般情况下,新基础应尽量浅于原有基础。当新基础深于原有基础时,两基础间保持一定的距离 L,如图 4-11 所示。

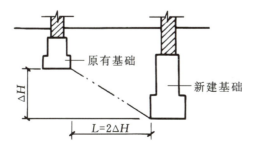

图 4-11　相邻建筑物的基础埋深

4.3　农房常用基础类型和构造

4.3.1　基础类型及适用范围

农房常见基础类型按其形式不同分为条形基础、独立基础。按基础材料不同可分为砖基础、石基础、毛石混凝土基础等,这些基础内一般未内置钢筋,因此也叫"无筋基础"。当基础宽度较大、高度较小,无筋基础不满足抗弯或冲切计算条件时,有时也采用钢筋混凝土配筋基础。

当建筑物上部结构采用框架结构或单层排架结构承重时,基础常采用方形或矩形的独立基础,其形式有阶梯形、锥形等。独立基础有多种形式,如杯形基础、柱下单独基础。它所用材料根据柱的材料和荷载大小而定,常采用砖石、混凝土和钢筋混凝土等。这类基础埋置不深,用料较省,无需复杂的施工设备,工期短、造价低,因而是各种建筑物特别是排架、框架结构优先采用的一种基础形式,示意图及类型图如图 4-12 和图 4-13 所示。

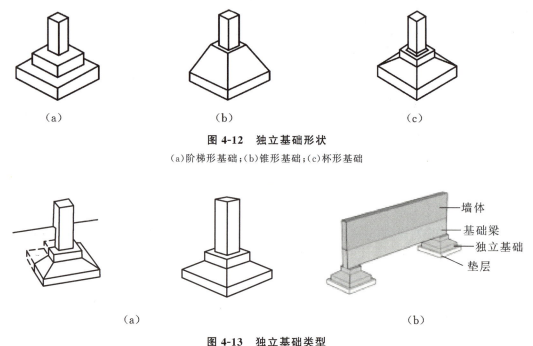

（a）　　　　　　　　　（b）　　　　　　　　　（c）

图 4-12　独立基础形状

（a）阶梯形基础;（b）锥形基础;（c）杯形基础

（a）　　　　　　　　　　　　　　（b）

墙体
基础梁
独立基础
垫层

图 4-13　独立基础类型

（a）框架柱独立基础;（b）墙下独立基础

条形基础是指基础长度远远大于宽度的一种基础形式。按上部结构分为墙下条形基础和柱下条形基础。基础的长度大于或等于 10 倍基础的宽度。条形基础的特点是:布置在一条轴线上且与两条以上轴线相交,有时也和独立基础相连,但截面尺寸与配筋不尽相同。另外,横向配筋为主要受力钢筋,纵向配筋为次要受力钢筋或分布钢筋。主要受力钢筋布置在下面。条形基础一般多用于混合结构的墙下,低层或小型建筑常用砖、混凝土等刚性条形基础。如上部为钢筋混凝土墙,或地基容许承载力较小、荷载较大时,可采用钢筋混凝土条形基础。近些年农村自建房中条形基础使用得较多,但因为容易产生墙体开裂,应在充分考虑地质条件后使用,示意图如图 4-14 所示。

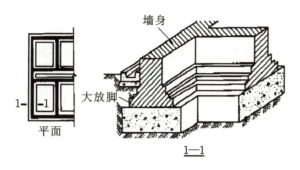

图 4-14 墙下条形基础

当地基条件较差时,为了提高建筑物的整体性,防止柱子之间产生不均匀沉降,常将柱下基础沿纵横两个方向扩展连接起来,做成十字交叉的井格基础。它的整体性好,承载能力更强,但造价却不高,在农村自建房中使用得越来越多。其是一种颇具性价比的基础形式,如图 4-15 所示。

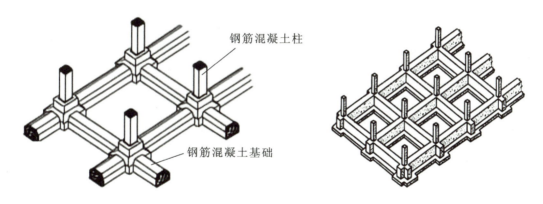

图 4-15 井格式柱下条形基础

4.3.2 石砌基础

石砌基础一般采用料石或不规则毛石、卵石与砂浆砌筑而成。断面形状有矩形、阶梯形、梯形等。为简单方便,一般采用矩形截面。基础宽度一般应比墙厚大 200 mm 以上,高度一般不小于 500 mm。

石砌基础是天然石材粗略加工后砌筑成的基础,强度、抗水、抗冻、抗腐蚀性均较好,但体积较大、自重大、操作要求高、劳动强度大,是山区建造房屋常用的基础形式。毛石基础的标高一般砌到室内地坪以下 50 mm,基础顶面宽度不应小于 400 mm。

材料要求:

(1) 毛石或卵石应选用未风化、坚硬,无裂缝、夹层、杂质的洁净石头,强度等级一般不低于 MU20,且采用不低于 M5 的砂浆砌筑。其尺寸一般以高、宽在 200~300 mm、长在

300～400 m 之间为宜。石料表面的水锈、浮土杂质应清洗(刷)干净。

（2）砌筑砂浆可采用 1∶3 或 1∶4 水泥砂浆（水泥与砂的质量比）。

4.3.3　砖基础

砖基础主要采用实心砖作为材料，用水泥砂浆砌筑而成。砖基础价格低廉，施工十分方便。基础的大放脚做法采用了等高式或者间隔式，等高式也叫作两皮一收，即每砌筑两皮砖要收进 60 mm。间隔式也叫作两一间收，即两皮一收和一皮一收交替，均收进 60 mm，砖基础示意见图 4-16。

材料要求：

砖块应采用实心砖，禁用空心砖！实心砖可采用水泥砖、混凝土砖或硅酸盐砖，强度不小于 M7.5，并应提前 1～2 d 浇水润湿，其含水率宜为 10%～15%；砂浆应采用水泥砂浆，强度不低于 M5。

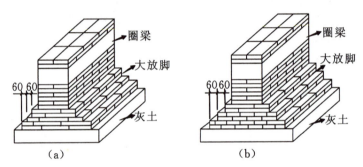

图 4-16　砖基础示意图

(a)间隔式；(b)等高式

第五章　宁夏农房建筑设计、结构与识图

农村房屋建筑分两类：第一类是农村自建低层房屋，指建筑面积在 300 m² 以内、两层以下（含两层）、跨度小于 6 m 的，农民自建自住或者村集体建设用作办公室、警务室、卫生室、便民服务点、农产品加工作坊的房屋建筑。第二类是农村其他房屋，指上款规定之外的其他农村房屋建筑。本章分析了农村自建低层房屋（1层或2层）现状，重点介绍了农房建筑风貌设计、农房节能设计、农房平（立）面设计、构造与抗震等内容。

5.1　宁夏农房建设现状分析

5.1.1　宁夏农房风貌区域特征

由于受各地区不同自然条件、社会多元文化及经济发展水平的影响，各地农房风貌呈现明显的地域特征。宁夏回族自治区下辖银川市、石嘴山市、吴忠市、中卫市、固原市5个地级市，本节主要介绍了农宅建设现状，各地市县地形地貌、气候、水文、院落围合等方面详细内容请扫码观看。

宁夏乡村建设
现状介绍视频

（1）银川市

银川市村庄新建民房多为砖混结构（图5-1），建筑样式由"海塔房"和"鞍架房"演变而来。其中平屋顶居多，坡屋顶多采用红色或橘色瓦片，正立面多采用瓷砖贴面或外墙漆饰面。

改造民房建筑外立面方式为粉刷白色外墙涂料，用灰色外墙涂料勾勒线条。传统建筑形式多为立木房、海塔房、包砖房，土木结构居多，土坯墙为主体，梁柱使用木材。

图5-1　宁夏银川市农房建设现状

> **瓷砖贴面小知识：**
>
> 水泥砂浆是瓷砖铺贴的传统粘结剂，虽然成本较低，应用普遍，但也有不少缺点，特别是在经过一段时间的使用后因为温度循环和湿度循环，常常发生因脱落造成的隐患事故。住房城乡建设部发布《房屋建筑和市政基础设施工程危及生产安全施工工艺、设备和材料淘汰目录（第一批）》的公告中要求，自2022年9月14日以后，不能继续使用水泥砂浆铺贴瓷砖的施工工艺。铺贴瓷砖可采用瓷砖胶、预混合材料等新型粘结剂和干挂、薄贴等施工工艺。

（2）石嘴山市

石嘴山市村庄新建民房多为砖混结构（图5-2），正立面多采用白色或米白色瓷砖贴面，部分采用真石漆、涂料饰面；檐口采用红色或蓝色瓷砖线条装饰，建筑屋顶以平屋顶居多，坡屋顶多采用红色黏土瓦。

改造民房建筑外立面方式为粉刷白色或橙色外墙涂料，用灰色外墙涂料勾勒线条。保留的传统建筑多为海塔房、包砖房，土坯墙为主体，边角承重部位使用砖块包砌。

图 5-2　宁夏石嘴山市农房建设现状

（3）吴忠市

吴忠市村庄新建民房多为砖混结构（图5-3），正立面多采用白色或米白色瓷砖贴面，部分采用真石漆、涂料饰面；檐口用红色或蓝色瓷砖线条装饰，建筑屋顶以平屋顶居多，坡屋顶多采用红色黏土瓦。

改造民房主要是建筑外立面改造，采用粉刷外墙涂料或瓷砖饰面等方式。保留的传统建筑多为海塔房、包砖房，土坯墙为主体，边角承重部位使用砖块包砌。

图 5-3　宁夏吴忠市农房建设现状

（4）中卫市

中卫市村庄新建民房多为砖混结构（图5-4），正立面多采用白色或米白色瓷砖贴面，部分采用真石漆、涂料饰面；门窗采用木质门窗。北部地区建筑以平屋顶居多，南部地区建筑以坡屋顶居多，且多采用红色黏土瓦。

改造民房建筑外立面方式为粉刷白色外墙涂料，用灰色外墙涂料勾勒线条。保留的传统建筑多为海塔房、包砖房，土坯墙为主体，边角承重部位使用砖块包砌。

（5）固原市

固原市村庄新建民房多为砖混结构（图5-5），正立面多采用白色涂料饰面；部分民居保留清水灰砖墙。民居以双坡屋顶居多，坡屋顶多采用灰色或红色瓦片。

改造民房建筑外立面方式为粉刷白色外墙涂料，用灰色外墙涂料勾勒线条。保留的传统建筑多为鞍架房，以灰砖、灰瓦搭配土坯墙面、木质门窗为主。

图 5-4　宁夏中卫市农房建设现状

图 5-5　宁夏固原市农房建设现状

5.1.2　宁夏农宅建造现状

宁夏农房建筑色　　　宁夏农房建筑风　　　固原市传统建筑营
彩分析介绍视频　　　格分析介绍视频　　　造技艺介绍视频

5.1.2.1　生土结构建筑

生土结构建筑对建造有地域特色的新农村具有重要意义。生土结构建筑主要用未焙烧而仅做简单加工的原状土为材料来营造主体结构,宁夏大部分地区地表都覆盖着黄土,厚度由南向北逐渐削减。宁夏传统民居普遍采用以"土"为主的建筑形式,建造方式灵活,利用了资源丰富的黄土,形成了独特的生土或土木建筑模式。宁夏生土结构建筑元素见图 5-6。

生土墙体承重房屋一般呈硬山搁檩型,全部墙体用土坯或夯土建成,墙顶上搁檩建顶,大多为双坡屋,也有单坡形式,房屋后墙比前墙高出 1.5～2.0 m,前墙留有门窗。双面坡的房屋前后墙均可开门窗,土坯墙一般前后墙顶顺墙长方向架檩,檩上铺椽建顶。生土墙墙体有土坯墙体、夯土墙体和夯土土坯混合墙体三种。土坯墙体采用泥浆砌筑,土坯尺寸根据地区不同而有差异。夯土土坯混合墙体下部为夯土墙,约占墙高的 2/3,上部为土坯砌筑。生土墙下一般设置条形基础,根据当地的材料资源及自然条件,有毛石基础、卵石基础、砖基础和灰土基础等,一些毛石基础的石料较碎,呈片状。生土墙基础埋深 300～800 mm,宽度根据基础材料的不同而各不相同,但每边超出勒脚至少 150 mm,露出地面高度一般为 200～300 mm。

夯土墙厚度一般在 350～400 mm 之间,通常上面较薄,下面较厚,这样有利于墙体结构

土坯砌墙，草泥抹面	包砖加固生土建筑结构	可以晾晒谷物的平屋顶

实木门窗	生土砌块围墙	毛石基础/毛石墙裙	漂亮的窗户格栅

图 5-6　宁夏生土结构建筑细部元素

的稳固。其所用材料主要有两种，一种是素土，即黏土或砂质黏土；另一种是掺入了碎石、砂和石屑的土。后者的强度要高于前者，故其常用在建筑物的台基中。夯筑过程中，在夯层与夯层之间，往往放置木条、苇子等，以起到横向拉结的作用。在门窗洞口上方，预埋木质过梁，一般情况下，门窗洞口与墙体一起夯筑，拆模后，再凿出洞口。

　　另外一种为土坯块砌筑而成的墙体。在砖成为主要建材之前，我国北方农村主要使用土坯建房。土坯房具有许多优点，如可就地取材、制作简单、施工方便、热工性能好、隔声性好，并且其材料为天然泥土，故健康环保。由于农村自建房时施工过程不规范，而且部分房屋建造时为了节省开支，因此在砌筑墙体时出现了多种不同质量土块混乱堆砌的现象。不仅如此，砌筑工艺不规范、无错缝，或者是灰缝不饱满等问题屡见不鲜。这些都给房屋的正常使用带来了严重的安全隐患。

图 5-7　木模夯制土坯模具

　　宁夏地区土质最好的为黄土，其次是黄土与红土混合（1∶1），再次是红土。宁夏各地夯打土坯的模具均为木制，但尺寸不等（图 5-7）。泾源地区常见模具为 350 mm×300 mm×65 mm，王团镇常见模具为 350 mm×180 mm×70 mm；东南部地区则直接将留有麦茬的麦田浇水浸泡，待其水分稍干后，再用石碾碾压平实，然后用一种特制的平板锹挖出多块长 300 mm、宽 200 mm、厚 150 mm 的土坯，将其晾晒后即可使用，俗称"垡垃"。

　　用于夯土的土料应为潮湿状态，可加适量水搅拌，土料搅拌均匀后，宜静置约 24 h 后再进行夯筑，这一过程称为"醒土"，其目的是让土料中的黏土与水充分作用，发挥最大的粘结作用。当地技术工人口中有一句经验之谈，"手握成团，落地开花"。即搅拌醒土后，抓起一把土，用力握紧后手指松开，土料能够保持团状；在离地面约 1 m 的位置让土团自由落下，摔在地面后土团自然散开，且有至少两三块较大的土块，可说明土料适合夯筑。

　　土坯砖本身的制作不需要掺杂麦草糜子等植物秸秆，但在使用土坯砖砌墙时需要在两层土坯砖之间抹一层掺杂植物秸秆（多为麦秸）的泥巴来粘结，加入植物秸秆是为了增强生土的粘结能力，土与麦秸的质量配合比为 3 ∶ 2。

　　土坯的制作场地一般设在土的采集地。土坯砖制作在模板中进行，将模板放置于平地上，上铺撒 1 层细砂或麦壳，加入制作好的泥土原料，按实并用手抹平，然后拆模，提出后制作下一坯。木模四壁和底座需抹草木灰、细砂或煤灰等以方便脱模，见图 5-8。

　　西海固地区将土坯制作经验总结为"三锨九杵子，二十四个脚底子"。

图 5-8　土坯砖制作

5.1.2.2　砌体结构建筑

　　砌体结构建筑在宁夏应用广泛，因为它可以就地取材，具有很好的耐久性、保温隔热性、化学稳定性等。宁夏自建砌体结构农房普遍存在大门、大窗，窗间墙窄小，抗震构造措施缺失，抗震设防烈度 8 度地区采用硬山搁檩屋面，用泥浆代替砂浆砌筑（图 5-9）等问题。在当地干燥、严寒气候，盐碱腐蚀、水位变化等自然因素的叠加作用下，导致农房房屋整体性、抗震性能差，易造成"小震致灾"。

图 5-9　宁夏泥浆砌体房屋

小知识：什么是抗震构造措施？

　　一般不需要计算，但对结构和非结构各部分必须采取的各种细部要求称为抗震构造措施。唐山地震后，我国总结了经验教训，建设行政主管部门提出房屋建筑结构从抗震设防烈度 6 度开始抗震设防的要求，并对相关的规范进行了修订。汶川地震及玉树地震的建筑震害调查表明，按照 1989 版和 2001 版的《建筑抗震设计规范》（GB 50011）设计、施工和使用的建筑，在遭遇比当地抗震设防烈度高一度的地震作用下，并没有出现倒塌破坏，基本都经受了地震的考验。抗震构造要求是建筑结构设计的一个重要组成部分，它是在长期工程实践经验以及试验研究上对结构计算的重要补充，以考虑结构计算中没有计及的因素。民用建筑是否具有抗震性能或抗震性能是否满足设计要求，会直接关系到民用建筑的稳定可靠，而建筑抗震构造和施工质量又是影响抗震性能的主要因素。

　　宁夏回族自治区地处我国南北地震带北端,全区共有 18 个市、县,其中盐池县抗震设防烈度为 6 度、彭阳县为 7 度,其余为 8 度,抗震设防烈度为 8 度的地区占比为 89%。宁夏城镇抗震设防烈度见附录 13。

　　宁夏地区砌体结构建筑主要现存形式如下:

　　(1)砖混结构(图 5-10)。主要为烧结普通砖、烧结多孔砖的一、二层农房,采用现浇或预制装配式混凝土屋盖。

現浇屋盖　　　　　　　　　　　　　　预制屋盖

图 5-10　砖混结构示意图

　　(2)砖木结构。主要为烧结普通砖、烧结多孔砖的单层农房,采用木屋盖或钢木屋盖。宁夏现存的大部分砌体结构为砖木结构,主要采用红砖平屋顶、红砖坡屋顶、灰砖坡屋顶三种形式。红砖平屋顶建筑主要分布在银川、石嘴山、吴忠北部、中卫北部地区;红砖坡屋顶建筑主要分布在吴忠南部、中卫南部、固原北部地区;灰砖坡屋顶建筑主要分布在固原南部地区。图 5-11 至图 5-13 分别为宁夏砖木结构建筑细部元素,更多介绍请扫描二维码观看。

宁夏砌体结构
建筑细部元素
介绍视频

红砖墙体,屋顶四周有低矮的女儿墙　　平顶门　　　　　背墙上的高窗

木椽挑檐　　　　山墙檐口处的叠涩砌法　　为防风山墙凸出立面的做法

图 5-11　宁夏红砖平屋顶建筑细部元素

红砖墙体，红瓦屋面　　　　平整无窗的山墙　　　　复杂华丽的脊线装饰

图 5-12　宁夏红砖坡屋顶建筑细部元素

灰砖墙体/泥巴墙体，灰瓦屋面　　　　漂亮的脊线砖雕、复杂花纹的滴水

出挑较大的木椽条　　山墙上的透气孔　　　清水脊、双坡顶　　　山墙上的砖雕

图 5-13　宁夏灰砖坡屋顶建筑细部元素

（3）其他混合承重结构。宁夏本地区还有"一砖三土""三砖一土""砖包皮"及其他混合承重结构农房。"一砖三土"指前纵墙为砖砌墙，山墙及后纵墙为生土墙；"三砖一土"指前纵墙和山墙为砖砌墙，后纵墙为生土墙；"砖包皮"指纵墙外侧为一顺砖砌筑，内侧为土坯砌筑的墙体；其他混合承重结构指纵、横墙由砌体、土坯、夯土混合砌筑的农房。

5.2　宁夏农房建筑设计指引

5.2.1　农房建筑风貌设计

应尊重村庄传统风貌和历史文脉，梳理提炼地方传统民居元素，借鉴传统乡村营建智慧，用好乡土建筑材料，建设具有地域文化特色和时代特点的农房。

宁夏典型农房建筑风貌介绍视频

农房建筑风貌设计总体要求：应遵循"经济、适用、绿色、美观"的建设方针，功能和品质需满足农民现代生产生活需求，房屋结构应达到抗震、消防、绿色节能等标准。

宁夏典型村居建筑风格分为三类，分别为红砖平屋顶、红砖坡屋顶和青砖坡屋顶。

（1）红砖平屋顶（图 5-14）

以红色黏土实心砖或多孔砖为主要建筑材料，搭配毛石、木材等材料，沿袭传统海塔房的建筑形式，塑造质朴的村庄建筑形式。清水红墙和包砖泥墙作为基本元素，带有低矮女儿墙的平屋顶是其标志特点。

院落采用二合院院落布局形式，功能分区包括建筑区、活动休憩区、农具杂物存放区、家禽圈养区以及种植区。

节点效果图　　　　　　　　　　　　　　　鸟瞰图

图 5-14　红砖平屋顶建筑风貌

（2）红砖坡屋顶（图 5-15）

以红色黏土实心砖或多孔砖为主要建筑材料，但是建筑形式是由传统"鞍架房"和"挑垂房"演变而来。红瓦红墙作为基本元素，山墙的砖花和背墙的叠涩是其标志性特点。亦可使用毛石、木材、生土材料等作为基础、庭院、围墙的砌筑材料。

院落布局可采用宁夏传统民居的清水红砖墙、坡屋顶的风格，适用于红砖坡屋顶建筑风貌村庄。院落形式采用二合院布局，划分为建筑区、活动休憩区、农具杂物存放区、家禽圈养区以及种植区，辅房可选用坡屋顶或平屋顶。

节点效果图　　　　　　　　　　　　　　　鸟瞰图

图 5-15　红砖坡屋顶建筑风貌

（3）青砖坡屋顶（图 5-16）

以青砖或水泥砖为主要建筑材料，建筑形式是由传统"鞍架房"和"挑垂房"演变而来的。灰瓦灰墙或灰瓦"泥墙"构成独特的建筑色彩意向，形式多样的脊线和古朴的砖雕是其标志性特点。亦可使用毛石、木材、生土材料等作为基础、庭院、围墙的砌筑材料。

院落布局保留了宁夏传统民居的青砖结构、坡屋顶、泥巴墙的风格，适用于青砖坡屋顶建筑风貌村庄。二合院院落布局包括建筑区、活动休憩区、农具杂物存放区、家禽圈养区以及种植区。

节点效果图

鸟瞰图

图 5-16　青砖坡屋顶建筑风貌

5.2.2　房屋布局

震害经验充分表明，简单、规整的房屋在遭遇地震时破坏相对较小。平、立面局部凸出或转折的房屋，在地震作用下某些部位会产生应力集中现象，这些部位首先产生破坏乃至失效，甚至会引起"连锁反应"，加重震害。因此，农房设计应遵循简单规整的原则。

（1）房屋体形应简单、规整，平面不宜局部凸出或凹进，立面不宜高度不等。村镇房屋一般体量不大，形状也相对简单，比较容易满足规则性的要求。如果因为使用功能或其他方面的要求，出现平、立面严重不规则的情况，可以考虑设缝将结构分隔成相对规则的几个结构单元，这样对抗震比较有利。平面形状应规则、对称，功能完备，应有必备的卧室、客厅、厨房、卫生间、楼梯间、杂物间等，客厅应宽敞大气，洗手间布置在阴面，杂物间宜布置在角落。

（2）承重的纵横墙在平面内宜对齐，沿竖向应上下连续。在同一轴线上，窗间墙的宽度宜均匀。墙体布置合理时，地震作用能够均匀对称地分配到房屋的各个墙段，避免过早出现应力集中或扭转破坏。

（3）在农村中常见的一类"大头房"，受宅基地红线限制，为了多出一些面积，上部墙体外挑不生根，因为竖向不连续，在地震中易于破坏，震害会明显比平、立面简单规整的房屋严重。

（4）房屋高宽比指房屋高度与宽度（平面中较小的一边）的比值，一般不应大于 3。高宽比过大的房屋，稳定性较差，大震时易产生倾覆破坏。如果基础埋深不能满足相应要求，高宽比过大的房屋正常使用时也存在安全隐患，易受到周边房屋基础开挖、地基不均匀沉降影响。

（5）对于低层砌体结构的农房，承重窗间墙最小宽度及承重外墙尽端至门窗洞边的最小距离不应小于 900 mm，门窗开洞过大时，过窄的门窗间小墙垛易首先破坏，这在历次地震中都有体现。还应注意的是，洞口（墙段）布置均匀对称。同一片墙体上窗洞大小应尽可能一致，窗间墙宽度尽可能相等或相近，并均匀布置。

（6）砌体结构中，构造柱与圈梁形成房屋空间骨架，约束墙体并显著提高墙体的抗震承载能力，提高房屋的整体性，使房屋不过早开裂。大震时能显著提高房屋的抗变形能力，避免房屋倒塌或过早倒塌。总体来说，设置钢筋混凝土构造柱与圈梁后，房屋的抗震安全性会大幅度提高。

（7）钢筋混凝土构造柱布置原则：抗震设防烈度为 8 度的二层房屋，应在房屋四角、楼梯间四角、隔开间内外墙交接处、山墙与内纵墙交接处设置钢筋混凝土构造柱；抗震设防烈度为 6、7 度的房屋和 8 度的一层房屋，宜在房屋四角和横墙间距超过 9 m 的横墙与外墙交接处设置钢筋混凝土构造柱。

（8）钢筋混凝土圈梁布置原则：房屋基础顶部，每层楼、屋盖（墙顶）标高处应设置现浇钢筋混凝土圈梁，且内横墙方向的圈梁间距不应大于 8 m，楼梯间四周也应设置现浇钢筋混凝土圈梁。需要注意的是，圈梁应在水平方向上闭合，方能形成有效约束。

（9）现浇钢筋混凝土楼盖与墙体有可靠连接的房屋，可以不另设圈梁，但楼盖沿墙体周边应加强配筋，并应与相连的构造柱和墙可靠连接。

房屋布局安全口诀：

平面布置要规整，墙体上下应对齐。高宽比例不过三，上层外挑不安全。墙垛宽度要保证，横墙不宜隔太远。设置圈梁构造柱，地震来时命保住。构造柱在房四角，墙体纵横交接处。圈梁设在楼屋盖，交圈闭合抱着柱。

5.2.3　农房平立面设计

5.2.3.1　平面设计

（1）门厅功能设计。缺乏经验的农村自建房设计者不会设计门厅，进门直接是堂屋，缺少了内外空间的过渡。按照合理、文明、科学的居住规范要求，在自建房设计中，门厅是必不可少的功能空间，如换鞋、更衣、存放雨具、放钥匙等。门厅的存在使内外有了过渡空间，同时起着屏障缓冲的作用。

（2）各空间面积。客厅和卧房的开间与进深一定要合理，不能越大越好。门厅的面积，设计为 3～5 m² 比较合适。客厅或者堂屋，一般设计为 15～30 m²。主卧设计为 13～19 m²，次卧设计为 10～15 m²。农村厨房应尽量朝南，长边应大于 3 m，短边应大于1.5 m，面积为 7～12 m²。

（3）楼梯间尺寸。农村自建房楼梯间的开间通常设置为 2.4～2.8 m。进深＝（层高/踏高）×（踏宽/2）＋休息平台宽度。踏步的高度设计不应高于 17 cm，宽度设计不宜高于

28 cm,休息平台不宜小于 120 cm。楼梯的宽度单跑宽为 1.2 m 左右,整个楼梯宽度在 2.5 m 左右。

（4）门窗洞口的比例一定要协调,不要留得太大。承重的门（窗）间墙及外墙尽端至门窗洞口的最小距离应不小于 900 mm。

（5）考虑周围的环境及人走路的习惯,农村自建房入户台阶一般设计为三阶台阶。室外台阶,高度不大于 15 cm,宽度不小于 30 cm。

（6）在功能布局的时候,确定好下水的位置,避免后期下水有改动,易造成下水管堵塞。

5.2.3.2　立面设计

（1）立面应统一协调,突出地方特色。

（2）外墙材料立足于就地取材,因材设计。

（3）色彩应与地方环境协调,体现乡土气息。

（4）窗户以满足室内采光通风的要求即可,过大开洞不但影响房屋的安全性,而且降低了房屋的保温隔热性能;卫生间宜设高窗,以满足私密性的要求。

（5）房屋室内外高差以室内地面高出室外地面 1～3 个踏步为宜。

（6）层高:底层不宜大于 3.6 m,二层层高不宜大于 3.3 m。层数不宜大于 2 层。凸出屋面无锚固的烟囱、女儿墙等易倒塌构件的出屋面高度,不应大于 500 mm。

（7）墙、柱等竖向受力构件应上下连续。

（8）庭院的大门高度不能高于首层层高。

5.2.4　农房建造新工艺

随着社会经济的发展,新工艺逐渐发展,在农房发展中扮演着重要的角色。

（1）生土建筑风格新工艺

随着新技术、新材料的出现,营造生土建筑风貌有更多的工艺选择,在体现相同视觉感受的同时克服了原有生土泥巴墙的缺点,耐久性更强,适合在乡土建设中使用。详见表 5-1。

农房建造新工业介绍视频

（2）清水砖墙新工艺

在传统的农房建筑中,墙体往往很厚实。这既是为了坚固结实,也是出于增大墙体热工性能的考虑,让室内环境冬暖夏凉。用砖砌筑墙体的时候,按照建筑物面阔方向摆放的砖,称为"顺砖",按照进深方向摆放的砖,称为"丁砖"。宁夏大部分村庄清水砖建筑都是按照错缝叠砌的方式进行砌筑。其中梅花丁砌法结构最为稳固,三顺一丁砌法工效最高。

随着社会经济的发展,砌筑新工艺逐渐发展。围墙砌筑尽量运用砖、石、土、泥巴等乡土材料,在重要节点的砖墙运用特殊砌法砌筑花墙并融入本地民俗文化以丰富乡村风貌,但不宜集中大量建设。严禁对围墙进行"涂脂抹粉、粉墙刷白"。详见表 5-1 和表 5-2。

表 5-1　生土建筑风格新工艺

	改性生土砖砌筑	改性泥巴墙饰面	土黄色彩色混凝土饰面
意向图	生土砖做法	工程做法	工程做法
	①配置生土改性剂：水泥 50%～60%；石灰 27%～30%；水玻璃 5%～10%；无水氯化钙 2.5%～5.0%；聚丙烯纤维补足余量。②将生土和生土改性剂混合搅拌，生土改性剂质量占总质量的 15%～20%，加入水玻璃溶剂，水土配比为 0.14。③通过模具制成生土砖，进行砌筑	①墙体清扫；②黄泥加沙子，加入 1～2 cm 长的麦秸秆，使用 1：2 比例的 107 胶与水拌和	①墙体清扫；②仿泥巴色彩色混凝土（调色）颜色
	仿泥巴混凝土饰面	稻草漆饰面	真石漆饰面
	工程做法	工程做法	工程做法
	①墙体清扫；②2 cm 厚凝土，搅拌过程中加入 1～2 cm 长的麦秸秆；③外涂仿泥巴色防水乳胶漆（调制颜色）	①墙体清扫；②抗碱底漆；③平批稻草漆，用刮板使稻草节节不规律分布；④外涂防水漆（可选做）	①墙体清扫，晒干；②喷涂底油两遍；③喷涂土黄色真石漆 2～3 mm 厚；④打磨，然后喷涂漆面油 2 遍

表 5-2　砌筑新工艺

拼花砌法	套色砌法	齿状花墙砌筑

凸砖花墙砌筑		凹砖花墙砌筑		镂空花砖砌筑	
意向图	工程做法	意向图	工程做法	意向图	工程做法

5.2.5　宁夏农房节能设计

近年来,随着农村经济的发展和农民生活水平的提高,农村的生活用能需求急剧增加,农村能源商品化倾向明显。由于农房绝大部分未进行保温处理,建筑外门窗热工性能和气密性较差,供暖设备简陋、热效率低,室内热环境恶劣,造成大量的能源浪费,冬季供暖能耗约占生活能耗的 80％。综上所述,农房节能工作亟待加强,推进农村居住建筑节能已成为当前村镇建设的重要内容之一。

农房节能具体指在农村建筑物的规划、设计、新建(改建、扩建)、改造和使用过程中,执行节能标准,采用节能型的技术、工艺、设备、材料和产品,提高保温隔热性能和采暖供热、空调制冷制热效率,加强农村建筑物用能系统的运行管理,利用可再生资源,在保证室内热环境的前提下,增大室内外能量交换热阻,以减少室内供热系统、空调制冷制热、照明、热水供应因大量热消耗而产生的耗能。农房节能的重点是降低农村建筑物的建造和使用耗能,提高能源的有效利用率。农村节能住宅应根据地理位置、自然资源条件、整体规划、传统建造做法以及农民的生产和生活方式,因地制宜地采用成熟、经济、合理的节能技术。采用农房节能技术,新建和重建房屋需在室内地面预先布置采暖管道。

以下是常用节能技术的简要介绍。

5.2.5.1　太阳能光热与建筑一体技术

常规的太阳能光热设备通常是在房屋建造好以后,再钻孔打膨胀螺丝,利用钢丝拉固将太阳能光热装置固定在房顶上,不仅破坏了建筑的整体美,而且难以解决抗风、防冻、安全保护等一系列问题。同时漏水、管道布设困难,破坏建筑防水层等一系列问题也时有发生。太阳能光热与建筑一体技术,就是将太阳能热水系统与建筑设计同步规划设计、同步施工安装,将太阳能热水系统与建筑有机结合,融为一体。这不仅能够解决常规太阳能设备安装带来的一系列问题,还能节省建筑和安装成本。

常用农村居住建筑太阳能光热系统有太阳能热水系统和太阳能采暖系统(图5-17)。

图 5-17　太阳能采暖系统

5.2.5.2　太阳能光伏与建筑一体技术

太阳能光伏发电与建筑一体化,就是将太阳能发电应用在建筑中,形成一体化的建筑系统,如图5-18所示。对于建筑来说,既可以将太阳能作为日常运行所需要的电能的来源,也可以将太阳能作为围护结构。太阳能光伏发电与建筑一体化技术是一项综合性的技术,在实施的过程中,要对建筑的实用性以及安全性等基本要求进行综合考虑。太阳能光伏发电是建筑物的一部分,在实施时要和建筑工程的建设同步进行。

(a)　　　　　　　　　　　　　　　(b)

图 5-18　太阳能光伏发电与建筑一体化

(a)坡屋面;(b)平屋面

5.2.5.3　太阳能光伏光热与建筑一体技术

太阳能光伏光热与建筑一体技术，融合了太阳能光伏技术和太阳能光热技术，具有制冷、制热、发电三种模式，可实现冬季采暖、夏季制冷、全年发电。其技术利用相变介质吸收太阳能、空气能及其他低品位热能，当阳光不充足时，空气中的其他能量可作为太阳能的补偿，实现多能互补，提高使用效率。

在实际工程中，PVT组件会与热泵主机、水箱、太阳能逆控一体机组成热电联产系统（图5-19），可实现同一安装面积下的太阳能高效热电联产，可供生活用水、建筑采暖、工艺用水等。产生的电能可自发自用，余电上网。此系统的优势在于零碳环保、初投资少、一机多用、运行费用低，可实现零能耗采暖，满足农宅的发电、供暖、热水等需求。

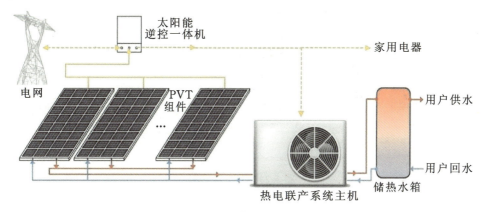

图 5-19　热电联产系统图

5.2.5.4　被动式太阳房

建造被动式太阳房是一种简单、有效的冬季供暖方式。在冬季太阳能丰富的地区，只需要对建筑围护结构进行一定的保温节能改造即可实现，《农村居住建筑节能设计标准》（GB/T 50824—2013）中对被动式太阳房（图5-20）的朝向、建筑间距、净高、房屋进深、出入口、透光材料等进行了规定。

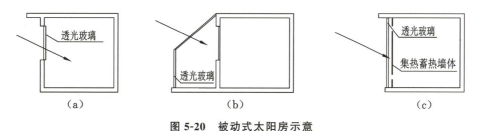

图 5-20　被动式太阳房示意
（a）直接受益式；（b）附加阳光间式；（c）集热蓄热墙式

5.2.5.5 空气能热泵

节能环保是空气能热泵供暖系统最突出的优势,特别是在环保方面,它完全符合煤改电政策的需求,运行期间没有任何有毒、有害物质排放,对空气环境不会构成任何污染。空气能热泵作为一种新型的节能装置,还可以进行自主分析运行,在满足室内供暖需求的同时,达到最优化、最节能的运行方式。凭借其节能、环保、安全、智能等优势,在各地区获得了人们的青睐。

空气能热泵采暖末端可连接风机盘管、暖气散热片、地暖水管,形成风盘取暖、暖气片取暖、地暖取暖三种供暖方式。

空气能热泵(图 5-21)的安装使用应满足以下要求:

图 5-21 空气能热泵

(1)空气能热泵也受到环境温度的影响,主机需要安装在空气流通效果好、光照较好的地方。

(2)空气能热泵周边不能堆放杂物,否则易阻挡空气的循环,会影响换热的效率。通常保持热泵主机周边 80 cm 内没有杂物遮挡,在出风口的前方 2 m 以内不能有遮挡,如果上出风热泵主机安装在空调机位中,还需要增加导流罩把热泵主机的出风引出空调外机位。

(3)空气能热泵内部循环最多的介质是水,虽然空气能热泵在零下几十度也能正常工作,当冬季不用的时候管道内的水就会成为隐患,如果外界的气温低于 0 ℃,管道中的水就有结冰的风险。当冬季环境一直处于零下的情况时,如果家中短时间无人,可以将机组温度设为最低值,保持系统能够以低温运行,减少能耗。如果家中长时间无人,可以将系统中的水全部放出,减少结冰的可能性。南方冬季温度在 0 ℃ 以上的地区,可以不放地暖水,可添加防冻液预防结冰。在使用的时候注意化霜水的排放,确保排水管道不会结冰,保持通畅状态,可定期对排水位置进行检查和清除冰碴。

5.3 屋(楼)盖

5.3.1 屋(楼)盖安全常识

砖混、砖木结构农房,楼面最好采用钢筋混凝土现浇板。现浇板承载力高、水平刚度大,对砖墙也有一定约束,房屋整体性好。另外,采用现浇板的房屋,上下层隔音、隔振效果也好。当支承现浇板的墙顶设置钢筋混凝土圈梁时,圈梁应该和现浇板一起浇筑,这样房屋的整体性才能保证。屋(楼)盖安全需牢记以下口诀:

楼面首选现浇板,楼板圈梁一起浇。
钢筋不能随意踩,马凳垫块有必要。
材料配比要恰当,搅拌均匀须振捣。
七天养护是底线,底模拆除不能早。
慎重选择预制板,八度以上禁止用。
搁置长度要保证,连接稳固是关键。
硬山搁檩坡屋盖,八度九度不能用。
屋盖支承应稳固,檩条连接要牢固。
坡顶若用木屋架,须设支撑和系杆。

5.3.2　硬山搁檩木屋盖

宁夏农房建筑形式多采用坡屋顶。当不采用木屋架而是将檩条沿纵向直接支承在坡形的山墙与横墙顶部时,称为"硬山搁檩"(图 5-22)。硬山搁檩是一种檩条设计方式,由于檩条搁置在山墙上,布置较为灵活,可节约材料,因此在全国各地农房建造时被普遍采用。但是此设计方式对抗震相对不利,在抗震设防烈度 8 度及以上地区不应使用。

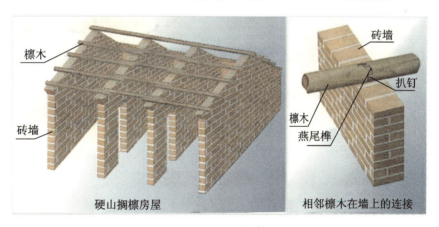

图 5-22　硬山搁檩

简易"硬山搁檩"木屋盖农房为什么不抗震?

这类农房绝大多数没有抗震构造措施或者构造措施设置不合理,总体抗震性能非常差。主要表现在:木檩条直接浮搁在坡形的墙上,且大多数与墙体没有连接,墙体对屋盖没有任何约束,非常不稳定。屋顶坡度较大时,坡形山墙、横墙顶部距檐口位置垂直高度过大,导致墙体自身不稳定。有的农房在檐口部位水平设置圈梁,但仍然不能保证圈梁以上墙体的安全;当地震沿房屋纵向发生时,高耸、单薄且没有任何约束的山墙非常容易外闪、倾倒,檩条及屋盖会随之塌落。因此,亟须对硬山搁檩木屋盖的做法予以规范。

宁夏屋架形式 90% 为硬山搁檩,檩下无梁垫,檩头不出檐,对安全极其不利。"硬山搁

檩"砖木结构农房应采取以下构造措施:

(1)坡屋顶时,应采用双坡或拱形屋面,山墙顶部至房屋檐口高度不宜大于 1.6 m。

(2)檩条支承处应设垫木,垫木下应铺设砂浆垫层,见图 5-23。

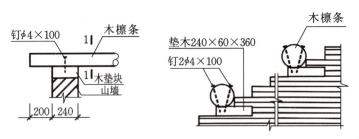

图 5-23　檩条支承处应设垫木

(3)端檩应出檐,内墙上檩条应满搭或采用夹板对接或燕尾榫、扒钉连接;檩条在山墙或横墙支承两侧宜设方木卡住墙体,以防止檩条滑落。见图 5-24。

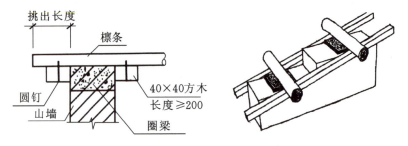

图 5-24　檩条支承处两侧设卡位方木

(4)木屋盖各构件应采用圆钉、扒钉或铅丝等相互连接。

(5)抗震设防烈度 8 度区采用硬山搁檩时,山墙上还应设置爬山钢筋混凝土圈梁。在檩条支承处宜将混凝土找平,做成台阶状,并埋设锚栓将檩条与爬山圈梁牢靠连接。

(6)竖向剪刀撑宜设置在中间檩条和中间系杆处,剪刀撑与檩条、系杆之间及剪刀撑中部宜采用螺栓连接,剪刀撑两端与檩条、系杆应顶紧不留空隙。

(7)椽子与木檩条搭接处应满钉,以增强屋盖的整体性。

(8)当采用硬山搁檩屋盖时,山尖墙墙顶处应采用砂浆顺坡塞实找平,加强墙顶的整体性并将檩条固定。

5.3.3　木屋架屋盖

木屋架屋盖是由屋架、檩条和椽子共同组成的坡面结构形式。木屋架自身的连接和整体性以及屋盖各构件之间连接的强弱,对房屋的抗震性能有很大影响。

木屋架必须设置下弦杆(图 5-25),不应采用无下弦杆的人字形或拱形屋架。

屋盖在墙体顶部应可靠支承和固定,不应有转动、滑移的趋势或现象。一般在屋架、大梁、檩条支承处,应设置水平垫块或混凝土圈梁,并采用螺栓或钢筋将以上屋盖构件紧固。

当采用木屋架屋盖时,应符合下列构造要求:

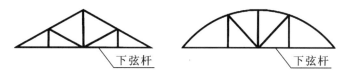

图 5-25　下弦杆设置示意图

（1）木屋架上檩条应满搭或采用夹板对接或燕尾榫、扒钉连接。

（2）屋架上弦檩条搁置处应设置檩托或木垫块，檩条与屋架应采用扒钉或铅丝等相互连接（图 5-26）。

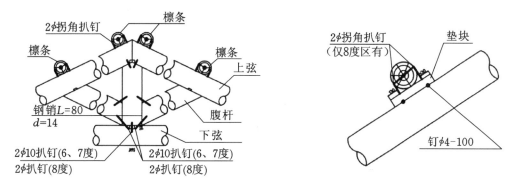

图 5-26　木屋架与檩条的连接示意

（3）三角形木屋架的跨中处应设置纵向水平系杆，系杆应与屋架下弦杆钉牢。屋架腹杆与弦杆除用暗榫连接外，还应采用双面扒钉钉牢。

（4）檩条与其上面的椽子或木望板应采用圆钉、铅丝等相互连接。

（5）抗震设防烈度为 8、9 度时，在端开间的两榀屋架之间应设置竖向剪刀撑。剪刀撑宜设置在靠近上弦屋脊节点和下弦中间节点处，剪刀撑与屋架上、下弦之间及剪刀撑中部宜采用螺栓连接（图 5-27），剪刀撑两端与屋架上、下弦应顶紧不留空隙。

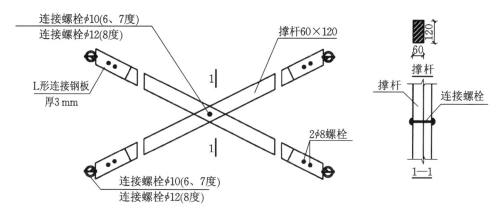

图 5-27　三角形木屋架竖向剪刀撑

当坡屋顶房屋采用木屋架时，屋架之间设立剪刀撑和水平系杆，可以大大提高屋盖结构的整体性,不但有助于施工过程中的安全性,还有助于提高房屋的抗震性能。

5.3.4　钢筋混凝土楼(屋)盖

(1)基本要求

砖混结构农房的楼面或屋盖,一般可采用现浇混凝土楼板或空心预制板。8度及8度以上抗震设防烈度地区,尽量采用钢筋混凝土现浇楼板,不应采用空心预制板;6、7度地区采用空心预制板时,应保证预制板自重,并采取必要的构造措施以加强房屋的整体性。

现浇楼板、屋面板悬挑长度不宜超过1.0 m。板厚不小于悬挑长度的1/10且不小于80 mm。

> **小知识:为什么建议尽量采用现浇楼板?**
>
> 首先,农村建房采用的预制板质量很难保证。调查表明,目前农村使用的预制空心板,绝大多数没有出厂质检合格证,还有相当一部分为旧房拆卸的废旧楼板;并且由于技术条件限制,预制板在农村建房时也无法进行现场的质量检验和认定,安全隐患不能完全排除。其次,按照国家规范、标准,采用预制板的房屋其抗震构造有较严格的规定,如预制板之间的相互拉接,板与墙体、圈梁的拉接,支撑长度要求等,这些技术措施在农村很难做到。因此,在高抗震设防烈度区采用预制板而构造措施做不到位,大震时可能无法避免灾难的发生。而现浇楼板施工质量相对容易控制,并且房屋整体性好,造价与预制板相比也不算太高,因此建议农民朋友建房时还是尽量采用现浇楼板为好。

(2)现浇混凝土楼板

现浇混凝土楼板是在现场经支模、绑扎钢筋、浇筑混凝土等施工工序,再养护达到一定强度后拆除模板而成型的楼板结构。由于楼板为整体浇筑成型,因此结构的整体性强、刚度好,有利于抗震。现浇楼板根据平面尺寸与受力情况分为单向板与双向板,按照有无大梁支撑分为板式楼板与梁板式楼板。

① 将楼板现浇成一块平板,并且四边直接支撑在墙上,这种楼板称为“板式楼板”或“无梁楼板”。板式楼板地面平整,便于施工,只是简单的一种形式。一般农房结构中开间尺寸不大的房间如卧室、厨房、卫生间、走廊等均属这种形式。板式楼梯的经济跨度一般在3.0~4.5 m之间。通常现浇楼板伸进纵横墙内的支撑长度不应小于120 mm。

② 当房间或客厅的跨度较大时,如仍再用板式楼板,会因跨度较大而增加板厚。这不仅使材料用量增多,而且使的自重加大、配筋用量增加,不太经济。

梁板式楼板的传力路线为:

$$荷载 \longrightarrow 板 \longrightarrow 次梁 \longrightarrow 主梁 \longrightarrow 柱或墙体 \longrightarrow 基础及地基$$

为了使楼板结构的受力与传力更为合理,应采取措施控制板的跨度,通常可在板下增设梁,从而减小板跨。这种由板和梁组成的楼板称为“梁板式楼板”,如图5-28所示。

现浇楼板除了配置板底钢筋外,在承重墙或梁的位置还应配置板面钢筋。农房多是中小开间,楼板配筋不大,一般钢筋直径为8 mm或10 mm,板底、板面钢筋绑扎在一起形成钢筋网片。钢筋网片绑扎后,一是要注意不应随便踩踏板面钢筋,否则会导致钢筋位置下沉,后果就是混凝土浇筑后或在使用过程中,房间墙边、四角板面可能出现严重开裂;二是要在板底钢筋下面隔一定间距放置水泥砂浆垫块或钢筋弯成的“小马凳”,保证板底钢筋不紧

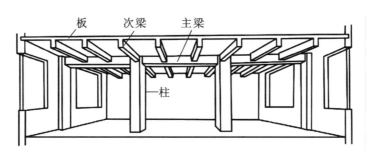

图 5-28 梁板式楼板

贴模板,否则板底钢筋的混凝土保护层厚度不满足要求,钢筋容易锈蚀。

（3）预制楼板

6、7 度抗震设防烈度地区,当采用预制板时,一是要保证预制板在承重墙上或圈梁上的搁置长度不小于 80 mm,另外板端之间、板边之间、板和圈梁之间要有可靠拉接,这样整体性才有保证。

当圈梁在板下皮时,预制板板端伸进外墙的长度不应小于 120 mm,伸入内墙的长度不小于 100 mm,在梁上的长度不应小于 80 mm。

当预制板的跨度大于 4.8 m 且与外墙平行时,靠外墙的预制板侧边应与墙或圈梁拉接,如图 5-29 所示;预制板之间的板缝也宜增设加强钢筋,并锚入墙体或圈梁之中,如图 5-30所示。

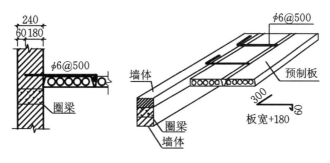

图 5-29 预制板与墙体的拉接（一）

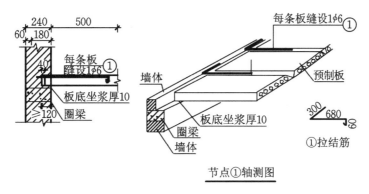

图 5-30 预制板与墙体的拉接（二）

5.4　砌体结构

5.4.1　砖混结构

以烧结普通砖、烧结多孔砖、蒸压灰砂砖、页岩砖和水泥免烧砖等作为承重墙体砖来承重墙体,楼(屋)盖采用现浇钢筋混凝土或预制板的混合结构房屋称为砖混结构(图5-31)。砖混结构农房在我国农村普遍使用,对其结构构造特点、抗震措施及施工工艺应重点掌握。

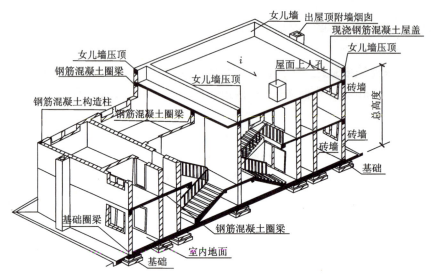

图 5-31　砖混结构示意图

（1）一般要求

砖混结构农房总高度和层数不宜超过表5-3的规定。

表 5-3　砖混结构农房总高度和层数规定

7度抗震设防烈度		8度抗震设防烈度		9度抗震设防烈度	
总高度	层数	总高度	层数	总高度	层数
7.2 m	2层	6.6 m	2层	3.3 m	1层

注:房屋总高度指室外地面到主要屋面板板顶或檐口的高度。

砖混结构农房层高、开间等需满足下列要求:

① 层高:底层层高不宜大于3.6 m,二层层高不宜大于3.3 m。

② 开间、进深:起居室(客厅)开间不宜大于6.0 m;卧室开间不宜大于4.2 m;房间进深不宜超过7.2 m。当开间、进深尺寸过大需要设置大梁支撑楼(屋)盖时,应采取在大梁支承处加砖壁柱或钢筋混凝土构造柱等加强措施。

③ 墙厚及墙体布置:应设置不少于3道横墙承重;承重墙厚度不小于240 mm;6度以上抗震设防烈度区,不应采用180 mm、120 mm厚墙体承重及空斗墙承重。

④ 砖烟囱块体材料应选用烧结普通砖。抗震设防烈度 8 度Ⅲ类场地和Ⅳ类场地及抗震设防烈度 9 度时不应用砖烟囱。

材料要求：

① 砖块：砖块强度等级不低于 MU7.5；砖块各方向尺寸误差不应大于 3 mm；砖块不应该出现大裂纹、分层、掉皮、缺棱、掉角、严重泛霜、石灰爆裂等现象，也不应出现明显弯曲或翘曲现象；含碱量过高的黏土制成的砖不能用来建房（墙根容易碱蚀、剥落）；砖基础和地面以下的墙体不宜采用烧结多孔砖。

小知识：砖墙烂根

在农村砖混房屋中，经常可以看到外墙根部出现很多白色粉末，墙根部位发生溃烂、起皮甚至剥落，而且年代越久的房子烂根越严重。这种砖墙烂根现象的专业术语称为"墙体碱蚀"。其原因主要有三：一是当地土壤或水质含碱量（其实为硫酸盐）较高，二是砖块自身含碱量较高，三是墙体根部防水、防潮没有处理好。当墙根受潮或受水侵蚀后，这些硫酸盐会在砖墙表面结晶并产生膨胀，导致砖墙表面粉化、溃烂甚至剥落。防止办法：尽量不采用含碱量过高的砖块；做好墙体根部的防潮与防水处理；对已经严重烂根的砖墙应进行加固处理。

---

② 砂浆：±0.000 以下应采用水泥砂浆砌筑，强度不应低于 M5；±0.000 以上可以采用水泥砂浆或混合砂浆，抗震设防烈度 6、7 度时强度不应低于 M5，抗震设防烈度 8、9 度时强度不应低于 M7.5。

③ 混凝土：砖混结构中，混凝土主要用于浇筑条形基础、墙内构造柱、圈梁及楼（屋）面。一般要求混凝土强度等级不低于 C20。

④ 钢筋：应购买合格产品，不应在承重构件中使用地条钢及废旧钢筋；对于盘条钢筋，应采用机械调直，不能采用人工平直；不应使用扭曲变形的钢筋。

砖混结构农房的局部尺寸限值，应符合表 5-4 的规定。

表 5-4　砖混结构房屋的局部尺寸限值　　　　　　　　　　单位：m

项目	抗震设防烈度			
	6 度	7 度	8 度	9 度
承重窗间墙最小宽度	1.0	1.0	1.2	1.5
承重外墙尽端至门窗洞边的最小距离	1.0	1.0	1.2	1.5
非承重外墙尽端至门窗洞边的最小距离	1.0	1.0	1.0	1.0
内墙阳角至门窗洞边的最小距离	1.0	1.0	1.5	2.0
无锚固女儿墙（非出入口处）的最大高度	0.5	0.5	0.5	0.0

（2）墙体

承重墙厚度应满足表 5-5 的要求。

表 5-5　承重墙厚度　　　　　　　　　　　　　　　　　　单位:mm

墙体类型	厚度要求
实心砖墙、蒸压砖墙	≥240
多孔砖墙	≥240
小砌块墙	≥190

横墙间距不应大于 6 m;

承重窗间墙最小宽度不小于 1 m;

外墙尽端至门窗洞边的最小距离不小于 1 m;

内墙阳角至门窗洞边的最小距离不小于 1 m;

砌筑墙体所用的砂浆强度等级不应低于 M5。

（3）构造柱

构造柱是由钢筋和混凝土组成,钢筋可采用Ⅰ级光圆钢筋。构造柱的混凝土强度等级不应低于 C20。

构造柱设置部位:构造柱一般应设在外墙四角、错层部位、横墙与外纵墙交接处、较大洞口两侧和大房间内、外墙交接处等。

构造柱截面尺寸与配筋:构造柱最小截面可采用 240 mm×180 mm,纵向钢筋宜采用 4φ12,箍筋间距不宜大于 250 mm,且在柱上下端宜适当加密。

构造柱伸入室外地面下 500 mm 或与埋深小于 500 mm 的基础圈梁相连。

构造柱与墙连接处应砌成马牙槎（图 5-32）,并应沿墙高每隔 500 mm 设 2φ6 拉结钢筋,每边伸入墙内不宜小于 1 m,构造柱与墙体的连接见图 5-33、图 5-34。

图 5-32　构造柱留马牙槎

（4）圈梁

圈梁布置原则:抗震设防烈度为 8 度的两层民居及有檩屋盖的所有纵横墙的基础顶部、每层楼、屋盖（墙顶）标高处应设置现浇混凝土圈梁,且横墙方向的圈梁间距不应大于 8 m,楼梯间四周也应设置现浇钢筋混凝土圈梁。

现浇钢筋混凝土楼盖与墙体有可靠连接的房屋,可以不另设圈梁,但楼盖沿墙体周边应加强配筋并应与相连的构造柱和墙可靠连接。

圈梁的构造应符合下列要求:

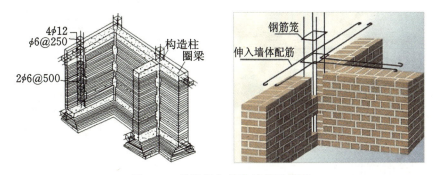

图 5-33　构造柱与墙体连接示意图

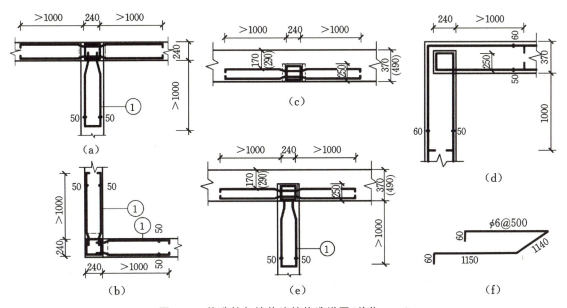

图 5-34　构造柱与墙体连接构造详图（单位：mm）

① 圈梁平面应闭合，当遇洞口需切断时应上下搭接，搭接长度不小于两者高差的 2 倍且不小于 1.0 m。

② 梁顶标高：当采用预制楼板时可采用板平或板底圈梁；采用现浇楼板时，宜与现浇楼板板面同一标高，如图 5-35 所示。

钢筋混凝土圈梁的截面高度不应小于 120 mm。基础圈梁的截面高度不应小于 180 mm。圈梁纵向钢筋不应小于 4φ10，箍筋直径采用 φ6，间距不应大于 250 mm。

钢筋混凝土圈梁兼作过梁时，过梁部分的钢筋应另行增配。

小知识：钢筋混凝土构造柱与圈梁的作用

构造柱与圈梁形成房屋空间骨架，约束墙体，显著提高墙体的抗震承载能力，使房屋不过早开裂；显著提高房屋的抗变形能力，避免房屋在大震时倒塌或过早倒塌；提高房屋的整体性；当地基基础较薄弱时，还可以调整房屋的不均匀沉降。

实践证明，设置钢筋混凝土构造柱与圈梁后，房屋的安全性会大幅度提高。

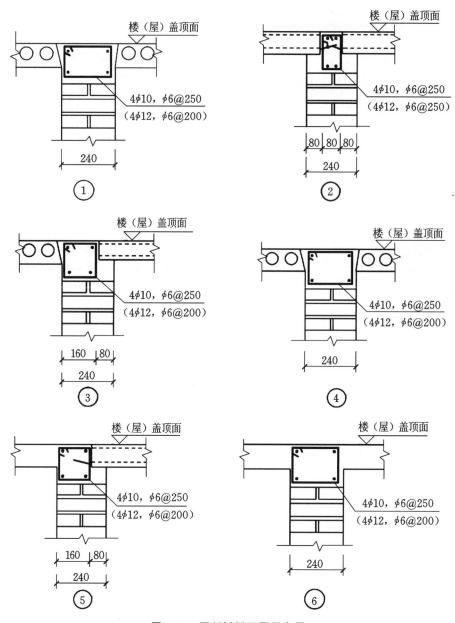

图 5-35　预制板板平圈梁布置

（5）过梁

门窗洞口顶上的过梁为承重构件,抗震设防烈度为 6、7 度且洞口净宽 $L_n \leqslant 1.2$ m 时,可设置钢筋砖过梁。

当洞口净宽大于上述规定及抗震设防烈度为 8 度时应采用钢筋混凝土过梁,钢筋混凝土过梁支承长度不应小于 240 mm。过梁配筋可多参照图 5-36 及表 5-6 设置。

有条件时,门窗过梁最好现浇。好处是:质量有保证且支承处与墙体粘结好。

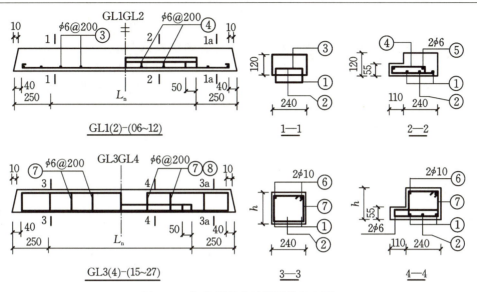

图 5-36　钢筋混凝土过梁配筋示意图

表 5-6　钢筋混凝土过梁配筋参考表

净跨 L_n/ mm	高度 h/ mm	构件编号（240 墙）	主筋①+②		构件编号（370 墙）	主筋①+②	
			HPB300(φ)	HRB400(Φ)		HPB300(φ)	HRB400(Φ)
600		GL1-06	2φ8	—	GL2-06	3φ8	—
800		GL1-08	2φ8	—	GL2-08	3φ8	—
900	120	GL1-09	2φ10	—	GL2-09	3φ10	—
1000		GL1-10	2φ12	—	GL2-10	3φ10	—
1200		GL1-12	3φ12	—	GL2-12	3φ12	—
1500		GL3-15	2φ12+1φ10	2Φ12	GL4-15	2φ12+1φ10	—
1800	180	GL3-18	2φ14+1φ12	3Φ12	GL4-18	3φ14	3Φ12
2100		GL3-21	3φ16	3Φ14	GL4-21	2φ18+1φ16	2Φ14+1Φ16
2400	240	GL3-24	2φ16+1φ14	2Φ14+1Φ12	GL4-24	3φ16	3Φ14
2700		GL3-27	3φ18	2Φ16+1Φ14	GL4-27	—	3Φ16

5.4.2　砖木混合承重结构

　　墙体承重房屋是指砌体墙为竖向承重构件,屋盖采用木檩条(或称木梁)搁置于横墙上作为水平承重构件的房屋。

　　该类结构的房屋,横墙上设置的多为且主要为竖向承重构件。其具有隔间多、空间小、房间布置不灵活的缺点。同时,结构的横向抗侧刚度大,因此具有抵抗水平作用(如风、地震)能力强的优点。

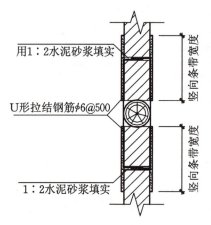

图 5-37　木柱与围护墙体连接示意图

用1:2水泥砂浆填实

U形拉结钢筋ϕ6@500

1:2水泥砂浆填实

竖向条带宽度

竖向条带宽度

砖木结构墙体做法:构造柱、圈梁布置等同砖混结构,仅屋盖自身做法及其与墙体的连接构造不同。木柱与墙体相交部位应采用拉结钢筋将木柱墙体及竖向条带进行拉接,见图 5-37。拉结钢筋直径不应小于 6 mm,应沿高度均匀布置,间距不大于 500 mm。

5.5　框架结构

框架结构是指利用梁、柱组成的纵、横两个方向的框架所形成的结构体系。它同时承受竖向荷载和水平荷载,其主要优点是建筑平面布置灵活,可形成较大的建筑空间,建筑立面处理也比较方便;主要缺点是侧向刚度较小,当层数较多时,会产生过大的侧移,易引起非结构性构件的破坏进而影响使用,例如隔墙、装饰装修的破坏。

在非地震区,框架结构一般不超过 15 层。框架结构的内力通常采用计算机进行精确分析。框架结构梁和柱节点的连接构造直接影响结构安全、经济及施工的方便,因此,梁与柱节点的混凝土强度等级,梁、柱纵向钢筋伸入节点内的长度,梁与柱节点区域的钢筋的布置等,都应符合相应规范的规定。

5.5.1　框架梁

梁纵向钢筋的构造要求:梁纵向受拉钢筋的数量除按计算确定外,还必须考虑温度、收缩应力所需要的钢筋数量,以防止梁发生脆性破坏和控制裂缝宽度。纵向受拉钢筋的最小配筋率不应小于 0.2 和 $45f_t/f_y$[④]二者的较大值。同时,当不考虑受压钢筋时,纵向受拉钢筋不应超过最大配筋率。

沿梁全长顶面和底面应至少各配置两根纵向钢筋,钢筋的直径不应小于 12 mm。框架梁的纵向钢筋不应与箍筋、拉筋及预埋件等焊接。

5.5.2　框架柱

(1)柱纵向钢筋的构造要求

框架结构受到的水平荷载可能来自正反两个方向,故柱的纵向钢筋宜采用对称配筋。为改善框架柱的延性,使柱的屈服弯矩大于其开裂弯矩,保证柱屈服时具有较大的变形能力,要求柱全部纵向钢筋的配筋率应符合下列规定:对 500 MPa 级钢筋不应小于 0.50%,对 400 MPa 级钢筋不应小于 0.55%,对 300 MPa、335 MPa 级钢筋不应小于 0.60%。当混凝土强度等级大于 C60 时,上述数值应分别增加 0.10%,且柱截面每一侧纵向钢筋配筋率不应小于 0.2%。同时,柱全部纵向钢筋的配筋率不宜大于 5%。

柱纵向钢筋的间距不宜大于 300 mm,净距不应小于 50 mm,柱的纵向钢筋不应与箍

---

④　f_t为混凝土抗拉强度设计值(MPa),f_y为钢筋抗拉强度设计值(MPa)。

筋、拉筋及预埋件等焊接。

（2）柱箍筋的构造要求

柱内箍筋形式常用的有普通箍筋和复合箍筋两种，如图 5-38 所示，当柱每边纵筋多于 3 根时，应设置复合箍筋。复合箍筋的周边箍筋应为封闭式，内部箍筋可为矩形封闭箍筋或拉筋。

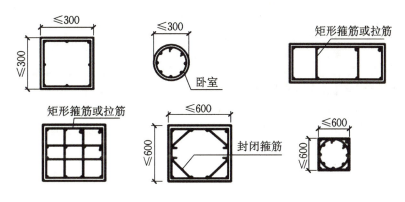

图 5-38　柱箍筋构造要求

柱箍筋间距不应大于 400 mm，且不应大于构件截面的短边尺寸和最小纵向受力钢筋直径的 15 倍；箍筋直径不应小于最大纵向钢筋直径的 1/4，且不应小于 6 mm。当柱中全部纵向受力钢筋的配筋率超过 3% 时，箍筋直径不应小于 8 mm，间距不应大于最小纵向钢筋直径的 10 倍，且不应大于 200 mm。箍筋末端应做成 135°弯钩且弯钩末端平直段长度不应小于 10 倍箍筋直径。

柱内纵向钢筋采用搭接时，搭接长度范围内箍筋直径不应小于搭接钢筋较大直径的 1/4；在纵向受拉钢筋搭接长度范围内的箍筋间距不应大于搭接钢筋较小直径的 5 倍，且不应大于 100 mm；在纵向受压钢筋搭接长度范围内的箍筋间距不应大于搭接钢筋直径的 10 倍，且不应大于 200 mm。当受压钢筋直径大于 25 mm 时，尚应在搭接接头端面外 100 mm 的范围内各设两道箍筋。

5.5.3　梁柱节点

现浇梁柱节点处于剪压复合受力状态，为保证节点具有足够的受剪承载力，防止节点产生剪切脆性破坏，必须在节点内配置足够数量的水平箍筋。节点内的箍筋除应符合上述框架柱箍筋的构造要求外，其箍筋间距不宜大于 250 mm；对四边有梁与之相连的节点，可仅沿节点周边设置矩形箍筋。

5.6　EPS 模块混凝土剪力墙

空腔 EPS 模块是按建筑模数、节能标准、建筑构造、结构体系和施工工艺需求，通过专用设备和模具一次成型制造，非大板机切割成型的聚苯板。其熔结性均匀、压缩强度高、技术指标稳定、几何尺寸准确。空腔 EPS 模块与现浇混凝土结构或再生混凝土结构有机结合，使得房屋各项经济技术指标与传统黏土砖或块材组砌墙体房屋相比，具有低成本、建造速度快、保温隔热性和气密性可达到被动房⑤的性能指标、结构抗灾能力大幅度升级等优点。

　　EPS 模块混凝土剪力墙结构设计可参考《装配式空腔 EPS 模块混凝土结构低能耗抗灾房屋建造图集》,示例图见图 5-39。

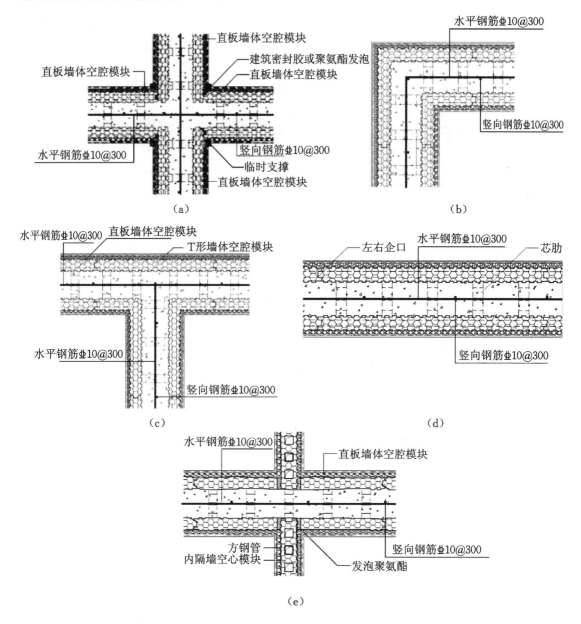

（a）

（b）

（c）

（d）

（e）

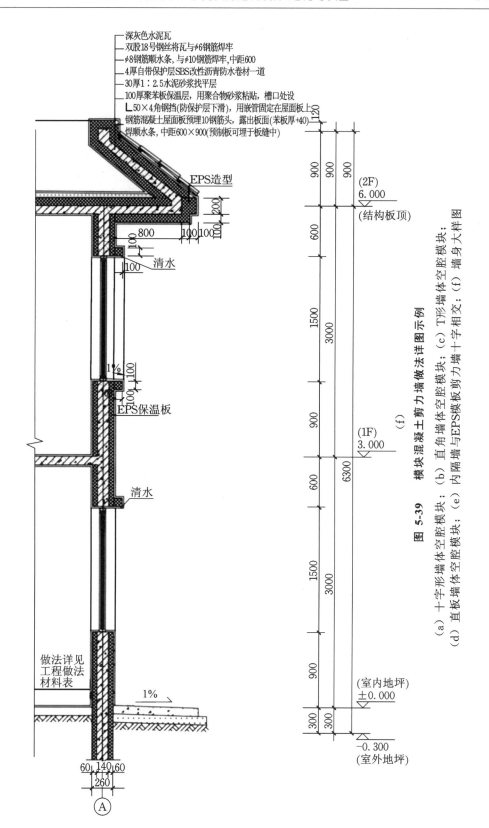

深灰色水泥瓦
双股18号钢丝将瓦与φ6钢筋焊牢
φ8钢筋顺水条,与φ10钢筋焊牢,中距600
4厚自带保护层SBS改性沥青防水卷材一道
30厚1:2.5水泥砂浆找平层
100厚聚苯板保温层,用聚合物砂浆粘贴,槽口处设
∟50×4角钢挡(防保护层下滑),用嵌管固定在屋面板上
钢筋混凝土屋面板预埋10钢筋头,露出板面(苯板厚+40)
焊顺水条,中距600×900(预制板可埋于板缝中)

EPS造型

清水

EPS保温板

清水

做法详见
工程做法
材料表

图 5-39　模块混凝土剪力墙做法详图示例

(a) 十字形墙体空腔模块；(b) 直角墙体空腔模块；(c) T形墙体空腔模块；
(d) 直板墙体空腔模块；(e) 内隔墙剪力墙板十字相交；(f) 墙身大样图

5.7　建　筑　识　图

5.7.1　基本知识

5.7.1.1　比例

图纸的比例,是图面中所绘制的图形尺寸与建筑实物尺寸之比,一般采用数字之比来表示。如比例为1∶100的建筑图纸,表示图面上的1 mm代表实际长度100 mm(图5-40);比例为1∶20的建筑图纸,表示图面上的1 mm代表实际长度20 mm(图5-41)。

平面图　1∶100　　　　　　　　　⑥　1∶20

图5-40　平面图比例的注写　　　**图5-41　详图比例的注写**

5.7.1.2　轴线

建筑图中的轴线是施工定位和放线的重要依据。凡承重墙、柱、梁或屋架等主要承重构件的位置一般都有轴线编号。凡需确定位置的建筑局部或构件,都应注明其与附近主要轴线的距离尺寸。

定位轴线采用点画线绘制,端部是圆圈,圆圈内注明轴线编号。平面图中定位轴线的编号,横向(水平方向)用阿拉伯数字由左至右依次编号,竖向用大写英文字母从下至上依次编号。如图5-42所示。

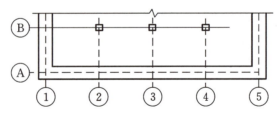

图5-42　定位轴线的编号顺序

附加定位轴线的编号,应用分数形式表示。两根轴线间的附加轴线,应以分母表示前一轴线的编号,分子表示附加轴线的编号。编号宜用阿拉伯数字按顺序编号,如:1/2表示2号轴线之后附加的第一根轴线。

5.7.1.3　标高

标高用来表示建筑物地面、楼层、屋面或其他某一部位相对于基准面(标高的零点)的竖向高度,是建筑竖向定位的依据(图5-43)。标高虽然以米(m)为单位,但一般不注明单位。

一般将建筑底层室内地面定为标高的零点,表示为±0.000。低于零点标高的为负标高,标高数字前加"－"号,如室外地面比室内地坪低450 mm,其标高为－0.450;高于零点标高的为正标高,标高数字前可省略"+"号。例如,图 5-43 中"3.600"表示标高为 3.6。

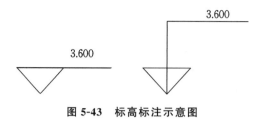

图 5-43 标高标注示意图

5.7.1.4 尺寸标注

图纸尺寸标注包括:尺寸界限、尺寸线、尺寸起止符号(短斜线)和尺寸数字四个基本要素。国家建筑制图标准规定,图纸上除标高和总平面图中的尺寸以米(m)为单位,其他尺寸均应以毫米(mm)为单位。例如,图 5-44 中"6050"表示 6050 mm。

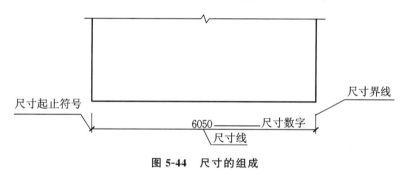

图 5-44 尺寸的组成

5.7.1.5 索引符号与详图符号

图样中的某一局部或构件,如需另见详图,应以索引符号索引,如图 5-45 所示。索引符号应按下列规定编写:

(1)图 5-45(a)表示索引出的详图与被索引的详图同在一张图纸内。

(2)图 5-45(b)表示索引出的详图与被索引的详图不在同一张图纸内,索引符号的下半圆中的阿拉伯数字为该详图所在图纸的编号。

(3)图 5-45(c)表示索引出的详图应采用标准图册,索引符号水平直线的延长线上加注了该标准图册的编号。

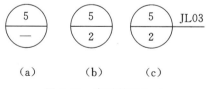

(a)　　　(b)　　　(c)

图 5-45 索引符号(一)

(4)索引符号如用于索引剖视详图,应在被剖切的部位绘制剖切位置线,并以引出线引出索引符号,引出线所在的一侧应为投射方向(图 5-46)。索引符号的编写同以上规定。

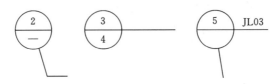

图 5-46　索引符号（二）

5.7.1.6　看图的方法及要点

1）看图的方法

一套图纸到手后，先把图纸分类，如建施、结施、水电设备安装图和相配套的标准图等，看过全部的图纸后，对该建筑物就有了整体的概念。然后再有针对性地详细看本工种的内容。如砌筑工要重点了解砌体基础的深度、大放脚情况、墙身情况，使用的材料、砂浆类别，是清水墙还是混水墙，每层层高、圈梁、过梁的位置，门窗洞口位置与尺寸、楼梯和墙体的关系，特殊节点的构造，厨卫间的要求，哪些位置要预留孔洞和预埋件等。

2）看图的要点

全套图纸，不能孤立地看单张图纸，一定要注意图纸间的联系。看图要点如下：

（1）平面图

① 从首层看起，逐层向上直到顶层。首层平面图要详细看，这是平面图最重要的一层。

② 看平面图的尺寸，先看控制轴线间的尺寸。把轴线关系搞清楚，弄清开间、进深的尺寸和墙体的厚度、门垛尺寸，逐间逐段核对有无差错。

③ 核对门窗尺寸、编号、数量及其过梁的编号和型号。

④ 看清楚各部位的标高，复核各层标高并与立面图、剖面图对照是否吻合。

⑤ 弄清各房间的使用功能，加以对比，看是否有不同之处及墙体、门窗增减情况。

⑥ 对照详图看墙体、柱、梁的轴线关系，是否有偏心轴线的情况。

（2）立面图

① 对照平面图的轴线编号，看各个立面图的表示是否正确。

② 将正、背、左、右四个立面图对照起来看，看是否有不交圈的地方。

③ 看立面图中的标高是否正确。

④ 弄清外墙装饰所采用的材料及使用范围。

（3）剖面图

① 对照平面图核对相应剖面图的标高是否正确、垂直方向的尺寸与标高是否符合、门窗洞口尺寸与门窗表的数字是否吻合。

② 对照平面图校核轴线的编号是否正确，剖切面的位置与平面图的剖切符号是否符合。

③ 核对各层墙身、楼地面、屋面的做法与设计说明是否矛盾。

（4）详图

① 查对索引符号，明确使用的详图，防止用错。

② 查找平、立、剖面图上的详图位置，对照轴线仔细核对尺寸、标高，避免错误。

③ 认真研究细部构造和做法,选用材料是否科学,施工操作有无困难。

5.7.1.7　常用建筑构件代号

结构施工图中构件的名称一般用代号表示,代号后用阿拉伯数字标注该构件的型号或编号。常用构件代号见表5-7。

表 5-7　常用结构构件代号

序号	名称	代号	序号	名称	代号	序号	名称	代号	序号	名称	代号
1	板	B	10	墙板	QB	19	檩条	LT	28	水平支撑	SZ
2	屋面板	WB	11	天沟板	TGB	20	屋架	WJ	29	垂直支撑	CZ
3	空心房	KB	12	梁	L	21	托架	TJ	30	梯	T
4	槽形板	CB	13	屋面梁	WL	22	框架	KJ	31	雨篷	YP
5	折板	ZB	14	圈梁	QL	23	钢架	GJ	32	阳台	YT
6	密肋板	MB	15	过梁	GL	24	支架	ZJ	33	梁垫	LD
7	楼梯板	TB	16	连系梁	LL	25	柱	Z	34	预埋件	M
8	盖板或沟盖板	GB	17	基础梁	JL	26	基础	J	35	钢筋网	W
9	挡雨板或檐口板	YB	18	楼梯梁	TL	27	桩	ZH	36	钢筋骨架	GG

5.7.2　建筑施工图和结构施工图

建筑施工图(简称建施)主要用于表现建筑物的规划位置、外部造型、内部各功能间的布置、内外装修及构造施工的要求等。其主要包括建筑设计总说明、总平面图、各层建筑平面图、建筑立面图、建筑剖面图及建筑详图等。结构施工图(简称结施)主要用来表示建筑物的承重结构类型、结构布置、构件种类、数量、大小、做法等。其主要包括结构设计总说明、基础结构图、各层柱布置图、各层梁配筋图、各层板配筋图、楼梯详图及构件节点详图等。

有关建筑施工图和结构施工图的详细讲解请扫二维码观看。

建筑施工图
识图教学视频

结构施工图
识图教学视频

第六章 农房施工技术与施工安全

农村建设工匠作为农村建设的主力军,在农村住房和人居环境改善等工程建设中扮演着举足轻重的角色。规范农村住房建造过程,提升农村建设工匠施工技术水平,是保障农村建房安全和改善农村人居环境等质量安全的重要举措。

6.1 测量与放线

6.1.1 施工测量前的准备工作

(1)熟悉设计图纸:测量放线前,应熟悉房屋的设计图纸,仔细核对设计图纸的有关尺寸是否一致,了解新建房屋与相邻建筑的相互关系、施工条件及建房户要求等。

(2)准备仪器和工具:包括透亮胶管、线坠、钢卷尺、软皮尺、木桩、测钎等。如图 6-1 所示。

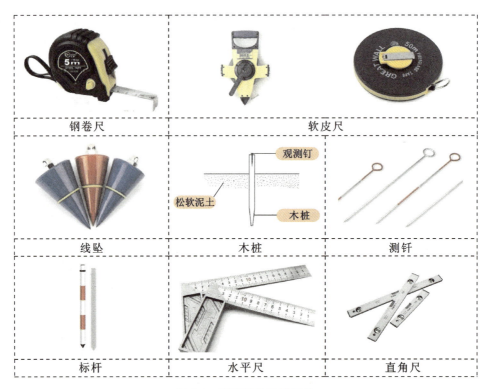

图 6-1　农房测量常用工具

6.1.2　建筑施工定位放线

定位放线是根据设计给定的定位依据和定位条件或者据此建立的场地平面控制网,将设计图纸上的建筑物或构筑物按照设计要求在施工场地上确定出实地位置,并加以标志的一项测量工作。它是确定建筑物平面位置的关键环节,是指导施工、确保工程位置符合设计要求的基本保证。

6.1.2.1　建筑定位的基本方法

建筑四周外廓主要轴线的交点决定了建筑在地面上的位置,称为定位点(角点)。可根据与原有建筑和道路的关系定位。测设的基本方法如下:

在现场先找出原有建筑的边线或道路中心线,再用全站仪或经纬仪和钢尺将其延长、平移、旋转或相交,得到一条定位轴线,然后根据这条定位轴线测设新建筑的定位点。

例:如图 6-2 所示,拟建建筑的外墙边线与原有建筑的外墙边线在同一条直线上,两栋建筑的间距为 10 m,拟建建筑四周长轴为 40 m、短轴为 18 m,轴线与外墙边线间距为 0.12 m,可按以下步骤测设其四条轴线的交点。

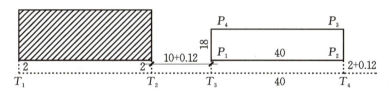

图 6-2　根据与原有建筑的关系定位

(1)沿原有建筑的两侧外墙拉线,用钢尺顺线从墙角往外量一段较短的距离(这里设为 2 m),在地面上定出 T_1 和 T_2 两个点,T_1 和 T_2 的连线即为原有建筑的平行线。

(2)在 T_1 点安置经纬仪,照准 T_2 点,用钢尺从 T_2 点沿视线方向量取 10 m+0.12 m,在地面上定出 T_3 点,再从 T_3 点沿视线方向量取 40 m,在地面上定出点 T_4。T_3 和 T_4 的连线即为拟建建筑的平行线,其长度等于长轴尺寸。

(3)在 T_3 点安置经纬仪,照准 T_4 点,逆时针测设90°,在视线方向上量取 2 m+0.12 m,在地面上定出 P_1 点,再从 P_1 点沿视线方向量取 18 m,在地面上定出 P_4 点。同理,在 T_4 点安置经纬仪,在地面上定出 P_2 点和 P_3 点。

(4)在 P_1、P_2、P_3 和 P_4 点上安置经纬仪,检核四个大角是否为90°,用钢尺丈量四条轴线的长度,检核长轴是否为 40 m,短轴是否为 18 m;需要边长误差不大于 1/2000,角度误差不大于±40°。

6.1.2.2　设置定位标志桩

依照上述定位方法测定出新建建筑物的四廓大角桩,进而根据轴线间距尺寸沿四廓轴线测定出各细部轴线桩。但施工中要开挖基槽或基坑,必然会把这些桩点破坏掉。为了保证挖槽后能够迅速、准确地恢复这些桩位,一般采取先测设建筑物四廓各大角的控制桩,即在建筑物基坑外 1~5 m 处,测设与建筑物四廓平行的建筑物控制桩(俗称保险桩,包括角桩、细部轴线引桩等构成建筑物控制网），作为进行建筑物定位和基坑开挖后开展基础放线的依据。

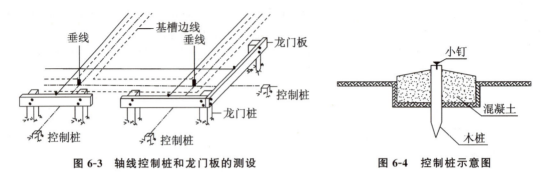

图 6-3　轴线控制桩和龙门板的测设　　　　**图 6-4　控制桩示意图**

6.1.2.3　基础放线

根据施工程序，基槽或基坑开挖完成后要做基础垫层。当垫层做好后，要在垫层上测设建筑物各轴线、边界线、基础墙宽线和柱位线等，并以墨线弹出作为标志，这项测量工作称为基础放线，俗称摆底。这是最终确定建筑物位置的关键环节，应在待建筑物控制桩校核合格后，再依据它们仔细施测出建筑物主要轴线，经闭合校核后，详细放出细部轴线，所弹墨线应清晰、准确，精度要符合《砌体结构工程施工质量验收规范》（GB 50203—2011）中的有关规定，基础放线、验线的误差要求应符合表 6-1 的规定。

表 6-1　基础放线、验线的允许偏差

长度 L、宽度 B 的尺寸/m	（L 或 B）≤30	30<L 或 B≤60	60<L 或 ≤90	（L 或 B）>90
允许偏差/mm	±5	±10	±15	±20

工匠经验：农村建房时，怎样确定两面墙是正 90°直角的？

（1）可采取勾股定理（勾三股四弦五）。

房屋朝向确定后，就可以确定边墙线（AB）的位置。之后拉一根线，确定直线（BC）为 4 m，斜线（AC）为 5 m，就可以确定这个三角形是直角 90°。

（2）瓷砖配合水平仪

　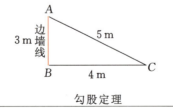　

勾股定理　　　　　瓷砖配合水平仪

6.1.2.4　主体放线

以后墙体直到主体封顶都是根据这次放线，见图 6-5。因此，要根据图纸精确地弹出轴线。

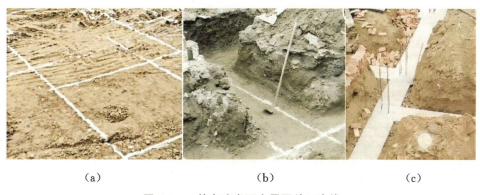

图 6-5　一栋自建房至少需要放三次线

(a)第一次　基础放线;(b)第二次　复核;(c)第三次　主体放线

6.1.3　建筑基础施工测量

6.1.3.1　基槽开挖深度和垫层标高控制

为了控制基槽开挖深度,当基槽挖到接近槽底设计高程时,一般在基槽各拐角处、深度变化处和基槽壁上每隔 3～4 m 测设一个水平桩,然后拉上白线,线下 0.5 m 即为槽底设计高程。水平桩上表面也可作为槽底清理和打基础垫层时掌握标高的依据。

测设水平桩时,以画在龙门板或周围固定地物的±0.000 标高线为已知高程点,用水准仪进行测设,农房等小型建筑也可用连通水管法进行测设。水平桩上的高程误差应在±10 mm 以内。

垫层面标高的测设可以以水平桩为依据在槽壁上弹线。如果是机械开挖,一般是一次挖到设计槽底或坑底的标高,因此要在施工现场安置水准仪,边挖边测。

6.1.3.2　基础墙标高控制

基础墙的标高一般是用基础皮数杆来控制的。皮数杆是由一根木杆制成,在杆上注明±0.000 的位置,按照设计尺寸将砖和灰缝的厚度分层从上往下画出来。此外,还应注明防潮层和预留洞口的标高位置(图 6-6)。

立皮数杆时,可先在立杆处打一个木桩,用水准仪在木桩侧面测设一条高于垫层设计标高某一数值(如 10 cm)的水平线,然后将皮数杆上标高相同的一条线与木桩上的水平线对齐,并用大铁钉把皮数杆和木桩钉在一起,作为砌筑基础墙的标高依据。对于采用钢筋混凝土的基础,可用水准仪将设计标高测设于模板上。

6.1.3.3　基槽标高检查

基础施工结束后,应检查基础面的标高是否满足设计要求(也可以检查防潮层)。可用水准仪测出基础面上的若干高程,和设计高程相比,允许误差为±10 mm。

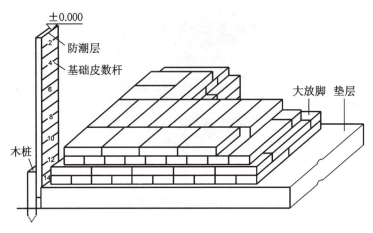

图 6-6　基础标高控制

6.1.4　建筑墙体施工测量

6.1.4.1　首层墙体轴线测设

基础工程结束后,应对龙门板或轴线控制桩进行检查复核,经复核无误后,可进行墙体轴线的测设,见图 6-7。具体步骤如下:

（1）利用轴线控制桩或龙门板上的轴线钉和墙边线标志,采用经纬仪或拉细绳挂垂球的方法将首层楼房的墙体轴线投测到基础面上或防潮层上。

（2）用墨线弹出墙中心线和墙边线。

（3）把墙轴线延长到基础外墙侧面上并弹线和做出标志,作为向上投测各层楼墙体轴线的依据。

（4）检查外墙轴线交角是否等于 90°。

（5）将门、窗和其他洞口的边线也在基础外墙侧面上做出标志。

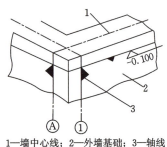

1—墙中心线；2—外墙基础；3—轴线

图 6-7　墙体定位

6.1.4.2　二层及以上墙体轴线测设

每层楼面建好后,为了保证继续往上砌筑墙体时,墙体轴线均与基础轴线在同一铅垂面上,应将基础或一层墙面上的轴线投测到楼面上,并在楼面上重新弹出墙体轴线,检查无误后,以此为依据弹出墙体边线,再往上砌筑。

6.1.4.3　墙体标高传递

墙体砌筑到一定高度后,应在内、外墙面上测设出 +0.500 标高的水平墨线,称为"+50 线"。外墙的 +50 线作为向上传递各楼层标高的依据,内墙的 +50 线作为室内地面施工及室内装修的标高依据。相邻标高点间距不宜大于 4 m,水平线允许误差为 +3 mm。

在多层建筑施工中,要由下往上将标高传递到新的施工楼层,以便控制新楼层的墙体施工,使其标高符合设计要求。标高传递一般有以下两种方法:

(1)利用皮数杆传递标高

一层楼房墙体砌完并建好楼面后,把皮数杆移到二层继续使用。为了使皮数杆立在同一水平面上,用水准仪测定楼面四角的标高,取其平均值作为二楼地面标高,并在立杆处绘出标高线,立杆时将皮数杆的±0.000标高线与该线对齐,然后以皮数杆为标高的依据进行墙体砌筑。如此用同样方法逐层往上传递高程。

(2)利用钢尺传递标高

在标高精度要求较高时,可用钢尺从底层的+50标高线起往上直接丈量,把标高传递到第二层,然后根据传递上来的高程测设第二层的地面标高线,以此为依据立皮数杆。在墙体砌到一定高度后,用水准仪测设该层的+50标高线,再往上一层的标高可以此为准用钢尺传递,以此类推。

6.2　土 方 施 工

6.2.1　基槽开挖

6.2.1.1　基槽上口开挖宽度的计算

房屋定位后,应根据基础的宽度、土质情况、基础埋置深度及施工方法(放坡、支挡土板、工作面等),计算确定基槽(坑)上口开挖宽度。举例如下:

如图6-8所示,基础底宽为 $a=800$ mm,挖土深度 $h=2.0$ m,土质为黏性土,工作面 $c=150$ mm,放坡1:0.3,则基槽上口宽度为 $800+2×150+2×0.3×2000=2300$ mm。

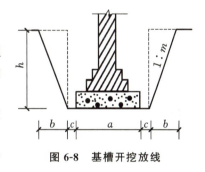

图6-8　基槽开挖放线

6.2.1.2　基槽放坡

基槽边坡的大小主要与土质、开挖深度、开挖方法、边坡留置时间的长短、边坡附近的各种荷载状况及排水情况有关。表6-2可供基槽放坡时参考。

表6-2　开挖深度在5 m内的基槽(坑)最陡坡度

土的类别	边坡坡度(高：宽=1：m)		
	坡顶无荷载	坡顶有荷载	坡顶有动荷载
中密的砂土	1：1.00	1：1.25	1：1.50
中密的砂填碎石土	1：0.75	1：1.00	1：1.25
硬塑的粉土	1：0.67	1：0.75	1：1.00

续表6-2

土的类别	边坡坡度(高：宽＝1：m)		
	坡顶无荷载	坡顶有荷载	坡顶有动荷载
中密的黏填碎石土	1：0.50	1：0.67	1：0.75
硬塑的粉质黏土、黏土	1：0.33	1：0.50	1：0.67
老黄土	1：0.10	1：0.25	1：0.33
软土	1：1.00	—	—

6.2.1.3　基槽开挖安全保证措施

★　防止土壁塌方

(1)严格按要求放足边坡,并随时观察土壁变化情况。

(2)做好排水工作,特别是雨季施工时,更应注重检查边坡的稳定性。

(3)坑槽边缘尽量避免堆置大量土方、材料和机械设备,堆放土方、材料和机具时,应与边坡保持一定距离。若土质良好,堆放土方及料具时宜距离坑槽边1.0 m以上,堆高不得超过1.5 m。软土地区基槽开挖,土方应随挖随运。

★　发生流砂现象的处理

土方开挖过程中,可能会遇到"流砂"现象。当基槽挖土至地下水位以下时,有时土会形成流动状态,随地下水一起流动涌入基坑,这种现象称为"流砂"。现场发生流砂,轻微时可采用抢挖的方法继续施工。较为严重时,可能会造成边坡塌方及附近建筑物下沉、倾斜,甚至倒塌,此时应立即停止施工,找相关技术人员咨询,待险情处理后才可继续施工。

★　其他注意事项

(1)土方开挖必须遵循"开槽支撑,先撑后挖,分层开挖,严禁超挖"的原则,每层600 mm左右。挖土应从上而下,逐层进行。

(2)人工开挖,两个人之间的操作间距要大于3 m。

(3)夜间施工时,施工现场应有足够的照明设施,在危险地段要设置防护栏杆。

(4)开挖深度超过2 m时,须在槽坑周边设置护身栏杆,支设人员上下坡道。

(5)应经常查看基槽设置的支撑有无松动、变形等不安全迹象,查看边坡稳定状况,雨雪后更要加强巡视检查。

(6)如遇开挖基槽距离原有建筑物太近,必须采取挡土措施,确保原有建筑的安全。

6.2.1.4　基槽土方开挖质量要求

土方开挖过程中应做到"施工前有交底,施工中有检查,施工后有验收",施工规范化,以保证土方开挖质量。

(1)建筑物定位控制线(桩)、标准水平桩及基槽的灰线尺寸,必须检验合格,才能开始挖土施工。对定位桩、水准点等应注意保护好,挖运土时不得碰撞,并应定期复测,检查其可靠性。

（2）为防止基底的土受到浸水或其他原因的扰动，基槽（坑）挖好后要及时验收，验收完成后，及时做好垫层或基础，尽量减少基底土暴露的时间，防止暴晒和雨水侵蚀，破坏基坑的原状结构。如不能立即进行下一道工序，人工开挖时要在基底标高以上保留 30 cm 厚覆盖土层，等做垫层的时候再把覆土挖到设计标高处。

（3）基槽的位置及外形尺寸要符合要求，应边挖土边测量，并用线锤吊中，将轴线引至基槽底。土方开挖面距基底 500 mm 以内时，应抄出 500 mm 线，并做出标志，以防止超挖。严禁扰动基底土，受雨水浸泡或受到扰动的基底土必须清除。

（4）同一房屋的基础不应设在土质明显不同的地基上。

（5）必须将基础放置在老土层（图 6-9）上。土质不复杂时，可请长期从事农房修建的老工匠进行现场鉴别，否则应请相关专家协助鉴别。验槽的重点部位包括柱基、墙角、承重墙下及其他受力较大部位。一般应观察土层分布及走向、颜色是否均匀一致、是否异常过干或过湿、是否软硬一致、是否有震颤现象、有无空穴声音等。

图 6-9　老土层示意图

（6）确保基础埋置深度。基础埋置深度应满足构造基本要求，有勘察设计的工程应挖到设计所要求的土层和达到设计要求的基底标高位置。

基槽开挖施工安全口诀：
基坑开挖需验槽，验完及时筑基础，筑完基础速回填，水泡暴晒要避免。
挖槽近处若有房，安全措施须跟上，沉降观测与支挡，及时施工保稳当。

6.2.2　基槽验收

若地基为必须加固处理的天然地基，当基坑（槽）挖至基底设计标高后，必须进行验槽，合格后方能进行基础工程施工。

6.2.2.1　观察验槽

观察验槽除检查基坑（槽）的位置、断面尺寸、标高和边坡等是否符合设计要求外，重点应对整个坑（槽）底的土质进行全面观察：

（1）土质的颜色是否一样；

（2）土的坚硬程度是否均匀一致，有无局部过软或过硬；

（3）土的含水率是否异常，是否过干或过湿；

（4）在坑（槽）底行走或夯拍时有无震颤或空穴声音等现象。

通过以上观察来分析和判断坑（槽）底是否挖至地基持力层，是否需继续下挖或进行处理。

6.2.2.2　钎探验槽

钎探是用锤将钢钎打入坑（槽）底以下土层一定深度，根据锤击次数和入土难易程度来判断土的软硬情况及有无土洞、枯井、墓穴和软弱下卧土层等。

钎探步骤如下：

（1）根据坑（槽）平面图进行钎探布点，并将钎探点依次编号绘制钎探点平面布置图；

（2）准备锤和钢钎，同一工程应钎径一致、锤重一致；

（3）按钎探序号进行钎探施工；

（4）打钎时，要求用力一致，锤的落距一致，每贯入 30 cm（称为一步）记录一次锤击数，填入钎探记录表内；

（5）钎探结束后，要从上而下逐"步"分析钎探记录情况，再横向分析钎孔相互之间的锤击次数，便可判断土层的构造和土质的软硬情况，并应将锤击次数过多或过少的钎孔予以标注，以备到现场重点检查和处理；

（6）钎探后的孔要用砂填实。

6.2.3　填土与压实

（1）基础砌筑或浇筑完成后，应及时回填，如图 6-10 所示。回填土要在基础对应的两侧同时均匀回填并将土夯实，避免基础移位或倾覆，并分层夯实。填土应分层进行，尽量采用同类土填筑，不能将各种土混杂在一起使用。土料不宜过分干燥或潮湿。填土的压实遍数、铺土厚度等应根据土质和压实机械在施工现场的压实试验决定。如无试验依据，一般可参考表 6-3 确定。

表 6-3　填土施工时的分层厚度及压实遍数

压实机具	分层厚度/mm	每层压实遍数
打夯机	200～250	3～4
人工打夯	＜200	3～4

（2）一般土质的回填，每填入 300 mm 厚土，要夯实一次。碎石类土、砂土和爆破石碴，可用作表层以下的填料，碎石类土或爆破石碴的最大粒径不得超过每层铺垫厚度的 2/3。含有大量有机物、含量大于 5% 的水溶性硫酸盐类土以及淤泥、冻土、膨胀土等，不应作为填方土料。回填土中树根、树枝、塑料袋等有机杂质必须清除。

（3）冻土基坑回填时，应清除坑内冰雪，回填土不允许夹杂冰雪块或冻土块。

（4）对不易夯实的饱和黏土、淤泥流砂等基坑，应待基坑晾干后进行回填。

（5）回填土后覆盖薄膜（图 6-11），防潮经济又实用（工匠经验）。

图 6-10　基础回填

图 6-11　基础回填后覆盖薄膜

6.3　基 础 施 工

6.3.1　基础工程的主要施工顺序

第一步,确定基础高度等基本参数。

第二步,建筑施工定位放线。可以先画出平行于道路的基础定位线,或者根据原有建筑画出定位线。

第三步,基坑开挖。条形基础开挖宽度 1 m,开挖深度挖至老土层。开挖的时候可以把化粪池一起开挖。在基坑开挖时,若碰到与既有房屋距离比较近(基坑距离既有房屋边缘不到 2 m)的情况,应注意基坑开挖对周边邻近房屋的变形影响观测,针对变形过大或使邻近房屋基础、墙体产生拉裂的情况,应及时加强基坑支护,并在保证安全的情况下,加快基础施工进度,增设稳定基坑变形的措施。

第四步,基坑清理。必须把所有的垃圾、树根、废弃的管道、线路清除干净,特别是树根。

第五步,基础验槽。对于验槽中发现的地基问题必须进行处理,地基处理后必须要重新验槽。

第六步,基础垫层。可选用混凝土、三合土、砖等,其目的是为了减少沉降的可能性。

第七步,制作基础钢筋,预埋构造柱钢筋。

第八步,基础施工。

第九步,基础工程验收。

第十步,基础回填。

6.3.2　基础垫层施工

基础下一般均设置垫层,垫层能很好地与地基土层结合,起到均匀受力和良好传力的作用,还可以用来调整标高和找平。混凝土垫层厚度一般为 100 mm,每边比基础边缘宽出100 mm。普通农房采用 C10 混凝土垫层即可。

混凝土垫层施工前应将基槽清理干净,不得在其内留有浮土、淤泥、杂物。垫层标高及平整度要严格控制。已浇筑的垫层混凝土在常温下养护约 24 h 后,才可允许人员在其上走动和进行其他工序。

6.3.3　基础施工

6.3.3.1　砖基础施工要点

(1)先清理好基槽垫层表面,检查垫层标高。

(2)按基础大样图,吊线分中,弹出中心线和大放脚边线。砌筑前应先用干砖试摆,以确定排砖方法和错缝放置。

(3)砖应浇水湿透,灰缝砂浆要饱满。

(4)砌完基础后应在两侧同时回填土,并分层夯实。

(5)表面平整度超过 1.5 cm 的要用细石混凝土抹平。

(6)砖墙的十字交接处,纵、横墙应隔皮砌通,交接处内角的竖缝应上下错开 1/4 砖长,砖墙的转角处和交接处应同时砌起,对不能同时砌起的应留成斜槎长度不小于斜槎高度的2/3。

(7)墙体与构造柱的交接处应留置马牙槎及拉结筋,马牙槎从每层柱角开始留置。

6.3.3.2　石砌基础施工要点

(1)砌筑前,应消除基槽内杂物,打好底夯;地基过湿时,应铺设 10 cm 厚的粗砂、矿渣、卵石或碎石填平夯实。

(2)基础最下一皮毛石,应选用比较大的石块,使大面朝下,放平放稳,然后灌浆。以上各层均采用灌浆法砌筑,不得用先铺石后灌浆的方法。

(3)阶梯形料石基础,上阶石块与下阶石块搭接长度不应小于下阶石块长度的 1/2。

(4)转角及阴阳角外露部分应选用方正平整的毛石(俗称平毛石)互相拉结砌筑。

(5)大、中、小毛石应搭配使用,使砌体平稳、灰缝密实饱满。

(6)当采用卵石砌筑基础时,应将其凿开使用。

(7)毛石基础顶面可做到标高处,注意墙体要做防潮。在门洞位置,基础砌至室内地坪高度即可。

(8)毛石基础每台阶高度不宜小于 400 mm,基础的宽度不宜小于 200 mm,每台阶两边各伸出宽度不宜大于 200 mm。

（9）灌浆时，大的石缝中先填 $1/2\sim1/3$ 的砂浆，再用碎石块嵌实，并用手锤轻轻敲实。不允许先用小石块塞缝后灌浆，否则容易造成缝和空洞，从而影响砌体质量。

6.3.3.3　桩基础施工要点

（1）挖桩前，要把桩中心位置向桩的周围引出四个桩心控制点，用牢固的木桩标定。

（2）护壁模板分节的高度要按照土质情况而定，常用 $50\sim100$ cm。每节模板安装，都需要严格校核中心位置及护壁厚度，使用十字架对准轴线进行标记，在十字交叉中心悬吊垂球，复核模板位置，保证垂直度。

（3）符合要求后，用木楔打入土中支撑模板，固定位置，防止振捣混凝土时模板不稳。

6.3.4　地基与基础工程质量常见问题及防治

在建造农房时，首要工作就是地基处理，地基处理不好会发生一系列病害。由于农村施工技术力量相对薄弱，水平一般，同时地基与基础工程改造相对成本较高，农房改造基本不涉及地基基础改造，一般遇到地基不均匀沉降问题，大都选择拆除重建措施。因此，本节主要介绍了由不均匀沉降引起的常见病害及预防措施。

6.3.4.1　常见病害

地基差异沉降是引起房屋病害的主要原因之一。砖砌体结构农房不均匀沉降通常表现为房屋整体倾斜或墙体裂缝（图 6-12），裂缝的形状有水平裂缝、斜裂缝和竖向裂缝。

图 6-12　墙体开裂

6.3.4.2　防治措施

因地基变形使房屋产生不均匀沉降进而出现裂缝的原因是多方面的，而且往往是多个原因共同作用的结果。在设计方面，应注意地基处理深度和宽度、基础埋深应符合相关规范要求。施工方面，应注意以下几点：

（1）合理安排施工顺序：不同类型的建筑单元分期施工。如先建较重单元，后建较轻单元。基础埋置深的先施工，易受邻近建筑物影响的后施工，防止后建单元对先建单元局部地基产生过大的附加压力。

（2）加强基槽检验工作：除保证基槽的宽度、深度符合设计要求，使基础全部坐落在设计要求土层上外,还应查清基槽下地基土的局部异常现象,针对不同情况对地基进行局部处理。

(3)挖基槽应与基础施工紧密衔接,避免长时间晾槽,保持施工现场排水畅通,防止地基浸水。

(4)宁夏地区主要分布湿陷性黄土、膨胀土等特殊土地基。换填垫层法是最普遍采用的农房地基处理方法,优点是材料来源广泛,施工方便,处理后地基承载力较高,而且具有良好的防水抗渗性能。常用换填材料包括灰土、水泥土、干净黏土、砂石、碎砖、炉渣以及质地坚硬的工业废料等。地基处理质量不好或基础施工质量低劣是引起不均匀沉降的直接原因,因此严格控制施工质量是防止不均匀沉降的重要措施。

(5)场地平整要合理规划,地面起伏过大的区域要有挖有填,不能只填不挖,避免单体建筑下的回填土有显著的厚度差异。

(6)科学施工,严格检查验收,保证回填土的压实质量。如根据土质条件合理地选择施工机械、施工参数,分层压实。保证回填土料均匀,以及土料含水率、每层虚铺厚度、碾压遍数、压实系数符合设计要求。

(7)增大基础埋置深度:增大基础埋置深度可以减小基底附加压力和基底回填土的厚度,减轻冻胀融沉的影响,进而减小地基差异沉降。

6.3.5　地基基础工程验收

在基坑开挖完成后需要对基坑开挖宽度、深度和相应承载力进行验收,验收完成后要及时浇筑混凝土垫层,并施工相应基础(条基或独立基础)。基础施工完成后应立即进行土层回填,在基坑开挖和基础施工过程中要注意避免基坑被太阳暴晒和雨水浸泡等。

(1)地基基础工程验收时应有下列资料:

① 工程测量、定位放线记录;

② 施工记录及施工单位自查评定报告;

③ 监测资料;

④ 隐蔽工程验收资料,地基基础工程必须进行验槽;

⑤ 检测与检验报告。

(2)基础工程施工验收:

① 施工前应对放线尺寸进行检验。

② 施工中应对砌筑质量、砂浆强度、钢筋、模板、混凝土、轴线及标高等进行检验。

③ 施工结束后,应对混凝土强度、轴线位置、基础顶面标高等进行检验。

(3)原材料的质量检验应符合下列规定:

① 钢筋、混凝土等原材料的质量检验应符合设计要求和现行国家标准《混凝土结构工程施工质量验收规范》(GB 50204—2015)的规定;

② 钢材、焊接材料和连接件等原材料及成品的进场、焊接或连接检测应符合设计要求和现行国家标准《钢结构工程施工质量验收标准》(GB 50205—2020)的规定;

③ 砂、石子、水泥、石灰、粉煤灰、矿(钢)渣粉等掺合料、外加剂等原材料的质量应有出厂合格证明。

6.4 砌体工程施工

宁夏新建农房多为砖混结构,墙体多采用砖石等材料砌筑而成,并设置钢筋混凝土圈梁和构造柱。结构中圈梁和构造柱主要是增加整体性,提高结构抗震性能。熟练掌握砌体工程施工方法是乡村建设工匠必备技能之一。

6.4.1 基本规定

6.4.1.1 施工准备

施工前,应对现场道路、水电供给、材料供应及存放、机械设备、施工设施、安全防护、环保设施等进行检查。

砌体结构施工前,应完成下列工作:

(1)原材料检查;

(2)砌筑砂浆及混凝土配合比的设计;

(3)砌块砌体应按设计及标准要求绘制砌块排版图、节点组砌图;

(4)检查砌筑施工操作人员的技能资格,并对操作人员进行技术、安全交底;

(5)完成基槽、隐蔽工程和上道工序的验收,且验收合格;

(6)放线复核;

(7)标志板、皮数杆设置。

砌入墙体内的各种建筑构配件、埋设件、钢筋网片与拉结筋应预制及加工,并应按不同型号、规格分别存放。

施工前及施工过程中,应根据工程项目所在地气象资料,针对不利于施工的气象情况,及时采取相应措施。

6.4.1.2 控制措施

砌体结构工程施工现场应建立相应的质量管理体系,应有健全的质量、安全及环境保护管理制度。

砌体结构工程施工所用的施工图应经审查机构审查合格。

砌体结构工程中所用材料的品种、强度等级应符合设计要求。

砌体结构工程质量全过程控制应形成记录文件,并应符合下列规定:

(1)各工序按工艺要求,应自检、互检和交接检;

(2)工程中各工序间应进行交接验收和隐蔽工程的质量验收,各工序的施工应在前一道工序检查合格后进行;

(3)砌体结构的单位工程施工完成后,应进行观感质量检查,并应对建筑物垂直度、标高、全高进行测量。

6.4.1.3　技术规定

基础墙的防潮层,当设计无具体要求时,宜采用1∶2.5的水泥砂浆加防水剂铺设,其厚度可为20 mm。抗震设防地区建筑物,不应采用卷材作基础墙的水平防潮层。

砌体结构施工中,在墙的转角处及交接处应设置皮数杆,皮数杆的间距不宜大于15 m。

砌体的砌筑顺序应符合下列规定:

(1)基底标高不同时,应从低处砌起,并应由高处向低处搭接。

(2)砌体的转角处和交接处应同时砌筑。当不能同时砌筑时,应按规定留槎、接槎。

(3)出檐砌体应按层砌筑,同一砌筑层应先砌墙身后砌出檐。

(4)当房屋相邻结构单元高差较大时,宜先砌筑高度较大部分,后砌筑高度较小部分。

(5)设计要求的洞口、沟槽或管道应在砌筑时预留或预埋,并应符合设计规定。不得随意在墙体上开凿水平沟槽。对宽度大于300 mm的洞口上部,应设置过梁。

当墙体上留置临时施工洞口时,应符合下列规定:

(1)墙上留置临时施工洞口的净宽度不应大于1 m,其侧边距交接处墙面不应小于500 mm。

(2)临时施工洞口顶部宜设置过梁,亦可在洞口上部采取逐层挑砖的方法封口,并应预埋水平拉结筋。

(3)墙梁构件的墙体部分不宜留置临时施工洞口。

(4)砌体中的预埋铁件及钢筋的防腐应符合设计要求。预埋木砖应进行防腐处理,放置时木纹应与钉子垂直。

(5)砌体的垂直度、表面平整度、灰缝厚度及砂浆饱满度,均应随时检查,并在砂浆终凝前进行校正。砌筑完后,应校核砌体的轴线和标高。

(6)搁置预制梁、板的砌体顶面应找平,安装时应坐浆。当设计无具体要求时,宜采用1∶3的水泥砂浆坐浆。

施工脚手架眼不得设置在下列墙体或部位:

(1)120 mm厚墙、清水墙、料石墙、独立柱和附墙柱。

(2)过梁上部与过梁成60°角的三角形范围及过梁净跨度1/2的高度范围内。

(3)宽度小于1 m的窗间墙。

(4)门窗洞口两侧200 mm范围内,转角处450 mm范围内。

(5)梁或梁垫下及其左右500 mm范围内。

施工脚手架眼补砌时,灰缝应填满砂浆,不得用干砖填塞。

6.4.2　砖砌体工程

6.4.2.1　砖墙砌筑施工前的准备工作

(1)砌筑砂浆准备:根据配合比拌制好砌筑砂浆,有条件时应采用砂浆搅拌机拌制。砌筑砂浆前应采用砂浆搅拌机拌和均匀,自投料完算起,搅拌时间应符合以下标准:

① 水泥砂浆和水泥混合砂浆不得少于2 min;

② 水泥粉煤灰砂浆和掺用外加剂的砂浆不得少于 3 min；

③ 砂浆应随拌随用，常温下水泥砂浆应在拌后 3 h 内用完，混合砂浆应在拌后 4 h 内用完。砂浆若有泌水现象，应在砌筑前再进行拌和。

砌筑墙体时，应根据每次砌筑墙体的数量合理拌和设计强度要求的砂浆，并及时砌筑使用；出现砌筑砂浆落地或砌筑时间间隔过长致使砂浆结硬等情况时，这样的砂浆就不能再使用了；砌筑墙体时，砂浆一定要采用水泥砂浆，保证砂浆具有较好的黏性和较高的强度，当采用含泥量较高的山砂时，应用水洗去泥。

（2）淋湿砌块：烧结砖提前 1～2 d 适当湿润（图 6-13）。原因是：烧结砖里面有很多孔隙，在砌筑抹灰前如不浇水湿润，当铺或抹砂浆时，砂浆中的水分会很快被砖吸收，造成砂浆失水而不能正常凝固，从而失去强度。

现场检验砖含水率的简易方法可采用断砖法，当砖截面四周融水深度为 15～20 mm 时，视为符合要求的适宜含水率。

（3）材料堆放：在操作地点临时堆放材料时，要放在平整坚实的地面上，不得放在湿润积水或泥土松软崩裂的地方。当放在楼面板或通道上时，不得超出其设计承载能力，并应分散堆置，不能过分集中。基坑 0.8～1.0 m 范围以内不允许堆料。

图 6-13　砌筑前浇水湿润

（4）安设活动脚手架（图 6-14）：脚手架安装在地面时，地面必须平整坚实，否则要夯实至平整不下沉为止，或在架脚下铺垫枋板，扩大支承面。当安设在楼板上时，如高低不平则应用木板楔稳，如用红砖作垫则不应超过两皮高度。脚手架的高度（站脚处）应低于砌砖高度，当砌筑高度达到 1.2～1.4 m（一个步架高度）时应该搭设砌筑脚手架。

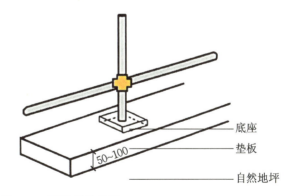

底座
垫板
自然地坪
50～100

图 6-14　脚手架的搭建

6.4.2.2　砖墙施工工艺流程

砖墙砌筑工艺流程包括：抄平、放线、摆砖样、立皮数杆、盘角、挂线、砌筑与清理等。

抄平：在基础顶面或楼面上定出各层标高，用水泥砂浆或细石混凝土找平。

放线:根据龙门板上标志,弹出墙身轴线、边线,划出门窗位置。

摆砖样:在放好线的基面上按选定的组砌方式试摆砖样,不铺灰,其目的是核对门窗洞口、墙垛等处是否符合砖的模数,以减少砍砖数量,并保证砖及砖缝排列整齐、均匀,以提高砌砖效率。

立皮数杆:每皮砖和灰缝的厚度,以及门窗洞、过梁、楼板底面等标高由皮数杆控制。皮数杆一般立在房屋的四大角、内外墙交接处、楼梯间以及洞口多的地方。立皮数杆时要用水准仪抄平,使皮数杆上的楼地面标高线位于设计标高处。如墙的长度很大,可每隔 10 m 左右再立一根。如图 6-15 所示。

图 6-15 立皮数杆

盘角:就是根据皮数杆先在四大角和交接处砌几皮砖,并保证其垂直平整。

挂线:为保证墙体垂直平整,砌筑时必须挂线。墙厚超过 370 mm 时,必须双面挂线。

砌筑:基本原则是上下错缝、内外搭砌。常用砌筑方法是"三一"砌筑法,即一铲灰、一块砖、一挤揉。一般转角和交接处必须同时砌起,如不能同时砌起而必须留槎时,应留斜槎。

楼层轴线的引测:为了保证各层墙身轴线的重合,应根据龙门板上的标志将轴线引测到房屋的底层外墙上,再用经纬仪垂球将轴线引测到楼层上,并根据施工图用钢尺进行校核。

清理墙面:砌体砌筑完毕后,应及时进行墙面、柱面和落地灰的清理,清水墙还应用砂浆进行勾缝。

6.4.2.3 实心砖墙砌筑技术

1)砖砌体的砌筑方法

砖砌体最常用的砌筑方法有"三一"砌砖法和挤浆法两种。

(1)"三一"砌砖法的操作方式是"一块砖、一铲灰、一揉压和随手刮去挤出的砂浆"。其优点是灰缝较饱满、墙面整洁、粘结力好。

(2)挤浆法是指用灰勺、大铲或铺灰器在墙顶上铺一段砂浆,然后双手拿砖或单手拿砖,用砖挤入砂浆中一定厚度之后把砖放平,达到下齐边、上齐线、横平竖直的要求。此法的优点是:可连续挤砌几块砖,减少烦琐的动作。平推平挤可使灰缝饱满、效率高,可保证砌筑质量。施工时铺浆长度不得超过 750 mm,施工期间气温超过 30 ℃时,铺浆长度不得超过

500 mm。

2）组砌形式

全顺：各皮砖均顺砌，上下皮垂直灰缝相互错开半砖长（120 mm），适合砌半砖厚（115 mm）墙。

两平一侧：两皮顺（或丁）砖与一皮侧砖相间，上下皮垂直灰缝相互错开 1/4 砖长（60 mm）以上，适合砌 3/4 砖厚（180 mm 或 300 mm）墙。

全丁：各皮砖均采用丁砌，上下皮垂直灰缝相互错开 1/4 砖长，适合砌一砖厚（240 mm）墙。

一顺一丁：一皮顺砖与一皮丁砖相间，上下皮垂直灰缝相互错开 1/4 砖长，适合砌一砖及一砖以上厚墙。

梅花丁：同皮中顺砖与丁砖相间，丁砖的上下均为顺砖，并位于顺砖中间，上下皮垂直灰缝相互错开 1/4 砖长，适合砌一砖厚墙。

三顺一丁：三皮顺砖与一皮丁砖相间，顺砖与顺砖上下皮垂直灰缝相互错开 1/2 砖长；顺砖与丁砖上下皮垂直灰缝相互错开 1/4 砖长，适合砌一砖及一砖以上厚墙。

图 6-16 所示为清水砖墙传统砌筑方法。图 6-17（a）所示为一砖厚墙"一顺一丁"转角处分皮砌法，配砖为 3/4 砖（俗称七分头砖），位于墙外角。图 6-17（b）所示为一砖厚墙"一顺一丁"交接处分皮砌法，配砖为 3/4 砖，位于墙交接处外面，仅在丁砌层设置。

3）施工注意事项

（1）一砖厚承重墙的最上一皮砖、砖墙台阶水平面上最上一皮砖，应采用整砖丁砌。

（2）砖墙的水平灰缝厚度和垂直灰缝宽度宜为 10 mm，但不应小于 8 mm，也不应大于 12 mm。

（3）砖墙的水平灰缝砂浆饱满度⑥不得小于 80%；垂直灰缝采用挤浆或加浆方法，不得出现透明缝、瞎缝和假缝。

> **小知识：如何检测砂浆饱满度？**
>
> 检查方法：百格网。
>
> 检查时，轻轻揭开一块砖，罩上百格网，数一数，只有不到 20% 格下面没有砂浆，则饱满度有 80% 了。每面墙随机检查 3 处都必须满足，不能取平均值。
>
>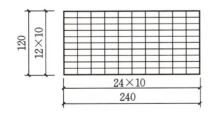

在墙上留置临时施工洞口，其侧边离交接处墙面不应小于 500 mm，洞口净宽度不应超过 1 m。临时施工洞口应做好补砌。

需要穿墙的洞口、管道、沟槽应于砌筑时正确留出或预埋，不应过后打凿墙体和在墙体上

---

⑥　砖与砖的水平面（即砖的大面）与砂浆的接触面。

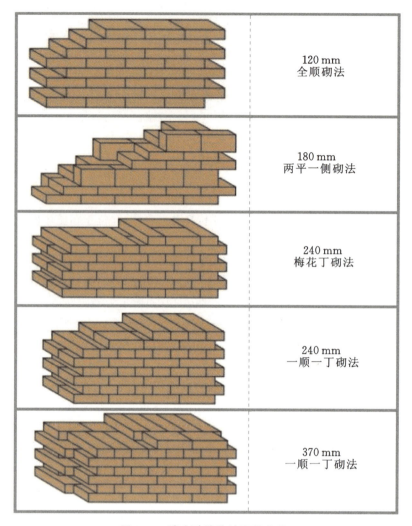

图 6-16　清水砖墙传统砌筑方法

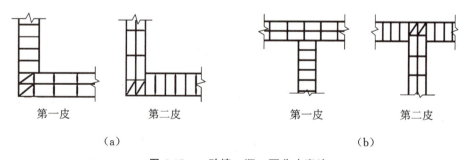

第一皮　　　　　第二皮　　　　　　　　第一皮　　　　　第二皮

（a）　　　　　　　　　　　　　　　（b）

图 6-17　一砖墙一顺一丁分皮砌法

（a）一砖墙一顺一丁转角处分皮砌法；（b）一砖墙一顺一丁交接处分皮砌法

开凿水平沟槽。宽度超过 300 mm 的洞口上部,宜设置钢筋混凝土过梁,如图 6-18 所示。

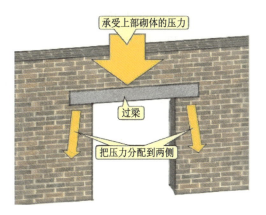

图 6-18　洞口上部设置过梁

砖墙每日砌筑高度不得超过 1.5 m,雨天不得超过 1.2 m。

砖墙工作段的分段位置,宜设在变形缝、构造柱或门窗洞口处;相邻工作段的砌筑高差不应超过 2 m。

砖砌体的转角处和交接处应同时砌筑,内外墙不应分开砌筑施工。对不能同时砌筑而又必须留置的砌筑临时间断处应砌成斜槎(俗称"踏步槎"),斜槎水平投影长度按规定不应小于高度的 2/3。

对于非抗震设防地区及 6 度、7 度抗震设防烈度地区的砌筑临时间断处,当不能留斜槎时,除转角处外,可留成直槎(图 6-19),但直槎的形状必须做成阳槎,并在留直槎处加设拉接钢筋量不少于 2φ6,间距沿墙高不应超过 500 mm;埋入长度从留槎处算起每边均不应小于 500 mm,6 度、7 度抗震设防烈度地区埋入长度不应小于 1000 mm;末端应弯直钩,长度取 60 mm。

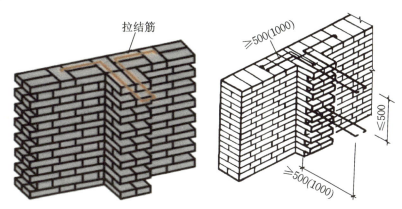

图 6-19　砖砌体直槎

6.4.2.4　多孔砖墙砌筑技术

1) 组砌方式

抗震设防地区的多孔砖墙,应采用"三一"砌砖法(一铲灰、一块砖、一挤揉)砌筑;非抗震设防地区的多孔砖墙可采用铺浆法砌筑,铺浆长度不得超过 750 mm;当施工期间最高气温高于 30 ℃时,铺浆长度不得超过 500 mm。

方形多孔砖一般采用全顺砌法,多孔砖中手抓孔应平行于墙面,上下皮垂直灰缝相互错开半砖长;矩形多孔砖宜采用一顺一丁或梅花丁的砌筑形式,上下皮垂直灰缝相互错开 1/4 砖长(图 6-20)。

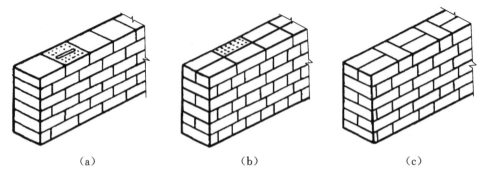

（a）　　　　　　　　　（b）　　　　　　　　　（c）

图 6-20　多孔砖墙砌筑形式

(a)全顺(方形砖);(b)一顺一丁(矩形砖);(c)梅花丁(矩形砖)

方形多孔砖墙的转角处,应加砌配砖(半砖),配砖位于砖墙外角。方形多孔砖的交接处,应隔皮加砌配砖(半砖),配砖位于砖墙交接处外侧,见图 6-21。

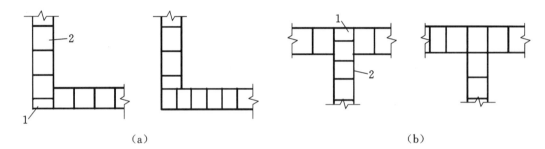

（a）　　　　　　　　　　　　　　　（b）

图 6-21　方形多孔砖墙转角、交接处砌法

(a)转角;(b)交接处

矩形多孔砖的转角处和交接处砌法同烧结普通砖墙转角处和交接处的相应砌法。

2)注意事项

(1)砌筑清水墙的多孔砖,应边角整齐、色泽均匀。

(2)在常温状态下,多孔砖应提前 1~2 d 浇水湿润。砌筑时砖的含水率宜控制在 10%~15%。

(3)多孔砖墙的灰缝应横平竖直。水平灰缝厚度和垂直灰缝宽度宜为 10 mm,但不应小于 8 mm,也不应大于 12 mm。

(4)多孔砖墙灰缝砂浆应饱满。水平灰缝的砂浆饱满度不得低于 80%,垂直灰缝宜采用加浆填灌方法,使其砂浆饱满。

(5)除设置构造柱的部位外,多孔砖墙的转角处和交接处应同时砌筑,对不能同时砌筑又必须留置的临时间断处,应砌成斜槎,见图 6-22。

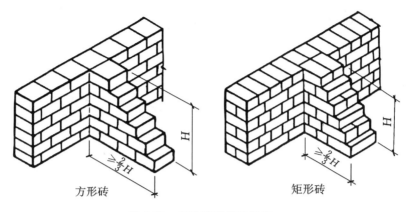

图 6-22　多孔砖墙留置斜槎

（6）施工中需在多孔砖墙中留设临时洞口时，其侧边距交接处的墙面不应小于 0.5 m；洞口顶部宜设置钢筋砖过梁或钢筋混凝土过梁。

（7）多孔砖墙中留设脚手架眼的规定同烧结普通砖墙中留设脚手架眼的规定。

（8）多孔砖墙每日砌筑高度不得超过 1.8 m，雨天施工时，不宜超过 1.2 m。

6.4.2.5　烧结空心砖墙砌筑技术

1）空心砖墙组砌

规格为 190 mm×190 mm×90 mm 的承重空心砖一般是整砖顺砌，上下皮的竖缝相互错开 1/2 砖长（100 mm），如有半砖规格的空心砖，也可采用每皮中整砖与半砖间隔的梅花丁砌筑形式。规格为 240 mm×115 mm×90 mm 的承重空心砖一般采用一顺一丁或梅花丁砌筑形式。规格为 240 mm×180 mm×115 mm 的承重空心砖一般采用全顺或全丁砌筑形式。

非承重空心砖一般采用侧砌，上下皮的竖缝相互错开 1/2 砖长。空心砖墙的转角及丁字交接处，应加砌半砖使灰缝错开。转角处半砖砌在外角上，丁字交接处半砖砌在横墙端头，如图 6-23 所示。

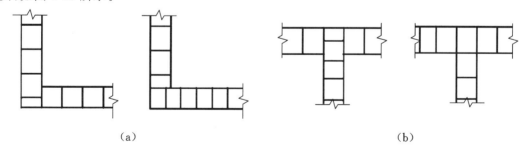

（a）　　　　　　　　　　　　　　　　　（b）

图 6-23　空心砖转角及丁字交接

（a）转角处；（b）丁字交接处

2）注意事项

（1）砌筑空心砖墙时，砖应提前 1～2 d 浇水湿润，砌筑时砖的含水率宜为 10%～15%。

（2）空心砖墙应侧砌，其孔洞呈水平方向，上下皮垂直灰缝相互错开 1/2 砖长。空心砖墙底部宜砌 3 皮烧结普通砖，以提高其防水防潮性能（图 6-24）。

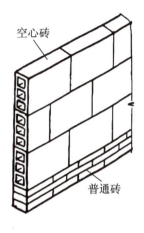

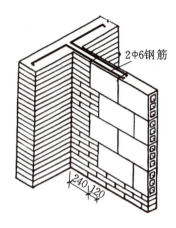

图 6-24　空心砖墙　　　　　　图 6-25　空心砖墙与普通砖墙交接

（3）空心砖墙与烧结普通砖交接处，应以普通砖墙引出不小于 240 mm 长与空心砖墙相接，并应隔 2 皮空心砖高在交接处的水平灰缝中设置 2φ6 作为拉接钢筋，拉接钢筋在空心砖墙中的长度不小于空心砖长加 240 mm，见图 6-25。

（4）空心砖墙的转角处应用烧结普通砖砌筑，砌筑长度不小于 240 mm。

（5）空心砖墙砌筑不得留置直槎，中途停歇时，应将墙顶砌平。在转角处、交接处，空心砖与普通砖应同时砌起。

（6）空心砖墙中不宜留置脚手架眼，不得对空心砖进行砍凿。

6.4.3　混凝土小型空心砌块砌体工程

普通混凝土小型空心砌块：以水泥、砂、碎石或卵石、水等预制而成的。主规格尺寸为 390 mm×190 mm×190 mm，一般有两个方形孔，最小外壁厚应不小于 30 mm，最小肋厚应不小于 25 mm，空心率应不小于 25％（图 6-26）。按照国家标准，普通混凝土小型空心砌块按其强度分为 MU3.5、MU5、MU7.5、MU10、MU15、MU20 六个等级。

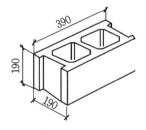

图 6-26　混凝土小型空心砌

6.4.3.1　一般要求

对室内地面以下的空心砌块砌体,应采用不低于 M5 的水泥砂浆砌筑。

在墙体的下列部位,应用 C20 混凝土灌实砌块的孔洞:底层室内地面以下或防潮层以下的砌体;无圈梁的楼板支承面下的一皮砌块;没有设置混凝土垫块的屋架、梁等构件支承面下,高度不应小于 600 mm、长度不应小于 600 mm 的砌体;挑梁支承面下,距墙中心线每边不应小于 300 mm、高度不应小于 600 mm 的砌体。

砌块墙与后砌隔墙交接处,应沿墙高每隔 400 mm 在水平灰缝内设置不少于 2φ4、横筋间距不大于200 mm 的焊接钢筋网片,钢筋网片伸入后砌隔墙内不应小于 600 mm,见图 6-27。

图 6-27　砌块墙与后砌隔墙交接处钢筋网片

6.4.3.2　芯柱构造与做法

在外墙转角、楼梯间四角的纵横墙交接处的三个孔洞,宜设置钢筋混凝土芯柱。芯柱截面不宜小于 120 mm×120 mm,宜用不低于 C20 的细石混凝土浇灌。钢筋混凝土芯柱每孔内插竖筋不应小于 1φ10,底部应伸入室内地面下 500 mm 或与基础圈梁锚固,顶部与屋盖圈梁锚固。

在钢筋混凝土芯柱处,沿墙高每隔 600 mm 应设 φ4 钢筋网片拉接,每边伸入墙体不小于 600 mm,见图 6-28。

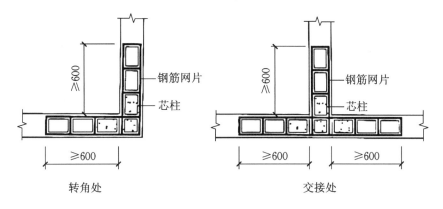

图 6-28　钢筋混凝土芯柱处拉筋

6.4.3.3　砌块砌筑工艺

砌块施工前准备与砖砌体施工前准备基本一样,但是混凝土小型砌块应注意:普通混凝土小砌块不宜浇水;当天气干燥炎热时,可在砌块上稍加喷水润湿;轻集料混凝土小砌块施工前可洒水,但不宜过多。

砌块施工工艺流程包括:放线、立皮数杆、基层表面清理湿润、排列砌块、挂线、砌筑和预留洞等。

立皮数杆:在房屋四角或楼梯间转角处设立皮数杆,皮数杆间距不得超过 15 m。皮数杆上应画出各皮小型砌块的高度及灰缝厚度。根据皮数杆在砌块上边线之间拉水平准线,依水平准线砌筑。

基层表面清理湿润:应尽量采用主规格小砌块,小砌块的强度等级应符合设计要求,并应清除小砌块表面污物和芯柱用小砌块孔洞底部的毛边。

排列砌块:小型砌块的单块体积比普通砖大得多,且砌筑时必须使用整块,不像普通砖可随意砍凿。因此,小型砌块在砌筑施工前,须根据工程平面图、立面图和门窗洞口的大小,以及楼层标高、构造要求等条件,绘制各墙的砌块排列图,如图 6-29 所示。绘制方法是在立面图上用 1:50 或 1:30 的比例在每片墙面上先绘出纵横墙,然后将过梁、平板、大梁、楼梯等在墙面上标出。由纵墙和横墙高度计算皮数,画出水平灰缝线,并保证砌体平面尺寸和高度是块体加缝尺寸的倍数。对砌块进行排列时,注意尽量以主规格为主、辅助规格为辅,并要求错缝搭接。当使用小型砌块时,搭接长度不小于 90 mm,墙体个别部位不能满足错缝搭接要求时,应在灰缝中设置拉结钢筋或钢筋网片,但竖向通缝不得超过两皮小砌块。

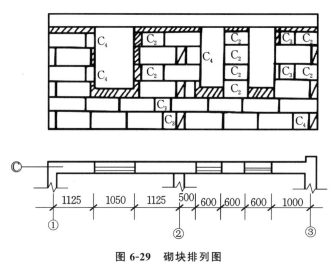

图 6-29　砌块排列图

砌筑:砌筑小型砌块必须遵守"反砌"规则,即小型砌块地面朝上反砌于墙体上。小型砌块砌筑应从转角或定位处开始,内外墙同时砌筑,纵横墙交错搭接。外墙转角处应使小型砌块隔皮露出端面;T 字交接处应使横墙小砌块隔皮露出端面,纵墙在交接处改砌两块辅助规格小型砌块(尺寸为 290 mm×190 mm×190 mm,一头开口),所有露出端面用水泥砂浆抹平,见图 6-30。

小型砌块应对孔错缝搭砌。上下皮小型砌块竖向灰缝相互错开 190 mm。当出现个别情况无法对孔砌筑时,普通混凝土小型砌块错缝长度不应小于 90 mm,轻骨料混凝土小型砌块错缝长度不应小于 120 mm;当不能保证此规定时,应在水平灰缝中设置 2φ4 钢筋网片,钢筋网片每端均应超过该垂直灰缝,其长度不得小于 300 mm,见图 6-31。

小型砌块砌体的灰缝应横平竖直,全部灰缝均应铺填砂浆;水平灰缝的砂浆饱满度不得

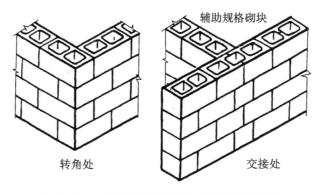

图 6-30　小型砌块墙转角处及 T 字交接处砌法

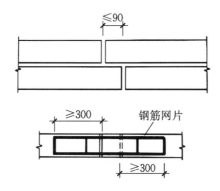

图 6-31　水平灰缝中拉接筋

低于 90%；竖向灰缝的砂浆饱满度不得低于 80%；砌筑中不得出现瞎缝、透明缝。水平灰缝厚度和竖向灰缝宽度应控制在 8～12 mm 范围内。当缺少辅助规格小型砌块时，砌体通缝不应超过两皮砌块。

　　小型砌块砌体临时间断处应砌成斜槎，斜槎长度不应小于斜槎高度的 2/3（一般按一步脚手架高度控制）；如留斜槎有困难，除外墙转角处及抗震设防地区，砌体临时间断处不应留直槎外，可从砌体面伸出 200 mm 砌成阴阳槎，并沿砌体高每三皮小型砌块（600 mm），设拉接筋或钢筋网片，接槎部位宜延至门窗洞口，见图 6-32。

　　承重砌体严禁使用断裂小砌块或壁肋中有竖向凹形裂缝的小型砌块砌筑，也不得采用小型砌块与烧结普通砖等其他块体材料混合砌筑。

　　小型砌块砌体内不宜设脚手架眼，如必须设置时，可用辅助规格 190 mm×190 mm×190 mm 小型砌块侧砌，利用其孔洞作脚手架眼，砌体完工后用 C15 混凝土填实。

　　小型砌块砌体相邻工作段的高度差不得超过 2 m；常温条件下，普通混凝土小型砌块的日砌筑高度应控制在 1.8 m 以内；轻骨料混凝土小型砌块的日砌筑高度应控制在 2.4 m 以内。

　　对砌体表面的平整度和垂直度、灰缝厚度和砂浆饱满度应随时检查，以校正偏差。砌完每一楼层后，应校核墙体的轴线尺寸和标高。

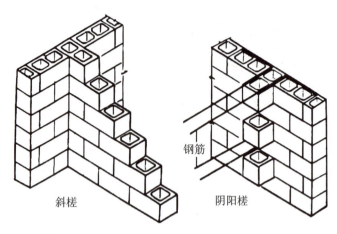

图 6-32　小型砌块砌体斜槎和直槎

6.4.4　填充墙体砌体工程

6.4.4.1　填充墙体砌筑的基本规定

（1）填充墙采用的砌块,在砌筑前应将表面污物清除干净。砌筑前应适当浇水湿润,以保证砌块与砌筑砂浆有足够的粘结强度。

（2）砌块应有标准尺寸砌块和非标准尺寸（异型）砌块,以满足错缝砌筑的要求。

（3）砌筑时应上下错缝,灰缝应横平竖直,在砌筑的每皮砌块应拉水平标线,垂直缝采用满刮碰头灰,确保砂浆饱满,灰缝厚度一般为 10～12 mm,砌筑时应防止出现"游丁走缝"。

（4）砌筑砂浆应采用保水减缩抗裂砂浆（即在砌筑砂浆中加适量的保水减缩剂）,其抗压强度等级宜为 M5。

（5）砌块与框架柱或构造柱交接处应按设计图纸要求采取拉结措施,如设计无要求时,应每隔三皮砌块放置 2φ6 拉结钢筋,伸入墙内不应小于 1 m。

（6）不同品种的砌块,不得混砌;不得用斧和瓦刀砍劈的砌块砌筑墙体。

（7）窗台板下第一皮砌块灰缝内应设置钢筋,两端伸入墙体内的长度不应小于 600 mm,并用扒钉固定,窗洞口下第一皮砌块竖缝不得与窗口对齐,应错开砌筑。门窗洞口预埋的木砖、铁件,应采用与砌块同规格尺寸,并预埋牢固。

（8）框架填充墙砌至接近框架梁底面时,应停 5～7 d,使其沉降;然后采用有效的措施,将填充墙顶与板架梁底交接处填塞密实,以防出现裂缝。

（9）砌筑砂浆应随搅拌随用,一般水泥砂浆应在 3 h 内用完,水泥混合砂浆应在 4 h 内用完,不得使用过夜砂浆。

6.4.4.2　防止填充墙出现裂缝的技术措施

填充墙体出现裂缝可分为两种类型:第一种为填充墙体本身出现裂缝;第二种是填充墙

与钢筋混凝土框架结构交接处出现裂缝。

（1）第一种填充墙裂缝的防控措施：

① 混凝土空心砌块龄期不到 30 d 及潮湿的砌块不得进行砌筑；

② 混凝土空心砌块砌筑时，不宜浇水，当天气干燥炎热时，可喷水润湿，但不宜过多；

③ 砌筑时应先用套板盖住砌块孔洞，防止砂浆掉入孔洞内；

④ 采用保水减缩抗裂砂浆进行砌筑，灰缝必须饱满密实。

（2）第二种填充墙裂缝主要是填充墙的线膨胀系数和导热系数与混凝土结构相差较大、变形不一致所致，为此应采取下列防控措施：

① 当框架梁、柱尺寸大于填充墙的厚度时，宜先施工墙面抹灰，再施工梁、柱抹灰，使填充墙与钢筋混凝土梁、柱交界面可能出现的裂缝隐蔽在梁、柱抹灰层的内部。

② 框架梁与填充墙的厚度相同时，则在两者交接处同时抹灰。在底层抹灰完成后，在中层抹灰层中，加耐碱玻璃纤维网格布，再抹面层灰，并喷水养护。

③ 填充墙与钢筋混凝土框架梁、柱交接处填充墙必须填塞密实。

6.4.5　门窗洞口及附属构件砌筑技术

6.4.5.1　门窗洞口砌筑

门窗安装方法有"先立口"与"后塞口"两种方法。

（1）"先立口"法是指先立门、窗框后砌墙。先立框的门窗洞口砌筑，必须与框相距 10 mm 左右砌筑，不要与木框挤紧，造成门、窗框变形，见图 6-33。

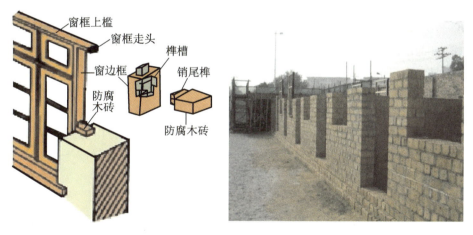

图 6-33　"先立口"法砌筑门窗洞口

（2）"后塞口"法是先砌墙后塞门、窗框。在砌筑时要根据洞口高度在洞口两侧墙中设置防腐木拉砖，洞口高度在 2 m 以内，两侧各放 3 块木拉砖，第 1 块和第 3 块分别放在距洞口上、下边四皮砖处，见图 6-34。

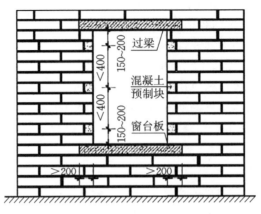

图 6-34　窗洞口预留

6.4.5.2　窗台砌筑

砖砌窗口是采用砖平砌或立砌(又叫虎头砖)挑出 60 mm。混水窗台挑砖面一般低于窗框下冒头 40～50 mm，两端伸入窗间墙体 60～120 mm，挑出 60 mm。

砌筑时用披灰法平砌丁砖一皮，两端先砌两块挑砖，挂好准线，中间依据准线砌挑砖，竖缝要披足嵌严。

6.4.5.3　山墙(封山)女儿墙砌筑

(1)当山墙砌到檐口标高时，即可往上收砌山尖，然后在山尖上搁置檩条或其他构件。单坡房屋的山尖呈直角三角形，双坡房屋的山尖呈等腰三角形。出于外观、排水、挡风和防水的要求，有的山尖还要高出檩条面。高出檩条面的山尖称为出山(高封山)，不高出檩条面的山尖称为出檐。为了防火，在较长的建筑物中间需做隔墙，做隔墙时需出山，这种出山的隔墙就称为防火墙。

(2)当砌筑山尖时，一般是先在山墙的中心钉上一根皮数杆，皮数杆上按山尖的标高钉一个钉子，然后与前后檐口处皮数杆标高上钉的钉子拉一条斜线，作为砌筑屋面坡度的依据。应先将山尖按标高放置，待安放好檩条后进行封山，如图 6-35 所示。

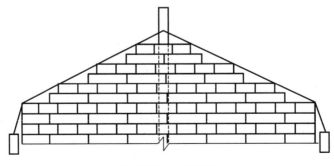

图 6-35　山尖砌筑

6.4.5.4　挑檐砌筑

挑檐俗称马头墙或撞头、彩牌。挑檐是在山墙前后檐口处向外挑出的砖砌体。挑檐可使山墙檐口有一个收头,同时遮住纵墙檐口和水落管,以增添建筑物外型美观。挑檐的砌法有两皮挑出 1/4 砖长、一皮挑出 1/4 砖长和两皮与一皮间隔挑砌等三种挑法,具体使用哪一种挑法,需根据挑檐长度和高度决定。挑檐的砌法如图 6-36 所示。

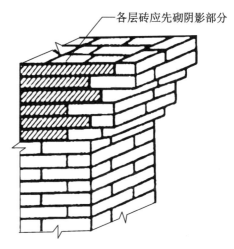

各层砖应先砌阴影部分

图 6-36　挑檐砌法

挑檐为清水墙时,挑出的砖要求比例协调、阴阳线条均匀、砌筑整齐。选砖时应尽量光面朝下,砌筑时砖不宜过湿。为了控制砖的干湿度,砌筑时可将砖在水中浸一下,一般是随砌、随浸、随用。砌筑砂浆要稠,宜比原强度提高一级。在砌筑工艺上要求立缝填满砂浆;水平灰缝厚度要求外侧不低于内侧;放每一块砖时宜由外向里水平靠向已砌好的砖,从而将竖缝挤紧;放砖动作要快,砖放平后不宜再动,然后再砌一块将它压住。挑檐较大时,为防止水平缝变形造成砌体塌落,应限制一次砌筑高度。一般情况下,一次砌筑高度不宜大于八皮砖,有时砌筑中放置钢筋以增强砌体的抗倾覆能力。整个挑檐砌筑工作完成后应立即清理,将缝刮净。如为清水墙,应进行勾缝,混水墙则上部进行抹灰。

6.4.5.5　砖柱的组砌

砖柱组砌应使柱面上下皮的竖缝相互错开 1/2 砖长或 1/4 砖长,在柱心无通天缝的(沿竖直方向贯通的缝)情况下避免砍砖,并尽量利用二分头砖(即 1/4 砖)。严禁用包心式组砌法,这是因为包心式组砌在内部形成了竖向矩形通天缝,如图 6-37 所示。

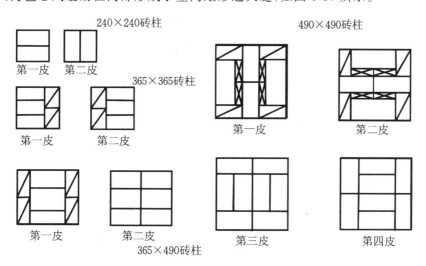

240×240砖柱

第一皮　　第二皮

365×365砖柱

第一皮　　　第二皮

490×490砖柱

第一皮　　　　第二皮

第一皮　　　第二皮

第三皮　　　　第四皮

365×490砖柱

图 6-37　矩形柱的组砌方法

6.4.6　砌体结构常见工程质量问题及防治

6.4.6.1　砌体结构常见工程质量问题

（1）砖缝砂浆不饱满

砖砌体灰缝不饱满、清水墙面游丁走缝、"螺丝"墙[⑦]、砖层水平灰缝砂浆饱满度低于80％、竖缝内无砂浆（俗称瞎缝）、砌筑清水砖采取大缩口铺灰、缩口深度大于 2 cm 以上等，所有这些现象都是砖缝砂浆不饱满的具体表现。游丁走缝指的是丁砖竖缝歪斜、宽窄不匀，丁砖在下层条砖上不居中，窗台部位与窗间部位的上下竖缝发生错位、搬家等。

（2）墙体开裂、潮湿和墙皮脱落

墙体开裂原因：地基差异沉降、泥浆砌筑、施工留槎不规范、普遍留直槎，且无可靠的墙体拉结措施等。

墙体潮湿原因：墙体潮湿与建筑功能设计、材料性能、自然环境和水文地质条件等多种因素有关。建筑功能设计方面，墙体没有设防潮层，地下水在毛细作用[⑧]下可以沿墙体上升。

墙皮脱落（图 6-38）原因：盐胀作用、化学侵蚀作用、冻胀作用和水的弱化作用。

图 6-38　墙皮脱落

（3）墙体泛碱和烂根

宁夏盐碱地区居多，在农村砖混房屋中，经常可以看到外墙根部出现很多白色粉末，墙根部位发生溃烂、起皮甚至剥落，而且年代越久的房子越严重。这种砖墙烂根现象的专业术语称为"墙体碱蚀"。其原因主要有：一是当地土壤或水质含碱量（其实为硫酸盐）较高；二是砖块自身含碱量较高；三是墙体根部防水、防潮没有处理好。当墙根受潮或受水侵蚀后，这些硫酸盐会在砖墙表面结晶并产生膨胀，导致砖墙表面粉化、溃烂甚至剥落（图 6-39）。

（4）风化现象

气温的反复变化以及各种气体、水溶液和生物的活动使砖石在结构构造甚至化学成分上逐渐发生变化，使砖石由整块变成碎块，由坚硬变得疏松，甚至组成矿物也发生分解，在当

---

⑦　"螺丝"墙，是指砌完一个层高的墙体时，同一砖层的标高差一块砖的厚度不能交圈。

⑧　毛细作用其实就是液体克服地球引力上升的现象。生活中很多地方都有毛细作用，比方说毛巾和海绵就体现了毛细作用，因为里面有很多特别细的管儿，所以才能吸很多的水。

图 6-39　墙根破损

时环境下产生稳定的新矿物。这种由于温度、大气、水溶液和生物的作用，使砖块发生物理状态和化学组分变化的过程称为风化。

（5）石砌体墙体垂直通缝、墙体里外两张皮

石砌体常见质量通病主要表现为墙体垂直通缝，墙体里外两张皮等，乱毛石、卵石墙体上下各块石缝连通，尤其在墙角及丁字墙接槎处更为多见。墙体里外不连接，自成一体，受水平推力极易倾斜。

6.4.6.2　防治措施

1）施工质量控制

预防工程病害，砌筑施工质量控制是关键！

砌体工程施工时应做到：

第一，保材质，切勿图便宜；砖用砂浆砌，不得用土泥；砂浆混凝土，注意配合比；水泥要检查，千万别过期。

第二，抓砌体质量，别自欺；掌握七分头，提倡咬茬砌；不能用包心，通缝是人忌；后砌留明茬，阴茬应取缔。

质量控制流程如下：

（1）进场材料质量的控制措施

① 砖的品种、强度等级必须符合设计要求，并应规格一致，有出厂合格证及试验单，严格检验手续，对不合格品坚决退场。

② 混凝土小型空心砌块的强度等级必须符合设计要求及规范规定，砌块的截面尺寸及外观质量应符合国家技术标准要求，砌块应保持完整，无破损、无裂缝。

③ 施工时所用的小砌块的产品龄期不应少于 28 d，承重墙不得使用断裂小砌块。

④ 水泥进场使用前应分批对其强度、安定性进行复验，检验批应以同一生产厂家、同一编号为一批。当在使用中对水泥质量有怀疑或水泥出厂超过三个月（快硬硅酸盐水泥超过一个月）时，应复查试验，并按其结果使用。不同品种的水泥，不得混合使用。

⑤ 砂浆用砂不得含有有害物质及草根等杂物。

⑥ 塑化材料：砌体混合砂浆常用的塑化材料有石灰膏、磨细石灰粉、电石膏和粉煤灰等，石灰膏的熟化时间不少于 7 d，严禁使用冻结和脱水硬化的石灰膏。

⑦ 砂浆拌和用水水质必须符合现行国家标准《混凝土用水标准》（JGJ 63—2009）的要求。

⑧ 构造柱混凝土中所用石子(碎石、卵石)含泥量不超过1%。混凝土中选用外加剂应通过实验室试配,外加剂应有出厂合格证及试验报告。钢筋应根据设计要求的品种、强度等级进行采购,应有出厂合格证和试验报告,进场后应进行见证取样、复检。

⑨ 预埋木砖及金属件必须进行防腐处理。

(2) 施工过程质量控制措施

① 原材料必须逐车过磅,计量准确,搅拌时间应达到规定要求,砂浆试块应有专人负责制作与养护。

② 盘角时灰缝应控制均匀,每层砖都应与皮数杆对齐,钉皮数杆的木桩要牢固,防止碰撞松动。皮数杆立完后应复验,确保皮数杆高度一致。

③ 准线应绷紧拉平,砌筑时应左右照顾,避免接槎处高低不平。一砖半墙及以上墙体必须双面挂线,一砖墙反手挂线,舌头灰应随砌随刮平。

④ 应随时注意正在砌筑砖的皮数,保证按皮数杆准线标明的位置埋置埋入件和拉结筋。拉结筋外露部分不得任意弯折,并保证其长度符合设计及规范的要求。

⑤ 砌筑时,高差不宜过大,一般不得超过一步架的高度。

⑥ 防潮层应在基础全部砌到设计标高,回填土完成后进行。防潮层施工时,基础墙顶面应清洗干净,使防潮层与基层粘结牢固,防水砂浆收水后要抹压平整、密实。

⑦ 竖向灰缝不得出现透明缝、瞎缝和假缝。

⑧ 施工临时间断处补砌时,必须将接槎处表面清理干净,浇水湿润,并填实砂浆,保持灰缝平直。

⑨ 砌块墙在施工前,必须进行砌块的排列组合设计。排列组合设计时,应尽量采取主规格的砌块,并对孔错缝搭砌,搭接长度不应小于90 mm。纵横墙交接处、转角处应交错搭砌。

⑩ 施工中必须做好砂浆的铺设与竖缝砂浆或混凝土的浇灌工作,砌筑应严格按皮数杆准确控制灰缝厚度和每皮砌块的砌筑高度。

⑪ 空心砌块填充墙砌体的芯柱应随砌随灌混凝土,并振捣密实。无楼板的芯柱应先清理干净,用水冲洗后分层浇筑混凝土,每层厚度400~500 mm。柱钢筋严格按设计要求及规范规定施工,保证钢筋间距和下料尺寸准确。

2) 常见病害防治措施

(1) 保证砂浆饱满度的措施

改善砂浆的和易性,改进砌筑方法,不宜采取推尺铺灰法或摆砖砌筑,应推广"三一"砌筑方法,严禁用干砖砌墙。

(2) 防止游丁走缝的措施

砌筑清水墙前应进行统一摸底并对现场砖的尺寸进行实测,以便确定组砌方法,调整竖缝宽度,在摆底时应将窗口位置引出,使砖的竖缝尽量与窗口边线相齐,如安排不开,可适当移动窗口位置(一般不大于2 cm)。此外,在砌筑过程中应注意观测、检查。

(3) 防止出现"螺丝"墙的措施

砌墙前应先测定所砌部位基面标高误差,调整灰缝厚度,调整墙体标高。调整同一墙面误差时,可采取提(或压)缝的办法,砌筑时应注意灰缝均匀,标高误差应分配在步架的各层砖缝中,逐层调整。挂线两端应相互呼应,注意同一条平线所砌砖的层数是否与皮数杆上的砖层号相符。当内外墙有高差、砖层号不好对照时,应以窗台为界由上向下数清砖层数。当砌到一定高度时,可查看与相邻墙体水平线的平行度以便及时发现标高误差。在墙体一步架砌完前,应进行抄平,用半米线向上引尺检查标高误差,墙体基面的标高误差应在一步架内调整完毕。

（4）墙体开裂防治措施

① 将地基差异沉降控制在《建筑地基基础设计规范》(GB 50007—2011)规定的限值内。

② 设计上采取设置钢筋混凝土圈梁、构造柱等结构构造措施,提高结构的整体性。

③ 砖砌体采用水泥砂浆砌筑,提高砖砌体的强度。

④ 墙体砌筑应留斜槎,若留直槎,应按规范在墙体内设置拉结筋。砖砌体裂缝应根据裂缝继续发展的可能性大小,针对裂缝的宽度、长度、贯通性、分布范围等采取相应的处置措施。

⑤ 对于继续发展可能性较小的裂缝,若不影响结构安全,仅影响墙体外观,如细微的墙体裂缝可仅采用重新抹灰掩盖;否则应加固补强,采用挂玻璃网格布、钢丝网抹灰或延性混凝土处置。

（5）防止墙体潮湿、墙皮脱落和泛碱现象的措施

① 重视墙体的防潮设计,尽量利用地圈梁或基础梁作防潮层

在 −0.060 标高处的墙体内设置水平防潮层以阻断地下水在墙体中的迁移。在做好墙体水平防潮层的同时,不能忽视墙体垂直防潮层的设置。多层建筑的底层墙体全部用水泥砂浆砌筑也能有效阻止水分通过墙体内部的毛细管向上渗透。尽量采用钢筋混凝土基础,以提高基础的防潮性能。

墙体水平防潮层施工应注意以下几点事项:

a. 注浆施工可能使泥浆砌筑墙体中的泥浆挤出,影响墙体的稳定性。注浆施工应采用分段相间施工,分段长度应满足墙体稳定和便于施工的要求,一次注浆施工段不宜过长,也不宜过短,过长不利于墙体稳定,过短则施工不便,待浆液强度达到设计要求后,方可进行相邻段的注浆施工。

b. 注浆材料应选择具有良好柔韧性、防水性和早强性的注浆材料,如聚合物-水泥基复合注浆材料,以适应墙体一定的变形,保证防潮效果。

c. 注浆过程中应加强施工监测,实时观察注浆饱满度、砌体变形,保证注浆饱满、墙体稳定。

② 提高基材的抗渗性

配制混凝土或砂浆时,采用适宜的外加剂,如使用减水剂或高效减水剂,可以降低拌和用水量,减小混凝土或砂浆的孔隙率,改善孔结构,提高抗渗性能。

③ 降低建筑材料内部可溶性盐和碱的含量

选用水泥时,应尽量选用碱金属氧化物含量低的低碱水泥;配制混凝土时,对原材料要有一定的选择性,应该严格控制其可溶性盐含量;尽量不使用碱金属含量高的外加剂。

④ 对于已经泛碱的建筑,建议切断水分向墙体渗透的通道

采用地基注浆法,把浆液用压力注入土的孔隙,以切断毛细水的渗透路径,减小地基的透水性;采用墙体注浆法,在墙体上打一些向下倾斜的孔。注入聚氨酯类的单液注浆材料,

切断毛细水的渗透路径。

⑤ 对墙体中的水分渗透、蒸发路径进行人为引导,防止墙体及其饰面受到侵蚀

用粘结力非常好的透气性材料装饰墙体表面,水分可在墙体表面蒸发,盐碱结晶体在饰面表面形成而不会将饰面胀落。

(6)预防砖墙烂根措施

含碱量过高的黏土制成的砖不能用来建房(墙根容易碱蚀、剥落);砖基础和地面以下的墙体不宜采用烧结多孔砖。

(7)防治风化措施

在外墙表面抹一层水泥砂浆,可以起到保护墙体免遭风化的作用。若已经发生风化现象,要根据具体情况评估房屋的安全性,采取修补措施。

(8)防止石砌体出现垂直通缝的措施

应加强石块的挑选工作,注意石块左右、上下、前后的交搭,必须将砌缝错开,禁止出现任何重缝。墙角部位应改为丁顺叠砌或丁顺组砌,使用的石材也要改变,有条石、块石的地区,以改用这两种石材为佳;选用乱毛石、卵石时,应选块体较大、体形较方整长直者。此外,在施工需要留槎时必须留斜槎,留槎的高度以每次 1 m 左右为宜,不允许一次到顶。

(9)防止出现石砌墙体里外两层皮的措施

注意大小石块搭配使用,立缝要用小块石堵塞空隙,避免只用大块石而无小块石填空。禁止四碰头,即平面与四块石形成一个十字缝,每皮石块砌筑时要隔一定距离(1.0～1.5 cm)丁砌一块拉结石,拉结石的长度应满墙,且上下皮错开,形成梅花形。要认真按照石砌操作规程操作。

6.4.7 砌体结构竣工与验收

6.4.7.1 砖砌体工程

砖、水泥、钢筋、预拌砂浆、专用砌筑砂浆、复合夹心墙的保温材料、外加剂等原材料进场时,应检查其质量合格证明。

砖的质量检查,应包括其品种、规格、尺寸、外观质量及强度等级,符合设计及产品标准要求后方可使用。

砖砌体工程施工过程中,应对拉结钢筋及复合夹心墙拉结件进行隐蔽前的检查。

砖砌体的灰缝应横平竖直,厚薄均匀。水平灰缝厚度和竖向灰缝宽度宜为 10 mm,但不应小于 8 mm,且不应大于 12 mm。

与构造柱相邻部位砌体应砌成马牙槎,马牙槎应先退后进,每个马牙槎沿高度方向的尺寸不宜超过 300 mm,凹凸尺寸宜为 60 mm。砌筑时,砌体与构造柱间应沿墙高每 500 mm 设拉结钢筋,钢筋数量及伸入墙内长度应满足设计要求。

砖砌体工程施工过程中,应对下列主控项目及一般项目进行检查,验收应符合现行国家标准《混凝土结构工程施工质量验收规范》(GB 50204—2015)的规定。

(1)主控项目包括:砖强度等级;砂浆强度等级;斜槎留置;转角、交接处砌筑;直槎拉结钢筋及接槎处理;砂浆饱满度;钢筋品种、规格、数量和设置部位;混凝土强度等级;马牙槎尺

寸;马牙槎拉结筋;钢筋连接;钢筋锚固长度;钢筋搭接长度。

（2）一般项目包括:轴线位移;每层及全高的墙面垂直度;组砌方式;水平灰缝厚度;竖向灰缝宽度;基础、墙、柱顶面标高;表面平整度;后塞口的门窗洞口尺寸;窗口偏移;水平灰缝平直度;清水墙游丁走缝;构造柱中心线位置;构造柱垂直度;灰缝钢筋防腐;网状配筋规格;网状配筋位置;钢筋保护层厚度;凹槽水平钢筋间距。

6.4.7.2　混凝土小型空心砌块砌体工程

小砌块、水泥、钢筋、预拌砂浆、专用砌筑砂浆、复合夹心墙的保温材料、外加剂等原材料进场时,应检查其质量合格证明。对有复检要求的原材料应及时送检,检验结果应满足设计及国家现行相关标准要求。

小砌块的质量检查,应包括其品种、规格、尺寸、外观质量及强度等级,符合设计及产品标准要求后方可使用。

小砌块砌体的水平灰缝厚度和竖向灰缝宽度宜为 10 mm,但不应小于 8 mm,也不应大于 12 mm,且灰缝应横平竖直。

小砌块砌体工程施工过程中,应对拉结钢筋或钢筋网片进行隐蔽前的检查。

对小砌块砌体的芯柱混凝土密实性,应采用锤击法进行检查,也可采用钻芯法或超声法进行检测。

小砌块砌体工程施工中,应对下列主控项目及一般项目进行检查,应符合现行国家标准《混凝土结构工程施工质量验收规范》(GB 50204—2015)的规定。

（1）主控项目包括:小砌块强度等级;砂浆强度等级;芯柱混凝土强度等级;砂浆水平灰缝和竖向灰缝的饱满度;转角、交接处砌筑;芯柱质量检查;斜槎留置。

（2）一般项目包括:轴线位移;每层及全高的墙面垂直度;水平灰缝厚度;竖向灰缝宽度;基础、墙、柱顶面标高;表面平整度;后塞口的门窗洞口尺寸;窗口偏移;水平灰缝平直度;清水墙游丁走缝。

6.4.7.3　填充墙砌体砌筑工程

填充墙砌体的质量检查应符合砖砌体工程和混凝土小型空心砌块砌体工程的规定。

填充墙砌体工程施工中,应对下列主控项目及一般项目进行检查,应符合现行国家标准《混凝土结构工程施工质量验收规范》(GB 50204—2015)的规定。

（1）主控项目包括:块体强度等级;砂浆强度等级;与主体结构连接;植筋实体检测。

（2）一般项目包括:轴线位置;墙面垂直度;表面平整度;后塞口的门窗洞口尺寸;窗口偏移;水平灰缝砂浆饱满度;竖缝砂浆饱满度;拉结筋、钢筋网片位置;拉结筋、钢筋网片埋置长度;砌块搭砌长度;灰缝厚度;灰缝宽度。

6.5　钢筋混凝土构件施工

随着我国经济的快速发展,近几年农村地区的农房建设也受到国家的关注,农房安全问题越来越受到人们的关注,农房中使用钢筋混凝土构件可以很大程度地提高房屋的安全系数。

6.5.1 模板工程

6.5.1.1 模板安装(图 6-40)应符合下列基本要求

(1) 要保证构件各部位形状尺寸和相互位置的正确。

(2) 模板应具有足够的承载能力、刚度和稳定性,能可靠地承受新浇混凝土的自重、侧压力及施工荷载。

(3) 构造简单、装拆方便,便于钢筋的绑扎、安装和混凝土的浇筑、养护等工艺要求。模板的接缝严密,不得漏浆。

(4) 梁的跨度大于或等于 4 m,梁底模板中部应起拱,防止因混凝土的重力而使跨中下垂。如设计无规定时,起拱高度宜为梁净跨的 1‰~3‰。

图 6-40 模板安装完成

6.5.1.2 模板拆除(图 6-41)应符合下列基本要求

(1) 侧模板拆除时,构件混凝土强度应能保证其表面及棱角不因拆除模板而受损坏,底模板及支架拆除时的混凝土强度应符合设计要求。当设计无具体要求时,混凝土强度应符合表 6-4 的规定,底模拆除时间应符合表 6-5 的规定。

表 6-4 底模拆除时的混凝土强度规定

构件类型	构件跨度/m	达到设计强度标准值的百分率/%
板	≤2	≥50
	>2,≤8	≥75
	>8	≥100
梁、拱、壳	≤8	≥75
	>8	≥100
悬臂构件	—	≥100

表 6-5　底模拆除时间参考表　　　　　　　　　单位：d

普通水泥	达到设计强度标准值的百分率/%	硬化时昼夜平均气温/℃					
		5	10	15	20	25	30
42.5级	50	10	7	6	5	4	3
	75	20	14	11	8	7	6
	100	50	40	30	28	20	18

（2）拆模尚应符合下述规定：先支的后拆，后支的先拆，先拆除侧模板，后拆除底模板。肋形楼板的拆模是先拆除柱模板→再拆除楼板底模板、梁侧模板→最后拆除梁底模板。多层楼板模板支架拆除时，上层楼板正在浇筑混凝土时，下层楼板的模板支架不得拆除，再下一层的楼板模板和支柱应视荷载和本楼层混凝土的强度而定。在拆除模板过程中，如发现混凝土有影响结构安全等质量问题时，应暂停拆除，经处理后方可进行。

（3）模板拆除时不应对楼层形成冲击荷载，拆除的模板和支架宜分散堆放并及时清运。已拆除模板及支架的结构，应在混凝土达到设计的混凝土强度标准后，才允许承受全部使用荷载。

图 6-41　模板拆除

6.5.2　钢筋加工技术

6.5.2.1　钢筋配料与加工

1）钢筋的配料

钢筋配料是根据构件配筋图，先绘出各种形状和规格的单根钢筋简图并加以编号，然后分别计算钢筋下料长度和根数，填写配料单，申请加工。

钢筋因弯曲或弯钩会使其长度发生变化，配料中不能直接根据图纸尺寸下料，必须了解混凝土保护层、钢筋弯曲、弯钩等规定，再根据图示尺寸计算其下料长度。

各种钢筋下料长度计算如下：

（1）直钢筋下料长度＝构件长度－保护层厚度＋弯钩增加长度⑨；

（2）弯起钢筋下料长度＝直段长度＋斜段长度－弯曲调整值＋弯钩增加长度；

（3）箍筋下料长度＝箍筋周长＋箍筋调整值。

2）钢筋的加工

钢筋加工一般集中在加工棚中采用流水作业法进行，然后运至工地进行安装和绑扎。

钢筋加工过程包括：钢筋调直→除锈→下料剪切→接长→弯曲。

（1）钢筋调直

建筑用热轧钢筋分为盘卷和直条两类。直径在 12 mm 以下的钢筋一般制成盘卷，以便于运输。盘卷钢筋在下料前，一般要经过放盘、冷拉工序，以达到调直的目的。直径在 12 mm 以上的钢筋，一般轧制成 6～12 m 长的直条。由于在运输过程中几经装卸，会使直条钢筋局部弯折，为此在使用前应调直。

钢筋在混凝土构件中，除规定的弯曲外，其直线段不允许有弯曲现象。弯曲不直的钢筋影响构件的受力性能，在混凝土中不能与混凝土共同工作而导致混凝土出现裂缝，以致产生不应有的破坏；而且下料时长度不准确，从而影响到钢筋成型、绑扎安装等一系列工序的准确性。因此，钢筋调直是钢筋加工中不可缺少的工序。

钢筋的调直方法取决于设备条件，分为人工调直和机械调直两种。

① 直径在 12 mm 以上的粗钢筋，一般采用人工调直。其操作程序：首先，将钢筋弯折处放到扳柱铁板的扳柱间，用平头横口扳子将弯折处基本扳直。然后，放到工作台上，用大锤将钢筋小弯处锤平。操作时需要 2 人配合好，一人手握钢筋，站在工作台一端，将钢筋反复转动和来回移动；另一人手握大锤，站在工作台的侧面，见弯就锤。拿锤的人应根据钢筋粗细和弯度大小来掌握落锤轻重。握钢筋者应视钢筋在工作台上可以滚动，则认为调直合格。人工调直时可采用平直锤或人工锤锤击调直，锤击调直时要注意防止击伤钢筋。

② 钢筋直径不大于 12 mm 时，调直一般采用调直机、卷扬机或绞磨机，调直时控制冷拉率，HPB300 级钢筋不大于 4％，HRB400 级钢筋不大于 1％，如图 6-42 所示。

图 6-42　钢筋调直机调直

---

⑨　弯钩增加长度是指为增加钢筋和混凝土的握裹力，在钢筋端部做弯钩时，弯钩相对钢筋平直部分外包尺寸增加的长度。

（2）钢筋除锈

《混凝土结构工程施工质量验收规范》（GB 50204—2015）第 5.2.4 条规定："钢筋应平直、无损伤，表面不得有裂纹、油污、颗粒状或片状老锈。"

铁锈形成初期，钢筋表面呈黄褐色斑点，称为色锈或水锈。这种水锈对钢筋与混凝土之间的粘结影响不大，一般可以不处理。

当钢筋表面形成一层氧化铁皮，用锤击就可剥落时，就必须予以清除干净。否则，这种铁锈层就会影响钢筋与混凝土的粘结，使之不能共同发挥作用。而且埋置在混凝土中的带锈皮的钢筋随着时间的增加，锈蚀现象会继续发展，锈皮相应增厚，体积膨胀，使混凝土保护层开裂，钢筋与外界空气相通，铁锈还会继续发展，致使混凝土受到破坏而造成钢筋混凝土结构构件承载力降低，最终混凝土结构耐久性能下降，结构构件完全破坏。因此，钢筋的防锈和除锈是钢筋工非常重要的一项工作。

在钢筋锈蚀不太严重且对除锈要求又不太高的情况下，粗钢筋通过锤击调直或调直机调直，细钢筋通过冷拉调直，均可达到调直除锈的目的。而对于锈蚀严重的钢筋，采用电动除锈机除锈为好。

除锈工作应在调直后、弯曲前进行，并应尽量利用冷拉和调直工序进行除锈。人工除锈的常用方法一般是用钢丝刷、砂盘、麻袋布等轻擦或将钢筋在砂堆上来回拉动，如图6-43所示。

图 6-43　钢筋人工除锈

（3）钢筋切断

钢筋下料时需按下料长度切断。一般先断长料，后断短料，以减少短头和损耗。钢筋切断可用钢筋切断机或手动剪切器。

（4）钢筋弯曲

钢筋弯曲宜用钢筋弯曲机或弯箍机进行，弯曲形状复杂的钢筋应在画线、放样后进行。

6.5.2.2　钢筋连接

钢筋接头有三种连接方法：绑扎搭接接头、焊接接头、机械连接接头。

1）钢筋连接的原则

钢筋接头宜设置在受力较小处，同一纵向受力钢筋不宜设置 2 个或 2 个以上接头，同一构件中的纵向受力钢筋接头宜相互错开。

（1）直径在 12 mm 以上的钢筋，应优先采用焊接接头或机械连接接头。

（2）轴心受拉和小偏心受拉构件的纵向受力钢筋不可采用绑扎搭接接头。

（3）直径大于 28 mm 的受拉钢筋、直径大于 32 mm 的受压钢筋不宜采用绑扎搭接接头。

（4）连接承受动力荷载的构件，纵向受力钢筋不得采用绑扎搭接接头。

2）钢筋的绑扎

钢筋绑扎安装前，应先熟悉施工图纸，核对钢筋配料单和料牌。钢筋绑扎一般用 18～22 号铅丝。绑扎钢筋系纯手工操作，劳动量大、浪费钢材，但优点是不受部位和工具的限制，操作简便。

施工前，应先核对成品钢筋与配料单及图纸是否相符，确定绑扎先后顺序及方法，确定钢筋保护层厚度。

钢筋绑扎（图 6-44）的相关规定：

（1）钢筋接头搭接处，应在中心和两端用铁丝扎牢。绑扎接头的搭接长度应符合设计要求且不得小于规范规定的最小搭接长度。

（2）应特别注意板上部的负弯矩筋，一要保证其绑扎位置准确，二要防止施工人员的踩踏，尤其是雨篷、挑檐、阳台等悬臂板，防止其拆模后断裂垮塌。

（3）梁板钢筋绑扎时，应防止水电管线将钢筋抬起或压下。

（4）板、次梁与主梁交叉处，板的钢筋在上，次梁钢筋居中，主梁钢筋在下。当有圈梁、垫梁时，主梁钢筋在上。

图 6-44　钢筋绑扎

3）钢筋的焊接

钢筋连接采用焊接接头，可节约钢材、改善结构受力性能、提高工效、降低成本。常用的焊接方法可分为压焊（闪光对焊、电阻点焊、气压焊）和熔焊（电弧焊、电渣压力焊）。

（1）焊接施工的一般规定

① 焊工必须持证操作，施焊前应进行现场条件下的焊接工艺试验，试验合格后方可正式施焊。

② 焊剂应存放在干燥的库房内，若受潮，使用前应经 250～300 ℃烘焙。

③ 雨天、雪天不宜在现场进行施焊,必须施焊时,应采取有效遮蔽措施,焊后未冷却接头不得碰到冰雪。

④ 妥善管理氧气、乙炔、液化石油气等易燃易爆品,制定并实施各项安全技术措施,防止烧伤、触电、火灾、爆炸以及烧坏焊接设备等事故的发生。

（2）对焊

对焊是利用对焊机使电极间的钢筋两端接触,通过低电压电流,使钢筋加热到可焊温度后,加压焊合成对焊接头。对焊具有成本低、质量好、工效高的优点,对焊工艺又分为连续闪光焊、预热闪光焊、闪光—预热—闪光焊三种。

（3）电渣压力焊

电渣压力焊（简称竖焊）是利用电流通过渣池产生的电阻热将钢筋端部熔化,再施加压力使钢筋焊合,如图 6-45 所示。该工艺操作简单、工效高、成本低（比电弧焊接头节约电能 80％以上,比绑扎连接和帮条焊节约钢筋 30％）。其多用于施工现场直径 14～40 mm 的竖向钢筋的焊接接长。

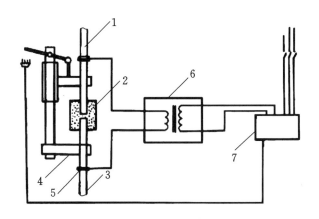

图 6-45　电渣压力焊示意图
1—上钢筋;2—焊剂盒;3—下钢筋;4—焊接机头;5—焊钳;6—焊接电源;7—控制箱

（4）电弧焊

电弧焊是电焊机送出低压强电流,使焊条与焊件之间产生高温电流,将焊条与焊件金属熔化,凝固后形成一条焊缝。电弧焊在现浇结构中的钢筋接长及装配式结构中的钢筋接头、钢筋与钢板的焊接中广泛应用。钢筋电弧焊的接头形式主要有帮条焊、搭接焊、坡口焊、窄间隙焊和熔槽帮条焊等五种形式。农村建房中宜采用帮条焊和搭接焊。

4）钢筋的机械连接

近年来在工程施工中,尤其是在钢筋混凝土结构施工现场粗钢筋的连接中,广泛采用了机械连接技术,现在大量使用的是直螺纹套筒连接技术。机械连接方法具有工艺简单、节约钢材、改善工作环境、接头性能可靠、技术易掌握、工作效率高、节约成本等优点。

6.5.3　混凝土施工技术

施工是混凝土工程的重要环节,施工质量的好坏对混凝土强度有非常重要的影响。施工质量包括配料准确、搅拌均匀、振捣密实、养护适宜等。任一道工序忽视了规范的管理和操作,都会导致混凝土强度和耐久性降低。

6.5.3.1　混凝土搅拌技术

(1)混凝土施工配料

施工配料是按现场所用搅拌机的装料容量(以一包水泥或倍数配料)搅拌一次计算的装料数量,它是保证混凝土质量的重要环节之一。影响施工配料的主要因素有两个:一是原材料的过秤计量,二是砂石骨料按实际含水率进行施工配合比的换算。

(2)搅拌机选择

混凝土的制备方法,除零星分散且用于非重要部位的可采用人工拌制外,均应采用机械搅拌。选择搅拌机时,要根据工程量的大小、混凝土的坍落度、骨料粒径等确定,既应满足技术要求,亦要考虑经济效益和节约能源。

(3)搅拌制度的确定

在正确选择混凝土搅拌机后,还必须确定装料容量、搅拌时间和投料顺序等。

搅拌机容量有几何容量、进料容量和出料容量三种标识。几何容量指搅拌筒内的几何容积,进料容量是指搅拌前搅拌筒可容纳的各种原材料的累计体积,出料容量是指每次从搅拌筒内可卸出的最大混凝土体积。

为保证混凝土得到充分的拌和,装料容量通常是搅拌机几何容量的 $1/3 \sim 1/2$,出料容量为装料容量的 $0.55 \sim 0.72$(称为出料系数)。

搅拌时间是指从原材料全部投入到混凝土拌合物开始卸出所经历的时间,过短则混凝土拌和不均匀,过长则降低了生产率,还降低了混凝土的和易性或导致分层离析现象产生。

投料顺序应考虑提高搅拌质量、减少拌合物与搅拌筒的粘结、减少水泥飞扬、改善工作环境。

6.5.3.2　混凝土运输

混凝土应及时运送至浇筑点,包括地面水平运输、垂直运输和楼层面上的水平运输。对混凝土运输的基本要求是:

(1)运输过程中要能保持良好的均匀性,不离析、不漏浆。

(2)保证混凝土具有规定的坍落度。

(3)使混凝土在初凝前浇筑完毕。

(4)保证混凝土的浇筑连续进行。

混凝土的垂直运输多采用塔吊、井架、龙门架或混凝土泵等。混凝土的地面水平运输可采用双轮手推车、机动翻斗车、混凝土搅拌运输车或自卸汽车。当混凝土需要量大、运距较远或使用商品混凝土时,多用自卸汽车或混凝土搅拌运输车。

6.5.3.3　混凝土浇筑与振捣

混凝土成型过程包括浇筑与振捣,其是混凝土工程施工的关键工序,直接影响混凝土的质量和整体性。

1)混凝土浇筑

混凝土的浇筑是将混凝土放入已安装好的模板内并振捣密实,以形成符合要求的结构或构件。混凝土浇筑前,应进行模板与钢筋工程的检查和验收,验收合格后,要填好有关技术资料;要设计好施工方案,准备好各种原材料和施工机具设备,做好水电供应工作,检查安全设施是否完备、运输通道是否通畅,还要了解天气情况。

混凝土浇筑的一般要求:

(1)混凝土须在初凝前浇筑。如已有初凝现象,则应再进行一次强力搅拌方可入模。如混凝土在浇筑前有离析现象,亦须重新拌和才能浇筑。

(2)混凝土浇筑时的自由倾落高度。对于素混凝土或少筋混凝土,由料斗、漏斗进行浇筑时,倾落高度不超过 2 m;对竖向结构(柱、墙)进行浇筑时,倾落高度不超过 3 m,否则应采用串筒、溜槽和振动串筒下料,以防产生离析。

(3)浇筑竖向结构混凝土前,底部应先浇入 50～100 mm 厚与混凝土成分相同的水泥砂浆,以避免产生蜂窝、麻面及烂根现象。

(4)为使混凝土振捣密实,混凝土必须分层浇筑。

(5)混凝土浇筑应连续进行,由于技术或施工组织上的原因必须间歇时,其间歇时间应尽可能缩短,并在下层混凝土未凝结前,将上层混凝土浇筑完毕。

(6)当混凝土抗压强度达到 1.2 MPa 时,才允许在上面继续进行施工活动。

2)混凝土振捣

混凝土应采用机械振捣成型。

柱、梁混凝土应采用插入式振动器捣实,每点振捣时间以 20～30 s 为宜,插入深度为振动棒长的 3/4。分层浇筑时,应插入下一层中 50 mm 左右深,做到“快插慢拔”。

屋面、楼板、地面、垫层等混凝土应采用平板式振动器振捣密实,每一位置上应连续振动 25～40 s,以混凝土表面出现浮浆为准,前后位置和排间相互搭接应为 3～5 cm,移动速率通常为每分钟 2～3 m,防止漏振。混凝土用机械振捣密实后,表面用刮尺刮平,应在混凝土终凝前进行二次抹压,以防混凝土出现早期裂缝。

6.5.3.4　养护与拆模

1)混凝土养护

混凝土烧筑后,应提供良好的温度和湿度环境,以保证混凝土能正常凝结和硬化。混凝土养护不好,会影响其强度、耐久性和整体性,表面会出现片状或粉状剥落,产生干缩裂纹等。

在农房建造过程中,对混凝土构件通常采用自然养护(图 4-46)的方法。

混凝土的自然养护是指在常温(平均气温不低于 5 ℃)条件下,于一定时间内使混凝土保持湿润状态。自然养护又可分为覆盖浇水养护和塑料薄膜养护。

覆盖浇水养护是在混凝土浇筑完毕后的 3～12 h（即终凝后）内用草帘、麻袋锯末等将混凝土覆盖，浇水保持湿润。普通水泥、硅酸盐水泥和矿渣水泥拌制的混凝土养护不少于 7 d，掺用缓凝型外加剂、膨胀剂和抗渗混凝土养护不少于 14 d。当气温在 15 ℃以上时，在混凝土浇筑后的最初 3 d，白天至少每 3 h 浇水 1 次，夜间应浇水 2 次，以后每昼夜浇水 3 次左右。高温或干燥气候下应适当增加浇水次数。当日平均气温低于 5 ℃时，不得浇水。

塑料薄膜保湿养护是以塑料薄膜为覆盖物，使混凝土与空气隔绝，水分不再蒸发，水泥靠混凝土中的水分完成水化作用而凝结硬化。这种方法可改善施工条件，节省人工、节约用水，保证混凝土的养护质量。

图 6-46　混凝土自然养护

2）混凝土拆模

（1）现浇混凝土结构拆模条件

对于整体式结构的拆模期限，应遵守以下规定：

① 非承重的侧面模板，在混凝土强度能保证其表面及棱角不因拆除模板而损坏时，方可拆除。

② 底模板在结构与条件养护试件达到表 6-4 规定的强度时，方能拆除。

③ 已拆除模板及其支架的结构，应在混凝土达到设计强度后，才允许承受全部计算荷载。施工中不得超载使用已拆除模板的结构，严禁堆放过量的建筑材料。

④ 钢筋混凝土结构如在混凝土未达到规定的强度时进行拆模及承受部分荷载，应经过计算复核结构在实际荷载作用下的强度。

（2）预制构件拆模条件

预制构件的拆模强度，当设计无明确要求时，应遵守下列规定：

① 拆除侧面模板时，混凝土强度必须能够保证构件不变形、棱角完整和无裂缝。

② 拆除底模条件：构件跨度≤4 m 时，混凝土强度须达到混凝土强度设计标准值的 50%；构件跨度＞4 m 时，须达到 70%。

③ 拆除空心板的芯模或预留孔洞的内模时，须保证表面不发生塌陷和出现裂缝，并应

避免较大的振动或碰伤孔壁。

（3）拆模程序

① 模板拆除一般是先支的后拆，后支的先拆，先拆非承重部位，后拆承重部位，并做到不损伤构件或模板。

② 对于工具式支模的梁、板，其模板的拆除顺序：应先拆卡具，顺口方木、侧板，再松动木楔，使支柱、桁架等平稳下降，然后逐段抽出底模板和横挡木，最后取下桁架、支柱、托具。

③ 多层楼板模板和支柱的拆除。当上层模板正在浇筑混凝土时，下层楼板的支柱不得拆除，再下一层楼板的支柱仅可拆除一部分。跨度 4 m 及 4 m 以上的梁，均应保留支柱，其间距不得大于 3 m。其再下一层的模板支柱，当楼板混凝土达到设计强度时，方可全部拆除。

（4）拆模过程中应注意的问题

① 拆除时不要用力过猛、过急，拆下来的木料应整理好并及时运走，做到活完地清。

② 在拆除模板过程中，如发现混凝土有影响结构安全的质量问题，应暂停拆除。经处理后，方可继续拆除。

③ 拆除跨度较大的梁下支柱时，应先从跨中开始，分别拆向两端。

④ 多层楼板模板支柱的拆除，其上层楼板正在浇筑混凝土时，下层楼板模板的支柱不得拆除，再下一层楼板的支柱仅可拆除部分。

⑤ 拆模间歇时，应将已活动的模板、牵杆、支撑等运走或妥善堆放，防止因扶空、踏空而坠落。

⑥ 模板上有预留孔洞者，应在安装后将洞口盖好。混凝土板上的预留孔洞，应在模板拆除后随即将洞口盖好。

⑦ 拆除模板一般用长撬棍。人不允许站在正在拆除的模板下。拆除模板时，要防止整块模板掉下，拆模人员要站在门窗洞口外拉支撑，防止模板突然全部掉落伤人。

⑧ 高空拆模时，应有专人指挥，并在下面标明工作区，暂停人员过往。

⑨ 定型模板要加强保护，拆除后及时清理干净，堆放整齐。

6.5.4　钢筋混凝土构件常见工程质量问题及防治

6.5.4.1　常见工程质量问题

①钢筋的配料、下料长度、弯钩增加长度等未按混凝土保护层、钢筋弯曲、弯钩等规定设置。

②钢筋位置移动，加密箍漏置（主要是框架梁柱核心区内），接头位置不符合规范要求。

③混凝土与砂浆配合比不符合要求，原材料质量控制不好导致其强度虽然超过设计强度等级，但离散性很大。

④混凝土表面有蜂窝、麻面、露筋等影响结构性能的现象（图 6-47）。

在农村建设中，二层或二层以上砖混结构住宅中，钢筋混凝土构造柱的设计和施工还存在一些问题：加密区不符合要求，构造柱与圈梁交接处钢箍应加密处理，加密范围 1/6 柱高

（包括核心区）以上，且间距不小于 50 cm，加密区箍筋间距为 10 cm。钢筋搭接长度不够，且不弯钩，与墙体连接未作马牙槎等。

图 6-47　混凝土表面出现蜂窝、麻面、露筋

6.5.4.2　防治措施

（1）防止钢筋配料通病的措施

按照混凝土保护层、钢筋弯曲、弯钩等规定确定下料长度。若需要搭接，还应加钢筋搭接长度，弯钩增加长度一定要采用经验数据。

（2）防止钢筋位置移动的方法

钢筋的接头和交叉处一定要用 20～22 号铁丝或镀锌铁丝进行绑扎。绑扎搭接位置全部错开以确保所有受力筋的位置准确，使其受力合理。钢筋工程属于隐蔽工程，在浇筑混凝土前应对钢筋及预埋件进行验收。

（3）混凝土质量的控制

混凝土的配料准确性和搅拌均匀性直接影响着混凝土的强度和耐久性，因此一定要严格控制这一施工过程，严格控制水泥、粗（细）骨料拌和、水和外加剂的质量，并要按照设计规定的混凝土强度等级和混凝土施工配合比确定投料的数量。投料时要严格控制各种材料的投料数量，使其偏差不超过规定值，即水泥、外掺混合材料为±2%，粗、细骨料为±3%，水、外加剂为±2%。

（4）混凝土质量通病的修整

面积较小且数量不多的蜂窝、麻面或露筋一般是先用钢丝刷或加压水冲洗基层，再用配合比为1∶2～1∶2.5 的水泥砂浆填满、抹平，加强养护。面积大的应凿去薄弱的混凝土层和个别凸出的骨料颗粒，然后用钢丝刷或加压水洗刷表面，再用比原强度等级高的细骨料混凝土填塞并仔细捣实。

6.5.5　钢筋混凝土构件验收

6.5.5.1　模板分项工程验收

（1）模板及支架所用材料的技术指标应符合国家现行有关标准的规定。进场时应抽样检验模板和支架材料的外观、规格和尺寸。

检查数量:按国家现行相关标准的规定确定。

检验方法:检查质量证明文件,观察和尺量。

(2) 现浇混凝土结构模板及支架的安装质量,应符合国家现行有关标准的规定和施工方案的要求。

检查数量:按国家现行相关标准的规定确定。

检验方法:按国家现行有关标准的规定执行。

(3) 支架竖杆和竖向模板安装在土层上时,应符合下列规定:

① 土层应坚实、平整,其承载力或密实度应符合施工方案的要求。

② 应有防水、排水措施。对冻胀性土,应有预防冻融措施。

③ 支架竖杆下应有底座或垫板。

检查数量:全数检查。

检验方法:观察;检查土层密实度检测报告、土层承载力验算或现场检测报告。

6.5.5.2　钢筋分项工程验收

浇筑混凝土之前,应进行钢筋隐蔽工程验收。隐蔽工程验收应包括下列主要内容:

(1) 纵向受力钢筋的牌号、规格、数量、位置;

(2) 钢筋的连接方式、接头位置、接头质量、接头面积百分率、搭接长度、锚固方式及锚固长度;

(3) 箍筋、横向钢筋的牌号、规格、数量、间距、位置,箍筋弯钩的弯折角度及平直段长度;

(4) 预埋件的规格、数量和位置。

6.5.5.3　混凝土施工验收

混凝土的强度等级必须符合设计要求。用于检验混凝土强度的试件应在浇筑地点随机抽取。

检查数量:对同一配合比混凝土,取样与试件留置应符合下列规定:

(1) 每拌制 100 盘且不超过 100 m³ 时,取样不得少于一次;

(2) 每工作班拌制不足 100 盘时,取样不得少于一次;

(3) 连续浇筑超过 1000 m³ 时,每 200 m³ 取样不得少于一次;

(4) 每一楼层取样不得少于一次;

(5) 每次取样应至少留置一组试件。

检验方法:检查施工记录及混凝土强度试验报告。

对涉及混凝土结构安全的有代表性的部位应进行结构实体检验。结构实体检验应包括混凝土强度、钢筋保护层厚度、结构位置与尺寸偏差以及合同约定的项目,必要时可检验其他项目。

结构实体检验应由监理单位组织施工单位实施,并见证实施过程。施工单位应制定结构实体检验专项方案,并经监理单位审核批准后实施。除结构位置与尺寸偏差外的结构实体检验项目,应由具有相应资质的检测机构完成。

工匠经验:现浇楼板质量控制

农村自建房现浇楼板是最容易出现质量问题的。在现场浇筑以前,我们一定要注意检查以下几点,确保整体的质量安全:

第一,使用好模板。现在农村建房使用最多的是木模板,而且是重复利用多次的木模板。多次的使用会导致模板变形、表面粗糙、有裂纹等问题。这样会导致浇筑的楼板表面不整齐、粗糙等问题。建议在使用模板前好好检查,不能使用已出现变形、表面破损等情况的模板。

第二,不要用木棍固定模板,要用钢支架,并且再浇筑前一定要检查模板是否稳当。现在自建房模板还是有很多木棍固定支撑模板,这样是不可取的。现浇楼板一开始是没有任何承载力的,且楼板全部自重加上施工产生的荷载全部靠模板支撑。所以模板一定要固定好,不然有可能发生爆模现象。情况严重时会危及人身安全,不严重时也会导致楼板变形从而使楼板不符合要求,需要拆掉重新浇筑。这样也会带来很多不必要的经济损失。

第三,在模板支架搭设完毕后,一定要确定层高,检查梁的截面尺寸,否则混凝土浇筑好后就不可逆了。

第四,检查模板的加固情况。梁的加固一定要采用专业的夹具,间隔 50 cm 进行加固,不能漏掉,否则非常容易爆模。

第五,检查模板的拼接缝情况。拼接缝过大会导致漏浆,造成烂根,尽量控制在 2 mm 以内。

第六,检查钢筋配筋是否按照图纸规范,马凳筋、隔板、垫块一定要安装到位、绑扎严格,按照图纸规范进行。

第七,整个模板平整度尽量控制在 5 mm 以内,测 4 个点以上。

6.6 EPS 模块混凝土剪力墙结构施工

6.6.1 施工工艺流程及准备

(1)组织项目管理人员认真审核施工设计图纸,熟悉掌握相关图集中各构造节点保温的细部做法和要求。

(2)根据 EPS 模块规格型号进行排版,对各个不同尺寸的墙面进行深化设计,并根据排版图统计不同规格型号的材料通知生产厂家进行生产。

(3)项目管理人员均通过生产厂家的专门培训,施工人员也经过上岗培训并取得上岗作业证书。材料准备方面,工程所需外墙保温材料 EPS 模块进场材料均具有检测报告、合格证,并保证及时进场报验,进场材料按批量进行复试检测。施工机具包括切割工具,如接触调压器、热熔丝切割手柄、裁口模具和检测工具,包括 2 m 靠尺、线坠,以及辅助工具,比如白线、透明胶带、墨斗、木槌等。

具体工艺流程(图 6-48)为：抄平放线→墙体钢筋绑扎→EPS 模块组合→空腔构造组合安装(含模块穿孔和企口防护条安装)→墙体模块安装→墙体绑扎钢筋→混凝土浇筑→拆除复合墙体内、外两侧模板和企口防护条→穿墙对拉螺栓贯通孔封堵→继续上一次施工。

图 6-48　EPS 模块安装、浇筑

6.6.2　施工要点

EPS 模块施工要点包括：

(1) EPS 模块周圈水平线要准确，水平度无误差；

(2) EPS 模块安装要根据排版图，下料时尺寸出现误差应及时修正；

(3) EPS 模块板切割时要使用方正尺，不得有对角尺寸误差；

(4) 连接槽及连接凸台尺寸要准确，确保连接时无松动；

(5) 根据施工图纸确定好防火隔离带位置；

(6) EPS 模块保温与建筑结构一体化墙表面无法修补，所以墙面垂直平整度要求高，模板安装垂直平整度及模板支撑体系要认真检查验收，保证混凝土浇筑施工完成后墙面的垂直平整度；

(7) 拆模后 EPS 模块表面燕尾槽内残留混凝土要清理干净，避免抹面砂浆无法压入燕尾槽内，无法形成抹面层和 EPS 模块整体连接性。

工匠经验：农村自建房外墙 EPS 装饰修复方法
农村自建房外墙运用 EPS 装饰虽较为普遍，但也存在弊端，EPS 外墙装饰是不防撞的。当发生损坏时，可以从以下内容进行修复： 　　(1)找到同样造型的 EPS，重新安装； 　　(2)原损伤处清理； 　　(3)重新挂网； 　　(4)进行喷涂； 　　(5)注意色差。

6.7　屋面施工

新建农房宜采用钢筋混凝土现浇屋面或三角形木屋架、轻钢屋架等建造体系,楼屋盖系统应与下部结构可靠连接。8 度及以上抗震设防烈度地区新建农房不应采用硬山搁檩屋面、预制楼板屋面,屋面挑檐不应采用预制楼板。新建农房屋面宜采取可靠防水措施,防止雨水影响房屋耐久性。

宁夏农村地区最常见的农房为红砖瓦房,其屋面形式大多为坡屋顶,坡度可取 10％～50％,坡度大于 50％时需要加强固定。

6.7.1　木屋架安装

农房屋顶施工顺序通常如下:

(1)当砖墙砌到一定高度,即与窗洞口顶部齐平时,架设上圈梁,接着砌山墙和中间的隔墙。当墙顶采用钢筋混凝土圈梁时,应在圈梁内预埋螺栓以便固定屋架,见图 6-49。

图 6-49　上圈梁及预埋螺栓

(2)房屋跨度越大,起脊的高度也就越高,墙的坡度找好之后,安装檩条和木椽,将圈梁内预埋螺栓与木屋架固定牢靠(图 6-50),并用扒钉、钢销和钉子将檩条与木椽固定。梁安装时应根据梁两端截面上的垂线来调整梁的垂直度,且梁的大头均应在前檐墙。檩条应与山墙或梁可靠拉结。钉椽时如果使用方铁钉,则应先钻眼。钻眼后再将椽钉上;当使用圆钉时,可不钻眼。一般情况下,木椽的大头朝下,小头钉在檩条上。钉过的木椽上表面应在同一平面上。

(3)铺设坡屋面。当采用草泥座瓦时,首先应在木檩条或木椽上面铺设芦苇帘子,再铺一层塑料膜用来防水;然后,在上面铺抹一层掺加稻草的草泥,等泥浆成型后,将山墙和脊上屋顶造型做好;最后,将琉璃瓦挂在屋面上即可(座瓦),将瓦与砖墙的交接处用水泥砂浆填缝,缺陷处修补完整。

木构件安装应注意以下事项:

(1)在坡度大于 25°的屋面上操作,应有防滑梯、护身栏杆等防护措施。

(2)木屋架应在地面拼装。必须在上面排装的应连续进行,中断时应设临时支撑。屋

图 6-50 木屋架安装和屋面挂瓦

架就位后,应及时安装屋脊顶部木檩与临时支撑。吊运材料所用索具必须良好,绑扎要牢固。

(3)钉房檐板时必须站在脚手架上,禁止在屋面上探身操作。

(4)瓦材为易碎材料,在包装、搬运和存放时应注意瓦材的完整性。每块瓦均应用草绳花缠出厂;运输车厢用柔软材料垫稳,搬运时轻拿轻放,不得碰撞、抛扔;堆放应整齐,琉璃瓦侧放靠紧,堆放高度不超过 5 层,脊瓦呈人字形堆放。

6.7.2 钢筋混凝土坡屋面施工

6.7.2.1 施工准备与基层处理

屋面结构施工完成,水、通风、电等专业施工完毕;穿过屋面板的各种预埋管根部及排烟气道、屋面上人孔、排水沟、天沟等部位均已按设计要求施工完毕。

由于钢筋混凝土坡屋面板在施工时表面难以达到在其上部直接做防水层的要求,在钢筋混凝土板上先浇水湿润后,用水泥和 108 胶加水调制成水泥素浆,在板面上满刮道,主要是为了封闭毛细孔洞和作为基层接浆。在素浆上做一层砂浆找平层,厚 20 mm,为了增加结构层的防水效果,可在水泥砂浆中掺加水泥用量 5% 的防水粉,并按照配合比进行配料,用搅拌机搅拌均匀,在屋面上摊铺,按事先定好的灰饼厚度用 2 m 长的铝合金刮杠找平,采用木抹子将砂浆搓平压实,再用铁抹子将其表面抹平压光,找平层扶完 6~8 h 后淋水养护,不小于 72 h,见表 6-6。

表 6-6 找平层厚度和技术要求

类别	基层种类	厚度/mm	技术要求
水泥砂浆找平层	整体现浇混凝土	15~20	—
	整体或板状材料保温层	20~25	—
	装配式混凝土板	20~30	—
细石混凝土找平层	板状材料保温层	—	混凝土强度等级 C20

6.7.2.2 铺贴成品瓦

(1)屋面放线。弹出屋脊中线,然后从屋檐两侧弹出一条平行线,确定屋檐第一层瓦的位置,在左右檐边分别量出屋脊中线与此线的长度,修正两檐边的误差,保证屋面的方正度误差控制在 5 mm 之内。为保证屋面瓦间距相等,可量出左右檐边的长度,根据屋面瓦的几何尺寸、上下搭接长度和第一层瓦出檐长度,确定每层瓦的间距,在两边山檐分别划好等份,弹线确定每层瓦的位置

(2)屋面瓦铺挂前的准备工作。屋面瓦运输堆放应避免多次倒运,要求瓦长边侧立堆放,最好一顺一倒合拢靠紧,堆放成长条形,高度以 5~6 层为宜,堆放、运瓦时,要稳拿轻放。屋面瓦的质量应符合要求,砂眼、裂缝、掉角、缺边等不符合质量要求规定的尽量不选用,但半边瓦和掉角、缺边的瓦可用于山檐边、斜沟或斜脊处,其使用部分的表面不得有缺损或裂缝。待基层检验合格后,方可上瓦。

(3)屋面瓦施工。首先在屋面檐口和屋脊处,用水泥砂浆找出平面,铺瓦时应从下至上、从右至左,两端延坡挂线,两线应在相同的平面上进行挂平行线铺设,带线从檐口铺到屋脊,使屋面瓦片达到横平、顺直、斜成线的整体效果。如图 6-51 所示。

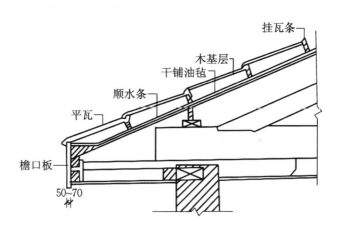

图 6-51 屋面瓦

在顺水条顶端两侧各安装一根挂瓦条,使挂瓦条顶端间距 40 mm。挂瓦条规格不小于 25 mm×25 mm,在开放式及木板铺设屋面上要有油毡衬垫,且至少伸过屋脊顶处150 mm。中间部分:从第一根挂瓦条开始往下,每间隔 332~356 mm 装挂瓦条。安装檐口最后一根挂瓦条,让它紧贴着檐边,高度跟檐口压板平齐,但须比其他挂瓦条高出约 33 mm。挂瓦条的连接点,应放在顺水条的中线上,并要相互错开。用卡条调整挂瓦条,使各行均匀、平齐。必要时,只能转动顺水条来调节,而不应轻易斧削挂瓦条。

从屋檐右下角开始铺第一张瓦,自右向左排列,至铺满第一排,注意左右两端的瓦片,必须保持在瓦楞凸起的部位,否则须重新调整瓦片的排列。铺第二排瓦时,将瓦片与第一排瓦片交错搭接,使整个屋面更牢固、雨水的排泄更有效。根据屋面的坡度,将瓦固定在挂瓦条上,在屋檐处所有孔隙都必须采用水泥浆、木板或装饰物,并打部分通气孔,让积聚在瓦下面

的水分排出挥发。

（4）细部做法。纯水砂浆掺5％～10％相同颜色料粉并用胶水充分拌和后勾缝,涂刷在外露坐浆处,注意不能涂刷在主瓦、脊瓦和天沟瓦的表面。

所有出屋面管道、拔气道、屋面人孔、屋面与立墙、凸出屋面结构等处均应做泛水处理,泛水距瓦面最低处不应小于250 mm,泛水以下墙面用水泥砂浆抹平,压住瓦材,瓦间空隙用水泥砂浆填实。

6.7.3　屋面施工验收

屋面工程所用的防水、保温材料应有产品合格证书和性能检测报告,材料的品种、规格、性能等必须符合国家现行产品标准和设计要求。

（1）屋面工程验收资料和记录应符合表6-7的规定。

表 6-7　屋面工程验收资料和记录

资料项目	验收资料
防水设计	设计图纸及会审记录、设计变更通知单和材料待用核定单
施工方案	施工方法、技术措施、质量保证措施
技术交底记录	施工操作要求及注意事项
材料质量证明文件	出厂合格证、型式检验报告、出厂检验报告、进厂验收记录和进厂检验报告

（2）屋面工程应对下列部位进行隐蔽工程验收,程序如下:

① 卷材、涂膜防水层的基层;

② 保温层的隔气和排气措施;

③ 保温层的铺设方式、厚度、板材缝隙填充质量及热桥部位的保温措施;

④ 接缝的密封处理;

⑤ 瓦材与基层的固定措施;

⑥ 檐沟、天沟、泛水、水落口和变形缝等细部做法;

⑦ 在屋面易开裂和渗水部位的附加层;

⑧ 保护层与卷材、涂膜防水层之间的隔离层;

⑨ 金属板材与基层的固定和板缝间的密封处理;

⑩ 坡度较大时,防止卷材和保温层的下滑。

工匠经验:农村自建房屋面漏水解决方案

农村自建房屋面漏水常见的原因主要是不均匀沉降、混凝土的质量、浇筑后的养护、钢筋的设置等问题。为了避免这些问题,应做到以下几点:

（1）督促施工队做阳角放射筋,可以防止墙角开裂。

（2）商品混凝土的选择。采用正规的搅拌站,严格把控好材料的质量关,不降低水泥强度等级,能够符合建筑强度要求。

（3）一次性浇筑完成,机械振捣,确保水泥面的密实。盖膜或者浇水养护,保持湿润,水泥面养护不要少于14 d。

（4）降低不均匀沉降的可能性。结构计算很重要,基础的配筋大小要科学合理。

6.8　门窗工程施工

门窗是房屋中不可缺少的一部分。发展至今,门窗已经历过木、钢、铝合金、塑钢门窗等四个时期。木门窗价格适中,外观差、密封性差,怕火易燃,变形开裂,维护成本高,使用寿命短。钢焊门窗价格低,易腐蚀、易变形,维护费用高,使用寿命短,面临淘汰。铝合金门窗阻燃性好,外观豪华但整体性较差,易变形、易腐蚀,且保温性差、隔热差,隔音效果不强。塑钢门窗与断桥铝门窗的缝隙密封水平基本一致,其隔声性能也基本一致。断桥铝门窗的突出优点是刚性好,超强硬度,防火性好,保温隔热性能极佳,强度高,采光面积大,耐大气腐蚀性好,综合性能优秀,使用寿命长,装饰效果好。目前,断桥隔热型材铝合金门窗在宁夏农村自建房中很受欢迎。

6.8.1　门窗安装施工工艺流程

门窗安装施工工艺流程:准备工作→确认安装基准→安装门窗框→校正→固定门窗框→土建抹灰收口→安装门窗扇→填充发泡剂→塞海绵棒→门窗外周圈打胶→安装门窗五金件→安装门窗密封条→纱扇安装→清理、清洗门窗→质量检查。

施工准备:检查门窗洞位置、尺寸及标高是否符合图纸设计要求;门窗型号、品种符合图纸要求;门窗及玻璃成品表面有无缺陷。

确认安装基准:首先应弹出门窗洞中的中心线,从中心线确定基准洞口宽度,门窗框安装后,应与墙面阳角线尺寸保持一致。

安装门窗框、校正(图 6-52):按照弹线位置,将门窗框临时用木楔固定,用水平尺(仪)和托线板反复校正门窗框的垂直度及水平度,并调整木楔,直至门窗框垂直水平。

图 6-52　窗框安装、校正

固定门窗框(图 6-53):将门窗框连接件固定在墙体上。

门窗玻璃、门窗扇安装:在洞口墙体表面装饰完后再安装门窗玻璃、门窗扇;平开门窗在框与扇格架组装上墙、安装固定好后再安装玻璃,最后填嵌密封胶、镶嵌密封条;推拉门窗在门窗框安装固定后,将配好玻璃的门窗扇整体安入框内滑道,调整好框与扇的缝隙。

图 6-53　固定门窗框

6.8.2　施工要点

门窗安装应符合下列规定：

（1）安装玻璃前，应清出槽口内的杂物。

（2）使用密封膏前，接缝处的表面应清洁、干燥。

（3）玻璃不得与玻璃槽直接接触，并应在玻璃四边垫上不同厚度的垫块，边框上的垫块应用胶粘剂固定。

（4）镀膜玻璃应安装在玻璃的最外层，单面镀膜玻璃应朝向室内。

6.8.3　门窗保温处理

外窗洞口宜设置窗台板对保温层进行保护，窗台板安装应符合下列规定：

（1）窗台板与窗框之间应有结构性连接，并采取密封措施。

（2）窗台板下侧与外墙保温层的接缝处应采用预压膨胀密封带密封。

（3）窗台板应采取抗踩压措施。

（4）窗台板应设滴水线。

（5）外门窗的开启方式，应充分考虑相邻空间的使用需求，避免撞伤及无法开启。

（6）薄抹灰外墙外保温系统的外门窗可采用外挂安装，对外挂安装的门窗锚固件和连接件的安全性进行受力计算。锚固件和连接件应采用不锈钢或热镀锌材料，相应锚栓应采用化学锚栓。

（7）内置保温、钢丝网喷涂砂浆复合保温板等系统的外门窗应采用内嵌或半内嵌的安装方式，并应对具体安装构造进行热桥处理和气密性设计。

6.8.4　门窗工程验收

（1）门窗工程验收时应检查下列文件和记录：

① 门窗工程的施工图、设计说明及其他设计文件。

② 材料的产品合格证书。

③ 隐蔽工程验收记录。

④ 施工记录。

（2）门窗工程应对下列隐蔽工程项目进行验收：

① 预埋件和锚固件。

② 隐蔽部位的防腐和填嵌处理。

③ 金属门窗和塑料门窗安装应采用预留洞口的方法施工。

④ 木门窗与砖石砌体、混凝土或抹灰层接触处应进行防腐处理，埋入砌体或混凝土中的木砖应进行防腐处理。

⑤ 推拉门窗扇必须牢固，必须安装防脱落装置。

6.9　抹灰工程施工

抹灰工程是用灰浆涂抹在房屋建筑的墙、地、顶棚、表面上的一种传统做法的装饰工程。我国有些地区也叫作"粉饰"或"粉刷"。

抹灰工程是指用抹面砂浆涂抹在基底材料的表面，具有保护基层和增加美观的作用，为建筑物提供特殊功能的系统施工过程。抹灰工程具有两大功能：一是防护功能，保护墙体不受风、雨、雪的侵蚀，增加墙面防潮、防风化、隔热的能力，提高墙身的耐久性能；二是美化功能，改善室内卫生条件，净化空气，美化环境，提高居住舒适度。

6.9.1　抹灰工程施工工艺流程

施工工艺流程：抹灰前检查→基层处理→浇水处理→抹灰饼→墙面充筋→分层抹灰→设置分格缝→保护成品。

6.9.1.1　抹灰前检查

抹灰工程施工，必须在结构或基层质量检验合格后进行。必要时，应会同有关部门办理结构验收和隐蔽工程验收手续。对其他配合的工种项目也必须进行检查，这是确保抹灰质量和进度的关键。

抹灰前应对以下主要项目进行检查：

（1）门窗框及其他木制品安装是否正确并齐全，是否预留抹灰层厚度，门窗口高度是否符合室内水平线标高。

（2）吊顶是否牢固，标高是否正确。

（3）墙面预留木砖或铁件有无遗漏，标高是否正确，埋置是否牢固。

（4）水（电）管线、配电箱是否安装完毕，有无遗漏，水暖管道是否做过压力试验，地漏位置标高是否正确。

（5）阳台栏杆、泄水管、水落管管夹、电线绝缘托架等安装是否齐全与牢固。

6.9.1.2　基层处理

（1）基层清理（图 6-54）：抹灰前基层表面的尘土、污垢、油渍等应清除干净，并应洒水湿润。

（2）烧结砖砌体的基层，应清除表面杂物、残留灰浆、舌头灰、尘土等，并应在抹灰前一天浇水湿润,水应渗入墙面内 10～20 mm。抹灰时,墙面不得有明水。

（3）蒸压灰砂砖、蒸压粉煤灰砖、轻骨料混凝土、轻骨料混凝土空心砌块的基层,应清除表面杂物、残留灰浆、舌头灰、尘土等,并可在抹灰前浇水湿润墙面。

图 6-54　基层清理

（4）混凝土基层,应先将基层表面的尘土、污垢、油渍等清除干净,并采用下列方法之一进行处理:

① 可将混凝土表面凿成麻面。抹灰前一天,应浇水湿润,抹灰时基层表面不得有明水。

② 可在混凝土基层表面涂抹界面砂浆,界面砂浆应先加水搅拌均匀,无生粉团后再进行满披刮,并应覆盖全部基层表面,厚度不宜大于 2 mm。在界面砂浆表面稍收浆后再进行抹灰。

（5）对于加气混凝土砌块基层,应先将基层清扫干净,再采用下列方法之一进行处理:

① 可用水湿润,水应渗入墙面内 10～20 mm,且墙面不得有明水。

② 可涂抹界面砂浆,界面砂浆应先加水搅拌均匀,无生粉团后再进行满披刮,并应覆盖全部基层墙体,厚度不宜大于 2 mm。在界面砂浆表面稍收浆后再进行抹灰。

（6）对于混凝土小型空心砌体和混凝土多孔砖砌体的基层,应将基层表面的尘土、污垢、油渍等清理干净,且不得浇水湿润。

（7）采用聚合物水泥抹灰砂浆时,基层应清理干净,不可浇水湿润。

（8）采用石膏抹灰砂浆时,基层不可进行界面增强处理,应浇水湿润。

（9）非常规抹灰的加强措施:当抹灰总厚度不小于 35 mm 时,应采取加强措施。不同材料基体交接处表面的抹灰,应采取防止开裂的加强措施。当采用加强网时,加强网与各基体的搭接宽度不小于 100 mm。加强网应绷紧、钉牢。

（10）细部处理:外墙抹灰工程施工前应先安装钢木门窗框、护栏等,并应将墙上的施工孔洞堵塞密实。室内墙面、柱子面和门洞口的阴阳角做法应符合设计要求。设计无要求时,应采用 1∶2 水泥砂浆做暗护角,其高度不应低于 2 m,每侧宽度不应小于 50 mm。

6.9.1.3　浇水湿润

一般在抹灰的前一天,用水管或喷壶顺墙自上而下浇水湿润,不同的墙体在不同的环境下需要不同的浇水量。浇水分次进行,以墙体既湿润又不泌水为宜,见图 6-55。

图 6-55　浇水湿润

6.9.1.4　吊垂直,套方,找规矩,做灰饼

可利用墙大角、门窗口两边,用经纬仪打直线找垂直并吊通线,绷铁丝找规矩,横向水平线可依据楼层标高或施工+50 cm线为水平基准线进行交圈控制,然后按抹灰操作层抹灰饼。做灰饼时应注意横竖交圈,以便操作。每层抹灰时则以灰饼做基准充筋,保证其横平竖直,见图 6-56。

图 6-56　做灰饼

6.9.1.5　墙面充筋

当灰饼砂浆达到七八成干时,即可用与抹灰层相同的砂浆充筋,充筋根数根据房间的宽度和高度确定,一般标筋宽度为 50 mm,两筋间距不大于 1.5 m。当墙面高度小于 3.5 m时宜做立筋,大于 3.5 m时宜做横筋,做横向充筋时做灰饼的间距不宜大于 2 m。

6.9.1.6　分层抹灰

略。

6.9.1.7　设置分格缝

根据图纸要求弹线分格、黏分格条。分格条宜采用红松制作,黏前应用水充分浸透。黏时在分格条两侧用素水泥浆抹成 45°八字坡形。黏分格条时注意竖条应黏在所弹立线的同

图 6-57　罩面施工

一侧,防止左右乱黏,出现分格不均匀。分格条黏好后待底层呈七八成干后可抹面层灰。

6.9.1.8　保护成品

一般在抹灰 24 h 后进行养护。

6.9.2　施工要点

6.9.2.1　抹灰砂浆的配制

抹灰砂浆是应用涂刷在建筑基面上起到找平或者提供保护的一类砂浆的统称。根据操作不同,抹灰砂浆分为现场搅拌砂浆和预拌干粉抹灰砂浆。预拌干粉抹灰砂浆是商品砂浆中的一种,其中干粉抹灰砂浆是由水泥、填料、骨料和多种功能性外加剂配制而成的。抹灰砂浆配合比是指组成抹灰砂浆的各种原材料的质量比,也常用体积比表示。抹灰砂浆配合比在设计图纸上均有注明,根据砂浆品种及配合比就可以计算出原材料的用量。一般抹灰砂浆的配制详见表 6-8 至表 6-11。

表 6-8　水泥抹灰砂浆的配合比　　　　　　　单位:kg/m³

砂浆强度等级	水泥用量	水泥要求	砂	水	适用部位
M15	330～380	强度 42.5 级通用硅酸盐水泥或砌筑水泥	1 m³ 砂的堆积密度值	260～330	墙面、墙裙、防潮要求的房间,屋檐、压檐墙、门窗洞口等部位
M20	380～450				
M25	400～450	强度 52.5 级通用硅酸盐水泥			
M30	460～510				

表 6-9　水泥粉煤灰抹灰砂浆的配合比　　　　　　单位:kg/m³

砂浆强度等级	水泥用量	水泥要求	粉煤灰	砂	水	适用部位
M5	250~290	强度 42.5 级通用硅酸盐水泥	内掺等量取代水泥量的 10%~30%	1 m³ 砂的堆积密度值	260~330	适用于内外墙抹灰
M10	320~350					
M15	350~400	强度 52.5 级通用硅酸盐水泥				

表 6-10　水泥石灰抹灰砂浆的配合比　　　　　　单位:kg/m³

砂浆强度等级	水泥用量	水泥要求	石灰膏	砂	水	适用部位
M2.5	200~230	强度 42.5 级通用硅酸盐水泥或砌筑水泥	(350~400) 减去水泥用量	1 m³ 砂的堆积密度值	260~330	适用于内外墙抹灰,不宜用于湿度较大部位
M5	230~280					
M10	330~380					

表 6-11　掺塑化剂水泥抹灰砂浆的配合比　　　　　　单位:kg/m³

砂浆强度等级	水泥用量	水泥要求	塑化剂	砂	水	适用部位
M5	260~300	强度 42.5 级通用硅酸盐水泥	按说明书掺加。砂浆使用时间不超过 2 h	1 m³ 砂的堆积密度值	260~330	适用于内外墙抹灰
M10	330~360					
M15	360~410					

6.9.2.2　墙面与顶棚抹底灰

内墙抹底灰一般在冲筋完成 2 h 左右进行施工为宜,抹前应先抹一层薄灰,要求将基底抹严,抹时用力压实,使砂浆挤入细小缝隙内,接着分层装档、抹灰与冲筋平,用木杠子刮平整,用木抹子搓毛。然后全面检查底子灰是否平整,阴阳角是否方直、整洁,管道后与阴角交接处是否光滑、平整、顺直,并用拖线板检查墙面垂直度与平整情况。抹灰面接茬应平顺,地面踢脚板或墙裙、管道背后应及时清理干净,做到工完场清。

外墙抹灰在底层灰施工前,可根据不同基层墙体刷一道胶黏性水泥浆,然后抹 1∶3 水泥砂浆(加气混凝土墙底层应抹 1∶6 水泥砂浆),每层厚度控制在 5~7 mm 为宜。分层抹灰与冲筋平时用木杠子刮平找直,木抹子搓毛,每层抹灰不宜跟得太紧,以防收缩影响质量。

混凝土顶棚抹灰前,应先将楼板表面附着的杂物清除干净,并应将基面的油污或脱模剂清除干净,凹凸处应用聚合物水泥砂浆修补平整或剔平。顶棚抹灰前,应在四周墙上弹水平线作为控制线,先抹顶棚四周,再圈边找平。预制混凝土顶棚抹灰厚度不宜大于 10 mm,现浇混凝土顶棚抹灰厚度不大于 5 mm。

6.9.2.3 一般抹灰工程的罩面施工

面层,又称"罩面"。面层抹灰主要起装饰和保护作用。抹灰应在底灰六七成干时开始抹罩面灰(抹时若底灰过干,应浇水湿润),罩面灰两遍成活,每遍厚度约 2 mm,操作时最好两人同时配合进行,一人先刮一遍薄灰,另一人随即抹平。依照先上后下的顺序进行,然后赶实压光,压时要掌握好火候,既不要出现水纹,也不可压活,压好后随即用毛刷蘸水,将罩面灰污染处清理干净。施工时整面墙不宜留施工槎,如遇有施工洞时,可甩下整面墙待抹为宜,见图 6-58。

图 6-58 罩面施工

6.9.2.4 拉毛灰的做法

拉毛灰是用铁抹子或木楔,将罩面灰轻压后顺势拉起,形成一种凹凸质感很强的饰面层。拉细毛时用鬃刷蘸着灰浆拉成细的凹凸花纹,见图 6-59。

图 6-59 拉毛灰

拉毛灰的形式较多,如拉长毛、拉短毛、拉粗毛、拉细毛等。拉毛灰有吸声的功效,同时墙面落上灰尘后不易清理。拉毛灰的基体抹灰同一般抹灰,待中层灰六七成干时,然后将抹面层拉毛。面层拉毛有如下几种做法:

(1)水泥石灰加纸筋灰拉毛

罩面灰采用纸筋灰拉毛时,其厚度根据拉毛的长短而定,一般为 4~20 mm,一人在前面抹纸筋灰,另一人紧跟在后面用硬猪鬃刷往墙上垂直拍拉,拉起毛头,操作时用力要均匀,如个别地方拉出的毛不符合要求,可以补拉。配合比一般为:

粗毛　石灰砂浆:石灰膏:纸筋灰=1:5%:3%石灰膏;

中等毛　石灰砂浆:石灰膏:纸筋灰=1:(10%~20%)石灰膏:3%石灰膏;

细毛　石灰砂浆:石灰膏:砂子=1:(25%~30%)石灰膏:适量砂子。

(2)水泥石灰砂浆拉毛

用水泥:石灰膏:砂子=1:0.6:0.9配制的水泥砂浆拉毛时,用白麻缠成的圆形麻刷子,把砂浆在墙面上一点一带,带出毛疙瘩来。麻刷子的大小根据要做的拉毛图案大小确定。

(3)纸筋石灰拉毛

用硬毛刷往墙上直接拍拉,拉出毛头。拉毛施工时,避免中断留槎,做到色彩一致。拉粗毛时,用鬃刷蘸着砂浆拉成花纹。

1)材料及主要机具

水泥:采用42.5级普通硅酸盐水泥及32.5级矿渣硅酸盐水泥,应为同一批号的水泥。

砂:中砂,过5 mm孔径的筛子,其内不得含有草根、杂质等有机物质。

掺合料:石灰膏、粉煤灰、磨细生石灰粉。如采用生石灰淋制石灰膏,其熟化时间不少于30 d。如采用生白灰粉拌制砂浆,则熟化时间不少于3 d。

水:应用自来水或不含有害物质的洁净水。

胶粘剂:108胶、聚醋酸乙烯乳液等。

主要机具:搅拌机、铁板(拌灰用)、5 mm筛子、铁锹、大平锹、小平锹、灰镐、灰勺、灰桶、铁抹子、木抹子、大杠、小杠、担子板、粉线包、小水桶、笤帚、钢筋卡子、手推车、胶皮水管、八字靠尺、分格条等。

2)工艺流程

根据灰饼冲筋→装档抹底层砂浆→养护→弹线、分格→粘分格条→抹拉毛灰→拉毛→起分格条→勾缝→养护→质量检查。

3)操作要点

(1)基层为砖墙的操作方法

根据已抹好的灰饼冲筋,要保证墙面的平整。常温施工底灰配合比为1:0.5:4(水泥:粉煤灰:砂)或1:0.2:0.3:4(水泥:粉煤灰:砂:混合砂浆,或水泥粉煤灰混合砂浆)。

分格、弹线,并按图纸要求粘分格条,特殊节点如窗台、阳台、碹脸等下面应粘贴滴水条。

抹拉毛灰,其配合比为水泥:石灰膏:砂=1:0.5:0.5。抹拉毛灰前应对底灰进行浇水,且水量应适宜,墙面太湿,拉毛灰易发生往下坠流的现象;若底灰太干,不容易操作,毛也拉不均匀。

拉毛灰施工时,最好两人配合进行,一人在前面抹拉毛灰,另一人紧跟着用木抹子平稳地压在拉毛灰上,接着就顺势轻轻地拉起来,拉毛时用力要均匀,速度要一致,使毛显露大小均匀。个别地方拉的毛不符合要求,可以补拉1~2次,直到符合要求为止。

（2）基层为混凝土墙的操作方法

打底要求同外墙抹水泥砂浆,面层拉毛做法同前。

（3）基层为加气混凝土墙的操作方法

打底要求同外墙抹水泥砂浆,面层拉毛做法同前。

拉粗毛时,在底层灰上抹 4~5 mm 厚的砂浆,用铁抹子轻触表面,用力拉回。

拉中、细毛时可用铁抹子,也可用硬鬃刷拉起,要求色调一致、不露底。

工匠经验:农村自建房装饰外墙及内墙面积计算方法

农村自建房装饰外墙涂刷的面积,约等于(建筑面积×80％－10)×3。异型部分,如窗套檐线、栏杆围栏面积等于线条的宽度乘以线条的长度,再乘以 1.6。罗马柱等于直径乘以 3.14 倍柱子的高度,再乘以 1.6。外墙喷漆,精确的算法是周长乘以高,加上异型的面积,再扣除门洞、窗洞的面积。

农村自建房的内墙抹灰,装修要刷乳胶漆,提前知道施工的面积,才能合理地安排材料的采购、合理的计划造价和工期。两种计算内墙面积的方法如下:

（1）估算法,内墙施工面积约等于房屋建筑面积乘以 2.8。

（2）内墙的精算法。内墙施工面积＝整个墙体的长×墙体的宽×墙体的高－门窗洞口的面积。

6.9.3　抹灰工程验收

（1）抹灰工程验收应符合以下要求:

① 抹灰工程应分层进行。当抹灰总厚度大于或等于 35 mm 时,应采取加强措施。不同材料基体交接处表面的抹灰,应采取防止开裂的加强措施,当采用加强网时,加强网与各基体的搭接宽度不应小于 100 mm。

② 抹灰层与基层之间及各抹灰层之间必须粘结牢固,抹灰层应无脱层、空鼓,面层应无爆灰和裂缝。

③ 护角、孔洞、槽、盒周围的抹灰表面应整齐、光滑,管道后面的抹灰表面应平整。

④ 抹灰层的总厚度应符合设计要求,水泥砂浆不得抹在石灰砂浆层上,罩面石膏灰不得抹在水泥砂浆层上。

⑤ 有排水要求的部位应做滴水线(槽)。滴水线(槽)应整齐、顺直,内高外低,其宽度和深度均不应小于 10 mm。

（2）一般抹灰工程质量的允许偏差和检验方法应符合表 6-12 要求。

表 6-12　一般抹灰的允许偏差和检验方法

项目	允许偏差/mm	检验方法
立面垂直度	4	用 2 mm 垂直检测尺检查
表面平整度	4	用 2 mm 靠尺和塞尺检查
阴阳角方正	4	用直角检测器检查

续表6-12

项目	允许偏差/mm	检验方法
分格条(缝)直线度	4	拉5 m线,不足5 m拉通线,用钢直尺检查
墙裙、勒脚上口直线度	4	拉5 m线,不足5 m拉通线,用钢直尺检查

6.10　水电暖施工

农房施工的同时需要进行水电、暖气的安装,如果水电暖的设计不规范、施工顺序不正确、验收不过关,这些问题都会影响后期的装修,严重的要返工处理。所以,水电暖的施工设计及验收是农房施工最关键的步骤之一。本节简单介绍了水电暖施工的顺序、安装方法及验收规定,详细内容可参考《建筑给水排水设计标准》(GB 50015—2019)、《给水排水管道工程施工及验收规范》(GB 50268—2008)等规范的要求。

6.10.1　水电暖施工顺序

由于不同部分的水电暖所处的位置不同,后期装修时能做的改变也不一样。在水电暖施工之前,需要先了解水电暖中包含的部分。

◇ 预埋在墙里或者地面下的管道

电路电线管一般是在主体施工时预埋的,在主体绑扎完底板的第一层钢筋之后,就在钢筋上面布置电线管,同样在墙面内也安装电线管,并把各个位置的电路的底盒安装到位,之后再去浇筑混凝土。

◇ 后浇层的水电暖

由于后浇层中水电暖是不包含电路的,所以后浇层中一般是暖气和自来水的管道。这里所提到的后浇层是地面分两部分浇筑的:第一部分是主体的钢筋混凝土结构,第二部分是素混凝土结构。在素混凝土结构下面安装的是地暖管道、暖气管道或者是室内的给水管道、中水管道。

◇ 二次结构施工时的水电暖布置

室内水电暖的大部分是在二次结构施工时出现的。二次结构是指除了钢筋混凝土结构外所砌筑墙体的结构,在二次结构砌筑墙体时,需要把剩下的电线管埋在墙体里。如果此时有暗埋的水管、暖气管,同样也是埋在墙体里面,把室内所有水电在二次结构施工时进行简单的预埋和安装。

◇ 装修时水电路的改造

装修时水电路的改造只是改造水路、电路的使用位置,其中所有的管道是不做改变的,电路安装后再进行管道安装。

6.10.2　水电暖施工

安装主体预埋施工过程如下:

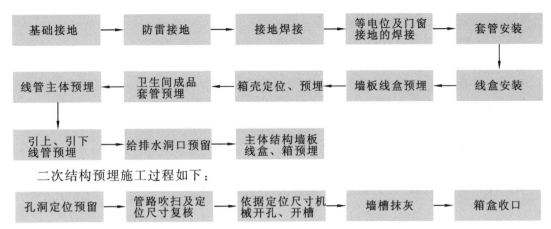

二次结构预埋施工过程如下：

> 在《建筑给水排水设计标准》（GB 50015—2019）中给水管道布置等相关要求：

（1）给水管道布置和铺设的要求

① 室内生活给水管道可布置成枝状管网。

② 室内给水管道不得布置在遇水会引起燃烧、爆炸的原料、产品和设备上面。

③ 给水管道不得穿过大便槽和小便槽，且立管离大、小便槽端部不得小于 0.5 m。给水管道不宜穿越橱窗、壁柜。

④ 塑料给水管道在室内宜暗设，明设时立管应布置在不易受撞击处。当不能避免时，应在管外加保护措施。

⑤ 在室外明设的给水管道，应避免受阳光直接照射，塑料给水管还应有有效保护措施；在结冻地区应做绝热层，绝热层的外壳应密封防渗。

⑥ 室内冷、热水管上、下平行敷设时，冷水管应在热水管下方。卫生器具的冷水连接管，应在热水连接管的右侧。

（2）排水管道布置和铺设的要求

① 室内排水立管宜靠近最大或水质最差的排水点；

② 排水管道不得穿越卧室、生活饮用水池上方；

③ 生活排水管道宜在地下或楼板填层中敷设，或在地面上、楼板下明设；

④ 室内生活废水排水沟与室外生活污水管道连接处，应设水封装置。

（3）热水系统管道布置和铺设的要求

① 热水横干管的敷设坡度上行下给式系统不宜小于 0.005，下行上给式系统不宜小于 0.003。

② 塑料热水管宜暗设，明设时立管宜布置在不受撞击处。当不能避免时，应在管外采取保护措施。

③ 室外热水供、回水管道宜采用管沟敷设。当采用直埋敷设时，应采用憎水型保温材料保温，保温层外应做密封的防潮防水层，其外再做硬质保护层。管道直埋敷设应符合国家现行标准《城镇供热直埋热水管道技术规程》（CJJ/T 81—2013）、《建筑给水排水及采暖工程施工质量验收规范》（GB 50242—2002）和《设备及管道绝热设计导则》（GB/T 8175—2008）的规定。

工匠经验：农村自建房排水、排污管预埋注意事项

排污管道漏水非常难处理，在施工的时候一定要注意以下几点：

（1）排污、排水管道一定要选择品牌的，质量好一点的。

（2）地基在回填夯实后，再进行管道预埋。施工时管道一定要注意调平，防止管道破裂。

（3）厨房和卫生间房屋管道建议分开。

（4）室内外污水排水管不宜使用直角弯头，不可避免时应设置检查井或检查口，大便器出水处不得使用直角弯头。直角弯头堵塞的概率非常大。

（5）在预埋管道的时候注意坡度尽量留大一些。

6.10.3　水电暖验收

6.10.3.1　水电暖验收程序

（1）水路管线

① 管道排列合理，铺设牢固；开关、阀门安装平整；

② 排水管道及附件连接严密；

③ 保证排水管道畅通，无阻塞、无渗漏。

（2）看综合布线

① 一般所有电线和线管等必须为国标产品。一般电源线分为硬线、软线、护套线等，为了便于维修，电源线应套套管。

② 电气设备布线应采用暗管铺设，导线在管内不应有接头和扭结，严禁有扭绞，禁止将电线直接埋入抹灰层内。

③ 管和线安装牢固，顺直平整，包扎严密，管内无接头。

④ 符合"相线进开关，零线进灯头"的规定，三孔插座的接地线应单独敷设，不得与工作零线混同。

（3）看防水处理

① 所有防水材料必须符合环保标准和有关标准的规定，产品应有出厂合格证明。

② 涂刷防水层的基层表面，小的有凹凸不平、松动空鼓、起砂、开裂等缺陷，含水率应小于9％。有地漏的厨房和有厕所的地面防水层四周与墙体接触处，应向上翻起，高出地面不小于250 mm，不倒泛水、积水，24 h闭水试验无渗漏。

③ 防水层应粘贴牢固，无滑移、翘边、起泡、皱褶等缺陷；地漏、蹲坑、排水口等应保持畅通，施工中需采取保护措施。

④ 穿过墙体、楼板等处已稳固好的管根，应加以保护，施工过程中不得碰损变位；对所有易产生空隙的部位要加细处理，防止渗漏。

⑤ 防水材料必须涂布均匀，无漏涂、损伤、厚度不均等现象，闭水试验合格后才能进行下一道工序施工。

6.10.3.2 水电暖验收常见问题

(1) 电线没有套绝缘管

在施工时将电线直接埋到墙内,导线没有用绝缘管套好,电线接头直接裸露在外。这样非常不安全,入住后可能会因为某种情况发生(比如电线老化)而导致电线破损,造成电线短路;同时,一旦出现电线断掉的情况,根本无法换线,只有砸墙敲地。

规范操作:电线铺设必须在外面加上绝缘套管,同时电线接头不要裸露在外面,应该安装在线盒内,分线盒之间不允许有接头。

(2) 强弱电放置在一起

这是典型的偷工减料现象。把强电(如照明电线)和弱电(如电话线、网络线)放在一个管内或盒内,少铺一根管,以后在打电话、上网时会有干扰。同时,一根管内穿线过多也有发生火灾的危险。

规范操作:强弱电应分开走线,严禁强弱电共用一个管和一个底盒。

(3) 长度不够,无连接配件

因绝缘管长度不够,此处恰好为一转弯,不放置连接配件,在与接线盒交接处露出一节。这样在长时间后可能会因为线路老化而造成漏电。

规范操作:在管口和接线盒之间应该有东西连接。

(4) 重复布线

大量重复布线,多用材料,浪费房主的财力物力。一旦线路出现问题,在有如"天罗地网"的布局中很难检测。

规范操作:周密安排,在不超过管容量 40% 的情况下,同一走向的线可穿在一根管内,但必须把强弱电分离。

(5) 线管被后续工程损坏

这种结果的发生是由于施工过于野蛮,管线铺好后又在地上开槽,结果打穿已铺好的管线。入住后可能会发现家中某个房间没有电,只能把家中所有的线一根根检测,重新穿线。

规范操作:在铺好管线的地方不能再次施工,如果已损坏,在换线时严禁中途接线。电路负荷较大时,穿线管内电线的接头处容易打火花而发生火灾。

(6) 电线不分色

所有的线用一种颜色,贪图省工。一旦线路出现问题,再次检测则分不清线。

规范操作:底盒接线包布用不同标志的包线布包扎。火线宜用红色线及红色包线布包扎,零线宜用蓝、绿、黑色,应用同种颜色的包线布包扎,接地线应用黄绿双色线包扎。

农房水电验收技巧:

(1)水路安装验收主要是查看管路是否牢固,可以打开水龙头来检查其是否会抖动;另外还需看水管给水是否通畅,有没有漏水现象,主要是看接头和弯头的位置是否有水珠或者出现渗漏,可以拿纸巾擦拭接头、弯头来检测。此外,需要检查有地漏的房间是否存在"泛水"和"倒坡"现象,可以打开水龙头或者花洒,过一段时间后看地面流水是否通畅,有没有局部积水现象。除此之外,还应对地漏、马桶和面盆的下水是否通畅进行试水检验。

（2）电路安装验收主要是通过灯具试亮、开关试控制来查看照明、通电是否正常，房主也可用电工专业试电笔对每一个插座进行测试，看是否通电，将开关都打开，看是否有问题。

6.10.4　EPS 模块混凝土水电施工

有吊顶的水电安装于 EPS 建筑模块上，除预留穿墙洞口、配电箱洞外无须预埋，电气及给排水管线均可等结构强度达到设计要求后进行施工，施工程序与普通砖混结构无太大差别，但需注意以下几点：

（1）EPS 空腔内加装开关盒及内丝弯头：由于 EPS 属于特殊材料，单纯用砂浆修补，后期加装的开关盒其牢固程度较低，为加强其牢固程度，在施工过程中可以在开关盒后部打 4 个直径 6 mm 的尼龙管，用自攻螺丝固定住开关盒，再用砂浆把盒子背面与内混凝土墙面粘合。在给水内丝弯头的使用过程中同样要求使用三外耳内丝弯头，固定于开完槽的内部剪力墙上。

（2）EPS 空腔外部开槽布管：在 EPS 板墙上开槽需要用切割机，保证管子两侧宽度为 0.5～1.0 cm，管子外皮至墙面 1 cm 左右，布管后用水泥钉墙钉固定管子，而后使用高硬度发泡胶填充槽口，保证槽口内密实平整。墙面再用 6 mm 厚 1∶0.3∶3 水泥石灰膏砂浆抹灰，然后挂耐碱玻璃纤维网格布，再用 6 mm 厚 1∶2.5 水泥砂浆抹面。

（3）EPS 空腔完成面做防水：由于 EPS 和楼板结合面容易渗水，一般情况下 EPS 结构完成后在卫生间和设有配水点的封闭阳台墙面设置防水层，在刷防水层前清理上下阴角结合面，用水泥浆填充密实，而后滚刷 1.2 mm 厚 JS 水泥基防水涂膜防潮层，卫生间顶棚设置 1 mm 厚 JS 水泥基防水涂膜防潮层。

6.11　模　板　支　架

单排脚手架是指只有一排立杆的脚手架，其横向水平杆的另一端搁置在墙体上。缺点：一是单排立杆容易产生不均匀沉降，整体稳定性差，安全事故多；二是墙上留的架眼（孔洞）多，后期处理不好容易出现墙体渗水。

采用双排钢管脚手架时，钢管有严重锈蚀、弯曲、压扁或裂纹的不得使用，扣件有脆裂、变形、滑丝的禁止使用。竹脚手架的立杆、顶撑、大横杆、剪刀支撑、支杆等有效部分的小头直径不得小于 7.5 cm，小横杆直径不得小于 9 cm。达不到要求的，立杆间距应缩小。有青嫩、裂纹、白麻、虫蛀的竹竿不得使用。

钢管脚手架的立杆应垂直稳放在金属底座或垫木上。立杆间距不得大于 1.5 m，架子宽度不得大于 1.2 m，大横杆应设四根，步高不大于 1.8 m。钢管的立杆、大横杆接头应错开，用扣件连接，拧紧螺栓，不得用铁丝绑扎。竹脚手架必须采用双排脚手架，严禁搭设单排架。立杆间距不得大于 1.2 m，宽度不得大于 4 m。

脚手架两端、转角处以及每隔 6～7 根立杆应设剪刀撑，与地面的夹角不得大于 60°，架子高度在 7 m 以上，每两步四跨，脚手架必须同建筑物设连墙点，拉点应固定在立杆上，做到有拉有顶，拉顶同步。

拆除脚手架时，必须有专人看管，周围应设围栏或警戒标志，非工作人员不得入内。拆除连墙点前应先进行检查,采取加固措施后按顺序由上而下,一步一清,不允许上下同时交叉作业。拆除脚手架大横杆、剪刀撑,应先拆中间扣,再拆两头扣,由中间操作人往下顺杆子。拆下的脚手杆、脚手板、钢管、扣件、钢丝绳等材料,严禁往下抛掷。

另外,脚手板上严禁集中堆载砖块、混凝土或砂浆,避免造成安全事故。脚手架使用安全基本要求见图 6-60。

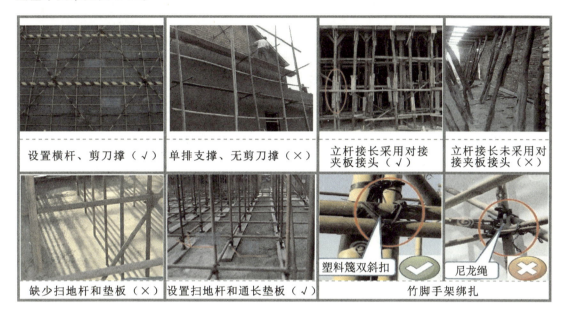

图 6-60　脚手架使用安全基本要求

6.12　农房竣工验收

建房人在农村自建低层房屋前,必须确定设计图,与施工方、监理方签订书面合同,约定房屋保修期限和相关责任,填写《宁夏农村自建低层房屋开工登记表》,报乡(镇)人民政府规划建设办公室登记。住房城乡建设部门、市场监管部门应当制定农村自建低层房屋建设合同的示范文本。施工单位必须按照设计图、国家规定的施工技术标准和操作规程施工。施工单位完成设计图要求、施工合同约定的各项内容后,建房人必须组织设计、施工、监理等参建各方进行竣工验收,验收合格后,填写《宁夏农村自建低层房屋竣工验收表》,报乡(镇)人民政府规划建设办公室。

6.12.1　验收具体步骤

(1) 农村村民待建房竣工后,应向乡(镇)人民政府(街道办事处)申请竣工验收。

(2) 乡(镇)人民政府(街道办事处)应当在 10 个工作日内安排乡(镇、街道)相关领导、村镇规划建设管理所和国土资源管理所工作人员、村委会、村民建房理事会等人员进行实地验收。

(3) 验收合格的,乡(镇)人民政府规划建设办公室出具《宁夏农村自建低层房屋竣工验收表》,村民可持《宁夏农村自建低层房屋竣工验收表》及其他规定材料向不动产登记机构申请办理不动产登记。

(4) 验收合格后核发《乡村建设规划许可证(正本)》和《集体土地使用证》。乡(镇)人民政府(街道办事处)应将验收和核发《集体土地使用证》的资料报市国土资源局备案。

6.12.2　业主方验收内容

农村自建房完工后,业主方与施工方进行结算时,应从以下几方面进行验收:

(1) 检查梁、柱和楼板有无露筋、裂痕等现象。

(2) 检查墙体。敲击墙面有无空鼓现象,一般要求一间房的空鼓不超过 2 处;用手电筒照每处的墙角有无漏水、渗水现象;检查墙面的平整度,用靠尺紧贴墙面,观察缝隙是否在0.5 mm以内。

(3) 检查房间的方正。房间的两条对角线长度误差应不超过 5 cm。

(4) 检查房屋的水路。

(5) 检查门窗。主要检查门窗的开关是否顺畅、密封是否严密、玻璃有无划伤。

(6) 检查电路。强电箱与弱电箱之间应有一定的距离(1 m 以上合格)。

(7) 检查外墙的阴阳角有无残缺。

6.13　施 工 安 全

施工安全非常重要,出了事故轻者小伤小痛,影响工程进度;重者自伤自残,甚至付出了生命的代价。本节主要介绍施工安全的基本要求、安全防护用品、建筑施工安全规范内容及中小机械操作安全注意事项。安全急救常识请扫描二维码观看。

安全急救常识

施工安全口诀
恶劣天气不施工,大风暴雨要停工。
正确佩戴安全帽,须要系紧下颚带。
高空作业要小心,切记系上安全带。
现场周边拉警戒,临边洞口要防护,防护高度一米二,安全警示要醒目。
电缆拖地要避免,随意拉设有危险。
用电设备应接地,作业停止要断电,人走拉闸并上锁,木质电箱不能用。

凡遇到恶劣天气,如大雨、大雾及 6 级以上的大风,应停止露天高空作业,并及时将正在砌筑的墙体或刚浇筑的混凝土表面用彩条布或塑料纸遮蔽。

安全帽是施工现场保护人员安全的重要防护用品,每位作业人员都应时刻牢记:不戴安全帽,不进施工现场。佩戴安全帽,除了安全防护,也体现了一种责任和形象,同时提醒每一位进入现场的人员,都要有安全防范意识。

在楼面、屋面施工过程中,临边洞口缺乏防护导致人或物坠落的事故经常发生,因此一定要高度重视临边洞口的防护问题。一般楼板或墙的洞口,必须设置牢固的盖板,并在洞边或板边设置 1.2 m 的防护栏杆、安全网或其他防坠落的设施,同时设置安全警示牌或其他安全标志。

农户建房前应按照当地电力部门临时用电要求,办理临时用电手续,找专业人员安装合格的临时用电设备。不得擅自接电,不得私自转供电,避免发生安全事故。

工匠师傅应掌握安全用电基本知识和所用机械设备的性能。施工现场电线电缆不应随地来回拖动,线路较长时应该设木支撑架空。刀闸不应就地摆放,安装位置应该设在儿童不可触及之处,以防出现事故。使用设备前必须按规定穿戴和配备好相应的劳动防护用品,并检查电气装置和保护设施是否完好,严禁设备带“病”运转。停用的设备必须拉闸断电,锁好开关箱。所有绝缘、检验工具,应妥善保管,严禁他用,并应定期检查、校验,电工在操作中应穿好绝缘鞋。线路上禁止带负荷接电或断电,并禁止带电操作。

6.14　安全使用

在农村,因私搭乱建引起的安全事故时有发生。常见的私搭乱建包括:随意在原房屋顶部竖向加层、加阁楼、做架空层;随意在原房屋周边水平扩建;随意在楼内做夹层、做隔断;随意改变承重结构,包括局部拆除承重墙,在承重墙上开大洞,将原洞口尺寸扩大;随意拆除楼板,在楼板上开大洞;等等。以上行为都可能造成安全隐患,尤其是用作经营、人员密集的活动场所,安全威胁更大。因此,对于房屋改造,凡是有增加荷重或削弱结构的,均须事先咨询专业技术人员并做安全鉴定,在专业人员提出可行的加固改造方案后方可施工。

屋顶女儿墙,属于竖向悬臂的非结构构件,其安全隐患不容小觑。当女儿墙高度较大但缺少钢筋混凝土构造柱、水平压顶梁等构造措施时,地震时极易倾覆倒塌。正常使用中,当有人员或重物倾靠时也有一定危险。农户经常在女儿墙上张拉绳索或支承木椽,以便晾晒衣物或搭设棚架,这都有很大隐患。当遭遇大风、暴雨时,有可能将女儿墙拉倒、倾覆。

农村拆除旧房,也存在很多安全隐患。无机械条件时,拆除应该自上而下、先屋盖后墙柱,并且做好必要的防护措施。

农房日常维护是影响农房使用年限的重要因素之一。在交房时乡村建设工匠可向农户传授农房日常维护方法,提醒农户重视农房的日常维护。

第七章 农房安全性鉴定与改造加固

7.1 房屋危险性程度鉴定

根据住房城乡建设部印发的《农村住房安全性鉴定技术导则》(建村函〔2019〕200 号),全区不安全住房指房屋危险性程度鉴定为危房的和达不到抗震设防标准要求的住房。不安全住房具体指两种:第一种是指按《农村住房安全性鉴定技术导则》中"房屋整体危险程度鉴定"为 C 级、D 级的危房;第二种是指按《农村住房安全性鉴定技术导则》中"防灾措施鉴定"及《宁夏农村住房抗震性能评估导则》鉴定为 C 级、D 级的达不到抗震设防标准要求的住房,D 级危房确无加固维修价值的,应拆除重建。以下是安全性鉴定和抗震性能评估的简要介绍。

7.1.1 安全性鉴定

农房日常维护

随着时间的推移,农房及其设施经过人们的使用将会出现老化、破损的情况,重视农房的日常维护是十分重要的。农房使用管理的方法请扫描二维码观看。

安全性鉴定应由具有房屋结构鉴定能力的机构和人员进行。

以下简要介绍安全性鉴定的适用范围和等级划分。

7.1.1.1 安全性鉴定适用范围

当房屋出现如下情况时,需进行安全性鉴定:
(1)地基基础或主体结构有明显下沉、裂缝、变形、腐蚀等现象。
(2)遭受火灾、地震等自然灾害或突发事故引起的损坏。
(3)拆改结构、改变用途或明显增加使用荷载。
(4)超过设计使用年限拟继续使用。
(5)受相邻工程影响,出现裂缝损伤或倾斜变形。

7.1.1.2 安全性鉴定等级划分

房屋危险性鉴定,应在现场查勘的基础上,根据房屋损害情况进行综合评定,从房屋地基基础、主体承重结构、围护结构的危险程度,结合环境影响以及发展趋势,经安全性鉴定和评估,可将房屋评定为 A、B、C、D 四个等级。

A 级:非危房。结构承载力能满足正常使用要求,未发现危险点,房屋结构安全。

B 级:危险点房。结构承载力能基本满足正常使用要求,个别结构构件处于危险状态,但不影响主体结构,基本满足正常使用要求。

C 级：局部危房（需要修复）。部分承重结构承载力不能满足正常使用要求，局部出现险情，构成局部危房。

D 级：整幢危房（需要拆除）。承重结构承载力不能满足正常使用要求，房屋整体出现险情，构成整幢危房。

7.1.2　农房抗震性能评估

抗震性能评估也应由具有房屋结构鉴定能力的机构和人员进行。以下简要介绍宁夏农房抗震性能评估的适用范围和评估程序。

7.1.2.1　宁夏农房抗震性能评估的适用范围

为规范宁夏农村住房抗震评估（以下简称抗震评估）内容、程序、方法，为农村住房抗震改造提供依据，宁夏地区制定了《宁夏农村住房抗震性能评估导则》。该导则适用于宁夏抗震设防烈度为 7、8 度地区一、二层既有农村住房抗震性能评估工作。8 度以上抗震设防烈度地区、钢筋混凝土结构、三层及以上农村住房，可参照现行国家标准《建筑抗震鉴定标准》（GB 50023—2009）进行评估。

7.1.2.2　宁夏农房抗震性能评估基本程序

农房抗震性能评估以定性判断为主。通过现场检查，并结合入户访谈、走访建筑工匠等方式，全面了解房屋建筑构造及使用情况，综合分析判断住房抗震性能。对特殊情况，可深入检测、验算评价。

评估按下列程序进行：

（1）基本信息调查：结合现场查勘，收集农户基本信息和房屋信息。

（2）场地评估：核查场地周边环境，判断房屋是否处于危险地段。

（3）宏观质量评估：检查房屋整体质量状况。主要检查房屋是否存在严重地基不均匀沉降、房屋外观损伤和破坏情况。

（4）地基基础评估：查勘地基现状，核查基础类别，分析地基是否存在严重静载缺陷。

（5）上部结构抗震评估：主要从墙体（柱）、屋（楼）盖系统、整体性连接和抗震构造措施三个方面进行现场调查和检测。

（6）抗震评估综合评级：对房屋各组成部分抗震评估情况进行汇总，按各项规定要求的符合程度划分为 A、B、C、D 四个等级。A 级为符合抗震评估要求；B 级为基本符合抗震评估要求；C 级为不符合抗震评估要求；D 级为严重不符合抗震评估要求。

（7）处理建议：对被评估的房屋，根据抗震评估综合评级结果，综合考虑加固改造措施，提出原则性的处理建议。

（8）出具评估报告：报告内容应包括农户和房屋基本信息、房屋组成部分抗震评估情况、房屋综合抗震评级、处理建议，并附现场照片。

抗震评估分两阶段进行：第一阶段为场地评估；第二阶段为房屋抗震评估。当场地评估为危险地段时，应评定为 D 级，提出异地迁建建议。

抗震评估应按照先房屋外部、后房屋内部，先宏观判别、后细部评定的顺序进行。经宏观判别,当房屋存在严重的地基不均匀沉降情况,或主体结构构件普遍开裂、墙体严重腐蚀等房屋严重破坏情况,应评定为 D 级,不再进行后续评估。

7.2　乡村危窑危房和抗震宜居农房改造

7.2.1　改造目标与原则

农房加固改造主要以提高房屋整体性和综合抗震能力为主,同时保证关键部位或关键构件的承载能力,并兼顾房屋的使用性和耐久性。

7.2.1.1　一、二层既有农房加固改造目标

(1)必须保证加固改造后农房正常使用安全与基本使用功能。当遭受相当于本地区抗震设防烈度的地震影响时,不至于造成农房倒塌或发生危及生命的严重破坏。

(2)当既有农房遭受低于本地区抗震设防烈度的多遇地震影响时,一般无须修复或局部修复就可继续使用。

(3)当既有农房遭受相当于本地区抗震设防烈度的地震影响时,按照主体结构不至于严重破坏、围护结构不发生大面积倒塌的原则进行抗震加固。

7.2.1.2　对于 8 度以上抗震设防烈度地区、钢筋混凝土结构、三层及以上农房,可参照现行国家有关标准的要求进行加固改造。

7.2.1.3　农房抗震加固原则

(1)农房抗震加固前,应对其安全性和抗震性能进行评估。对评估为 C 级或 D 级的房屋进行抗震加固处理。D 级危房确无加固维修价值的,应拆除或重建;对抗震能力不足的房屋进行抗震加固。

(2)农房抗震加固应做到:结构安全、经济合理、功能适用、风貌乡土、绿色环保。提升农房安全性的同时,宜结合美丽乡村建设有关要求及农户生产、生活的需求,实施建筑节能、建筑风貌及其他宜居性和室内外环境改造。

(3)鼓励新技术、新材料、新工艺在农房改造中应用和推广。

(4)农房抗震加固改造,应以提高农房整体性和综合抗震能力为主,同时保证关键部位或关键构件的承载能力,并兼顾农房的使用性和耐久性。

7.2.2　地基基础

工程结构设计时,应规定结构的设计使用年限。基础工程结构应满足建筑物结构设计使用年限的要求。基础工程结构中,地下水和土壤环境使其与上部结构的使用环境不同,应根据其特点进行耐久性设计和维护。基础调查表明,位于地下水位以上或完全位于地下水位以下,基础工程结构的耐久性有保障,但位于雨水渗透区、地下水位变化范围内的砌体结构、混凝土结构,则有一定损坏。此外,自建农房基础埋深未按规范要求设置,存在安全隐

患，如宁夏地区既有农房基础埋深为 300～500 mm，多采用毛石基础，局部地区不设置下埋基础。对于这些情况以及腐蚀性环境的基础工程结构耐久性设计和维护应加以重视。

（1）地基基础出现轻微不均匀沉降的情况时，可以通过以下方法进行加固：

① 提高基础承载力时可采用加大基础断面面积、加固地基土、微型桩等方法；

② 提高地基基础抵抗不均匀沉降能力时可采用增加基础圈梁或加固基础圈梁等措施；

③ 采取面层加固墙体、增设圈梁、加强整体性连接等措施提高上部结构的承载力、整体性和刚度。

（2）当出现如下情况时，应进行地基处理、基础加固或将农房拆除后重建：

① 基础老化、腐蚀、酥碎、折断，导致结构严重倾斜、位移、裂缝、扭曲等；

② 基础已有滑动，水平位移持续增加并在短期内无终止趋势；

③ 主要承重基础已产生危及结构安全的贯通裂缝。

7.2.3　砌体结构

7.2.3.1　常见砌体裂缝（图 7-1）的处理

（1）温度裂缝

温度裂缝一般不影响结构安全，经过一段时间观察，在裂缝相对较宽的时间点对缝进行封闭处理或表面覆盖处理。

（2）沉降裂缝

沉降裂缝绝大多数不会严重恶化而危及结构安全，对沉降趋于稳定的裂缝，可进行逐步修复或封闭处理，如地基变形长期不稳定，且可能影响建筑物正常使用时，应先加固地基，再处理裂缝。

（3）荷载裂缝

产生荷载裂缝时，需通过以下两个措施处理：

① 通过卸载方法减轻墙体荷载；

② 结构加固补强法。

温度裂缝　　　　　　　　沉降裂缝　　　　　　　　荷载裂缝

图 7-1　砌体裂缝

7.2.3.2　当砌体强度、刚度和稳定性不足时，需进行的处理措施

（1）对因强度或稳定性不足可能导致倒塌的房屋应及时采取应急加固措施。

（2）对变形砌体，可采用支撑、顶压，矫正变形后，再进行加固。

（3）当砌体被腐蚀时，如图 7-2 所示，对受腐蚀的砌体，首先要查清侵蚀源，然后采取有效措施尽可能避免或减轻侵蚀源对砌体的危害，如果砌体结构出现盐碱腐蚀，墙体根部出现酥碱、剥落、腐蚀等损伤，可采用高延性混凝土或防水砂浆在墙体表面压抹防潮隔水层；对于砖砌条形基础，应在基础上 3 皮砖范围内做 1 道水平防潮层，地面上部墙体 800 mm 范围内两侧压抹高延性混凝土或防水砂浆防潮层，并对上部墙体进行嵌缝，嵌缝深度为 10～20 mm。对不影响结构安全的受腐蚀砌体可铲除腐蚀层，重新抹灰，对腐蚀严重、砌体有效截面明显削弱，且影响结构安全的，应采取加固措施或局部拆除重砌。

（4）凸出屋面无锚固的烟囱、女儿墙等易倒塌构件的出屋面高度，不应大于 500 mm；当超出时应采取设置构造柱、墙体拉结等措施。

（5）对墙体拆开洞口过大造成砌体刚度不足，且可能造成事故的，应及时采取封堵洞口，恢复墙体整体性，也可在洞口处增做钢筋混凝土框加强。

（6）承重的门（窗）间墙及外墙尽端至门窗洞口的最小距离小于 900 mm 时，应对该段小于 900 mm 的墙体进行全墙加固；对于新增圈梁、构造柱体系无法形成闭合的墙段，可采用型钢梁、柱，对钢板带或钢拉杆等进行连接闭合，并应对洞口部位和节点连接处进行加强。

（7）增设砂浆配筋条带加固（图 7-3）。是一种在砌体墙或石墙纵横墙交接处，楼、屋盖标高处等增设配筋砂浆带，形成约束砌体墙或石墙的加固方法。该法可作为空斗墙及小砌块墙加强整体性、加强纵横墙连接、代替圈梁等。加固前应先对裂缝砖墙采用水泥砂浆、聚合物砂浆等进行填塞修复。

图 7-2　盐碱侵蚀墙体

图 7-3　增设砂浆配筋条带加固示意图

（8）高延性混凝土加固。高延性混凝土作为一种新型建筑材料，具备较高的强度和延性，目前"高延性混凝土加固技术"已经成功应用于全国 9 个省、市的数千栋农房加固项目。

为了在宁夏村镇地区大规模使用高延性混凝土对泥浆砌体房屋进行加固，宁夏大学车佳玲课题组以宁夏地方原材料腾格里沙漠砂代替河砂，已经成功制备了低成本、高性能的高延性混凝土，大大降低了宁夏地区高延性混凝土的制备成本，并且已经利用高延性混凝土对宁夏地区泥浆砌体进行了加固试验，合理改进了现有加固技术。结果表明，此技术可以大幅度提高泥浆砌体的安全性能，有效保护内部墙体免受长年的盐冻侵蚀，加固效果显著，如图 7-4 所示。

高延性混凝土加固具体方法可参考宁夏回族自治区地方标准《高延性混凝土加固技术规程》，图 7-5 为高延性混凝土加固示意图，如果墙体根部受到毛细水侵蚀，可在墙体下部增设条带。

图 7-4　高延性混凝土加固泥浆砌体试验

(a)ECC加固泥浆砖柱;(b)ECC加固泥浆砌体墙

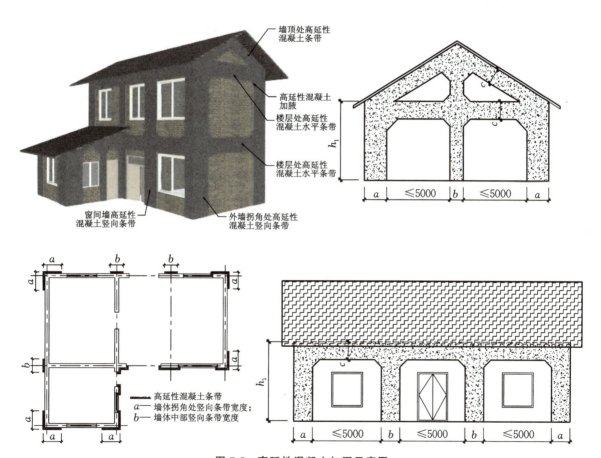

图 7-5　高延性混凝土加固示意图

高延性混凝土加固质量保证措施:

◇ 高延性混凝土搅拌过程中不得掺加其他任何材料,尤其不得随意添加水;施工过程中若出现技术问题,应及时与材料方联系。

◇ 高延性混凝土每次出料完成后,应及时清洗搅拌机。

◇ 在现场施工过程中,如果强制性搅拌机内的搅拌料没有使用完,则必须开启搅拌机继续搅拌,保证料斗内高延性混凝土的流动性及和易性。

◇ 夏季,高延性混凝土 40 min 内出料完成;冬季,高延性混凝土 60 min 内出料完成。

◇ 施工现场温度低于 5 ℃时应采取冬季施工措施。

◇ 其主要施工工艺为:铲除原墙抹灰层,将灰缝剔除至深 5～10 mm,用钢丝刷刷净残灰,吹净表面灰粉,外部涂抹高延性混凝土。为节约加固成本,宜在房屋关键部位同时设置高延性混凝土竖向和水平条带,单面加固时条带宜设置在墙体外侧。

加固工程中,增设条带圈梁不闭合的处理办法,见图 7-6。

| 第一步:墙面清洁(铲除原墙抹灰层,将灰缝剔除至深5~10mm,用钢丝刷刷净残灰,吹净表面灰粉) | 第二步:浇水润湿 | 第三步:分层抹压 | 第四步:缺陷部位挂网 |

图 7-6　高延性混凝土加固砌体结构施工流程

在特殊情况下,圈梁无法形成闭合,可采用型钢圈梁或钢拉杆代替圈梁,钢拉杆应贯通房屋横墙(或纵墙)全部宽度,并应设在有横墙(或纵墙)处,同时应可靠锚固在横墙(或纵墙)上;中部设花篮螺栓紧固。采用钢拉杆代替内墙圈梁时,尚应符合下列规定:

◇ 横墙承重房屋的内墙,可用两根钢拉杆代替圈梁;纵墙承重和纵横墙承重的房屋,钢拉杆宜在横墙两侧各设一根。钢拉杆直径应根据房屋进深尺寸和加固要求等条件确定,但不应小于 14 mm,其方形垫板尺寸宜为 200 mm×200 mm×15 mm。

◇ 无横墙的开间可不设钢拉杆,但外加圈梁应与进深方向梁或现浇钢筋混凝土楼盖可靠连接。

◇ 每道内纵墙均应用单根拉杆与外山墙拉结,钢拉杆直径可视墙厚、房屋进深和加固要求等条件确定,但不应小于 16 mm,钢拉杆长度不应小于两个开间。

7.2.4　生土结构

生土结构在不同地区形成风格各异的生土建筑文化,是我国建筑文化宝库中一份珍贵的财富。

20 世纪以来,我国破坏性地震大多发生在农村,地震造成人员伤亡的主要原因是房屋的损害和倒塌。历次地震后的宏观调查表明,生土结构震害普遍十分严重,在西部地区,历次大地震中坏损或倒塌的农房半数以上为生土结构。由于我国生土房屋仍较多,且很多房屋有不同程度的损伤。在短期内,彻底拆除这批房屋有很大的难度,因此,其抗震加固工作尤为重要。图 7-7 所示的生土结构建于 20 世纪七八十年代,未设置圈梁及构造柱。

图 7-7　生土房屋

生土结构常用的加固方法如下：

（1）基础加固

对于基础埋深较浅，湿陷、不均匀沉降等原因造成基础开裂的生土房屋，可采用基础补强注浆的方法进行加固处理，使得房屋基础整体板结，提高整体性；建房前注意选择建筑适宜场地，或将地基处理后再建房屋。对有岩石持力层、地下水位较低的位置，可将基础埋置深度适当加深。

（2）增加圈梁、构造柱

对于未设置圈梁、构造柱的房屋，可采用外加型钢圈梁或木圈梁，利用现有门窗过梁，用螺栓将铁件与木过梁牢固连接，木圈梁被木过梁截断时，可用扒钉将之牢固连接。或在生土墙中竖向开槽，埋置木柱形成构造柱，通过扒钉将铁件与圈梁牢固连接，部分结构较差的墙体，设置对称扶壁柱以增加对墙体的约束并承担抗震剪力。

（3）墙体承载力改善

由于土坯墙用泥浆砌筑，墙体整体性差、抗剪强度不足，可在墙体两侧增加钢筋网片并抹水泥砂浆面层，以增强墙体的抗剪性能，避免墙体受到侵蚀；对纵横墙交接处出现竖向通长裂缝的房屋，可在房屋内部与外部各增加一层角钢，并用螺栓连接牢固。

（4）减小前后墙刚度差

可在前墙内外侧增加木柱与斜撑，形成木构架承重体系，将生土墙体承重变为木构架与生土混合承重体系，水平抗震剪力由木斜撑承担，这样就使得前后墙刚度差距变小，不至于发生地震扭转情况；对于过长的房屋，可在前墙开槽埋置木柱，增加前墙承重结构的承载能力，并在后墙开竖向通缝，将房屋划分为几个刚度单元，减小前后墙刚度差。

（5）屋架加固

屋架成为散件对房屋抗震极其不利，建议用扒钉使木梁、檩与承重墙体可靠连接，檩条之间增设横向连接与斜撑，屋架之间也增设剪刀撑，使得屋盖成为一个传力整体，能够将剪力传递到纵墙，并最终传递到基础。

（6）生土墙保护面层

生土墙应当设置砂浆面层，而不是不断增加土墙厚度，面层材料可以采用石灰砂浆、水泥砂浆、高延性混凝土抹面，以增加生土墙的耐久性。

（7）配筋砂浆带、高延性混凝土加固

具体施工方法和要求与砌体加固相同。

7.2.5　木构件

木构件加固范围包含木柱、木屋架、木梁、木檩条等。

7.2.5.1　一般规定

（1）旧式屋盖木骨架的构造形式不合理时，应增设防倾倒的杆件。

（2）木构件腐朽、疵病、严重开裂导致承载力大幅降低时，应更换或增设构件加固。

（3）更换、新增所使用的木料需经过防腐处理。

7.2.5.2　防腐和防虫蛀措施

（1）尽量采用干燥的木材制作结构。

（2）防止雨雪浸湿木结构。

（3）防止凝结水和水汽使木结构受潮。

7.2.5.3　加固方法

（1）木梁和木条的加固处理

构件端部劈裂或其他材质缺陷的加固	①端部两侧加设木夹板加固； ②端部用短槽钢及螺栓托接于梁底加固
刚度不足或跨中强度不够的加固	①增设"八"字形斜撑，增加支点； ②跨中因裂缝、木节等缺陷影响安全时，可在缺陷区两侧加设木夹板（或钢夹板）加固； ③对挠度过大，或需提高承载能力的梁，可在梁底增设钢拉杆或在木构件底面加设槽钢或组合双角钢或方木，改变受力状况，变简支梁为组合梁

（2）木柱的加固处理

侧向弯曲的矫直与加固	①对侧向弯曲不太严重的柱，可在柱的一侧增设刚度较大的方木或加钢箍绑扎进行加固处理，用螺栓与原柱连接，通过拧紧螺栓时产生的侧向力，矫正原柱的弯曲； ②对于侧向弯曲较严重的柱，可在部分卸荷情况下对弯曲部分进行矫正，再将用以增强刚度的方木与柱用螺栓连接进行加固
柱脚腐朽的加固	①轻度腐朽的，可去除表面腐朽部分，对柱底的完好部分刷防腐油膏，然后安装经防腐处理的加固所用木夹板及螺栓； ②腐朽较重的，可将腐朽柱脚锯除，再用相同截面的新材接补，新材的材质等级不低于木柱的旧材，连接部分应加设钢板或木夹板及螺栓； ③对于防潮及通风条件较差的木柱，可将腐朽柱脚锯除，改用钢筋混凝土短柱。钢筋混凝土短柱内预埋钢夹板，与原木柱采用螺栓连接

（3）木构件材质缺陷的加固处理

当构件腐朽、虫蛀遍布，或斜纹普遍超过规定，或普遍开裂，采用局部加固的方法已无法恢复结构承载能力的，应拆换构件。

当腐朽、虫蛀发生在局部位置的，可进行局部更换杆件或采用夹板加固等措施。

当构件有超过允许范围的木节时，对受压构件和受弯构件可在木节的一侧采用"单侧木板加固法"进行加固；对受拉构件可采用"双侧夹板加固法"进行加固。

（4）木屋架（桁架）的加固处理

当木屋架（桁架）承载能力不足，需进行整体加固时，可根据木屋架受力的实际情况进行内力分析后，对强度不足的杆件及节点进行全面的加固补强；也可采用在木屋架下增设支柱，改变杆件受力状况的方法进行加固补强。

当木屋架下弦整体存在缺陷，或承载能力不足时，可在原下弦杆件的两侧各增加钢拉杆进行加固；当下弦受拉接头发生裂缝或断裂时，可在原接头夹板两端加设夹板和钢拉杆进行加固；下弦由于木节、斜纹等材质缺陷而局部断裂时，也可采用"木夹板加固法"进行加固。

当木屋架上弦发生弯曲（桁架平面内的弯曲或侧向弯曲），可在发生弯曲的节间，采用方木和螺栓或钢板和螺栓进行加固；对端节点腐朽严重的，可更换腐朽部位木料，并在接头处加设夹板和螺栓；对端节点受剪面太短或损坏的，可采用双面夹板加螺栓进行加固。

对节点连接松动或原有扒钉连接得不够牢固的，可采用钢夹板及螺栓加强节点连接。

在结构体系中有斜木梁的房屋，应在木梁下设置"一"形竖向配筋砂浆带，在木梁端头与墙体搭接处采用钢扒钉增强节点连接的可靠性，钢扒钉与竖向配筋砂浆带中的竖向加固钢筋焊接连接。

纵向刚度不足，未按规定设置纵向支撑系统的，应按规范要求在相关屋架间增设上、下弦横向水平支撑、垂直支撑、纵向水平系杆等支撑杆件，以加强屋盖的纵向刚度；对桁架平面内横向刚度不足的结构体系（木柱与木屋架连接的结构），可在桁架两端设置木斜撑与柱连接，增强结构体系的横向刚度，亦能提高桁架的承载能力。

小知识：硬山搁檩屋面加固处理

硬山搁檩屋面加固处理应符合下列规定：

◇ 硬山搁檩屋面，在木檩端部山墙两侧增设钢筋网加强带。钢筋网加强带宽度应小于 300 mm，水平钢筋及竖向钢筋应为 φ8@100，对拉钢筋 φ8@300，并在木檩下部墙体两侧增设长 400 mm 的 φ8@100 水平加强筋，木檩用钢扒钉与钢筋网可靠连接，采用砂浆抹面厚度应不小于 40 mm，采用高延性混凝土厚度应不小于 30 mm。

◇ 檩条在内隔墙上部应满搭连接，并应用钢扒钉连接固定，也可使用螺栓、钢丝绳等对檩条进行有效连接固定。

第八章 村 庄 建 设

8.1 村庄总体设计

村庄总体设计尊重自然地理格局,彰显乡村特色优势,让村庄融入大自然,让村民望得见山、看得见水、记得住乡愁。遵循"科学安全、有利生产、方便生活、顺应自然、体现特色、保护文化、传承文明"的原则,以现状地形地貌和景观特色要素为脉络,因形就势,形成各具特色的村庄布局和形态。规模较大的村庄宜采用组团布局,结合河流水系、树林植被、道路网络,将村庄划分为若干大小不等的居住组团,形成有序的空间脉络。地形高差较大的村庄宜采用自由式布局,结合丘陵山体,平行或垂直布置农房,村庄与周边山、水、林、田、湖、草、沙有机交融,形成"山水相宜、田园相依,乡野共存"的乡村田园景观。规划新建村庄应该科学选址,与周边自然环境有机结合,基础设施和公共服务设施配套齐全,充分体现浓郁乡土风情和时代特征。

宁夏村庄总体
设计概况
介绍视频

金凤区月牙湖乡滨河新村

永宁县原隆村

灵武市沙坝头村

图 8-1 宁夏美丽乡村示意图

公共建筑应布置在位置适宜、交通方便的地段。公共建筑布局可以分为点状和带状两种主要形式,点状布局应结合公共活动场地,形成公共活动中心;带状布局应结合村庄主要道路形成街市。

集中建设的村庄公共服务中心建设规模应按照不同类型的村庄合理布置,一般建筑面积为 200～300 m²。

宁夏乡村公共
建筑风貌介绍

村庄公共建筑应尽可能利用闲置的既有建筑进行改造利用。改造需与既有建筑的色彩、体量与材料协调,有机融入村落环境。宜采用乡土化材料,增强公共建筑的地域化特征。应根据村庄实际需求,灵活增加其他类别公共服务功能,如村史馆、驿站、乡村记忆馆等。

村庄里遗存的老物件,是一个时代的记忆,它们是乡村发展的见证者,具有历史文化内涵,在公共空间、文化墙用老物件进行适度装饰和点缀,通过它们传承历史,启迪后人。

8.2　房前屋后景观营造

8.2.1　大门院墙工程做法及可选材料

自建房的小院围墙要与整体的房屋风格相结合,才能使人心旷神怡。所以,在设计施工时需要做到以下几点:

(1)住宅围墙切忌做成方形,尽量做成圆形或者曲线型。

(2)围墙不宜做得过高或者过低,过高会给人一种压抑感,影响采光与通风;做得过低,会缺乏安全感与私密性,起不到防护的作用。一般情况设计到 1.5～1.9 m 为宜。

(3)围墙不能开大窗,设计不能前尖锐、后宽大。

(4)大门两边的墙柱应该高低相等,宽窄适宜。

(5)围墙的四周避免有缝,墙壁切忌长藤缠绕。

农房大门院墙工程做法及可选材料可参考表 8-1。

8.2.2　木篱、芦苇墙及景观矮墙工程做法及可选材料

木篱、芦苇墙工程做法及可选材料可参考表 8-2。乡村景观矮墙工程做法及可选材料可参考表 8-3。

8.2.3　围墙基础做法

农房院墙和景观矮墙等围墙基础工程做法可参考表 8-4。

表 8-1　农房大门院墙工程做法及可选材料

类型		工程做法	适用类型	可选材料
红砖墙	实心墙	1500~2000　420　120　960~1460	红砖建筑风貌村庄	小红砖、仿红砖、水泥砖或空心砖
	花墙	1500~2000　420~920　600　360　120	红砖建筑风貌村庄	小红砖、仿红砖、水泥砖或空心砖，仿青砖、水泥灰瓦
黄泥墙	实心墙	70　1560　1630	红砖建筑风貌村庄或青砖坡屋顶建筑风貌村庄	黄泥；植物纤维；胶结材料；防水乳胶漆
	花墙	280　1280　1960　400	红砖建筑风貌村庄或青砖坡屋顶建筑风貌村庄	青砖、仿青砖、水泥砖、黄泥；植物纤维；胶结材料；防水乳胶漆；石材

续表8-1

类型		工程做法	适用类型	可选材料
石头墙	实心墙	(120, 380~1880, 500~2000)	红砖建筑风貌村庄或青砖坡屋顶建筑村庄	石材;混凝土
	花墙	(400, 510, 510, 890~1490, 1800~2400)	红砖建筑风貌村庄或青砖坡屋顶建筑村庄	青砖、仿青砖水泥砖;混凝土;石材
灰砖墙	实心墙	(360, 120, 1320~1920, 1800~2400)	青砖坡屋顶建筑风貌村庄	青砖、仿青砖水泥砖;水泥灰瓦
	花墙	(400 680~1180 300 240 120, 1500~2000)	青砖坡屋顶建筑风貌村庄	青砖、仿青砖水泥砖;水泥灰瓦;石材

续表 8-1

类型	工程做法	适用类型	可选材料
起脊门	（工程做法图）	红砖坡顶屋面建筑风貌村庄	小红砖、仿红砖水泥砖或空心砖（红色）、琉璃瓦（红色）、树脂瓦（橘红色）；铝合金大门或木质大门；石材
起脊门	（工程做法图）	青砖坡顶屋面建筑风貌村庄	青砖、仿青砖水泥砖；水泥灰瓦；木质大门；石材
垂花门	（工程做法图）	青砖坡顶屋面建筑风貌村庄	青砖、仿青砖水泥砖；水泥灰瓦；木质大门；石材

类型	工程做法	适用类型	可选材料
双柱门	（工程做法图）	红砖平屋顶建筑风貌村庄或红砖坡屋顶建筑风貌村庄	小红砖、仿红砖水泥砖或空心砖；铁艺大门或铝合金大门
平顶门	（工程做法图）	红砖平屋顶建筑风貌村庄	小红砖、仿红砖水泥砖或空心砖；木质大门或铝合金大门
平顶门	（工程做法图）	红砖平屋顶建筑风貌村庄	小红砖、仿红砖水泥砖或空心砖；木质大门或铝合金大门

续表 8-1

类型	工程做法	适用类型	可选材料	类型	工程做法	适用类型	可选材料
实心墙	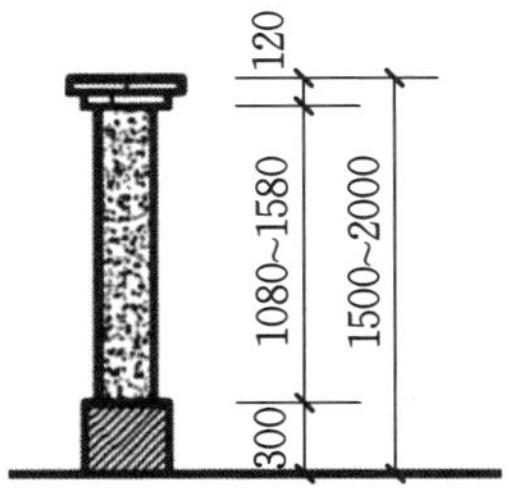 (图示：120、1080~1580、300、1500~2000)	红砖建筑风貌村庄或特色建筑风貌村庄	石材;混凝土;黄泥或仿黄泥水泥抹面;水泥灰瓦;茅草或铝材仿茅草	石头加芦苇墙	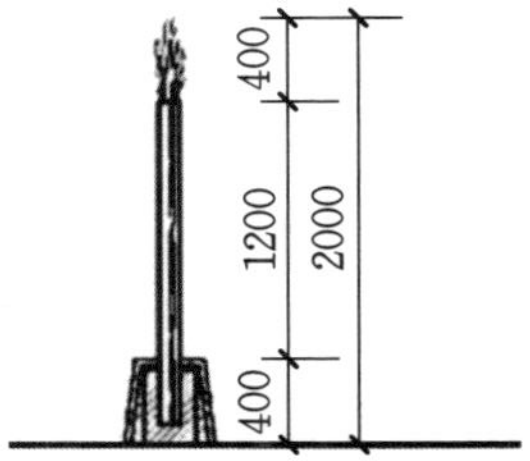 (图示：400、1200、400、2000)	特色建筑风貌村庄	小红砖、仿红砖水泥砖或空心砖;防腐木条
花墙	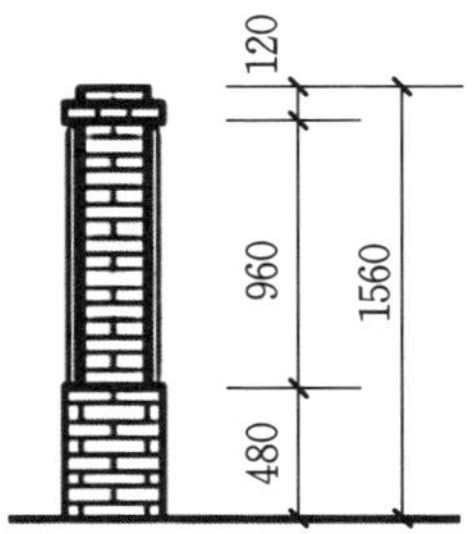 (图示：120、960、480、1560)	青砖坡屋顶建筑风貌村庄	青砖、仿青砖水泥砖;芦苇	黄泥加木头墙	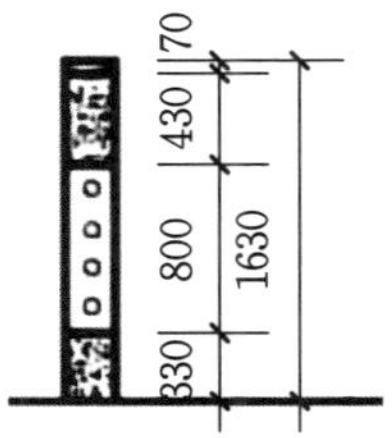 (图示：330、70、800、430、1630)	特色建筑风貌村庄	枯树枝或防腐木条;黄泥或仿黄泥水泥抹面

续表8-1

类型	工程做法	适用类型	可选材料	类型	工程做法	适用类型	可选材料
砖木围墙	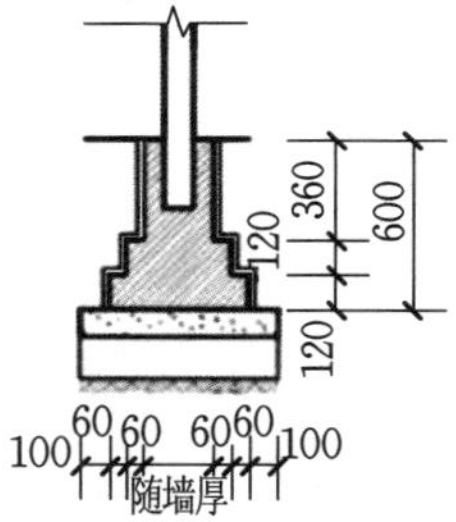360 120 600 120 100 60 60 60 60 100 随墙厚	红砖建筑风貌村庄或特色建筑风貌村庄	小红砖、仿红砖水泥砖或空心砖；防腐木条；	空心砖墙	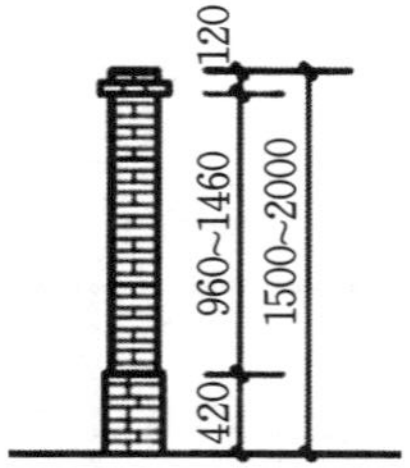120 960~1460 1500~2000 420	红砖建筑风貌村庄或特色建筑风貌村庄	空心砖、小红砖、青砖
花墙	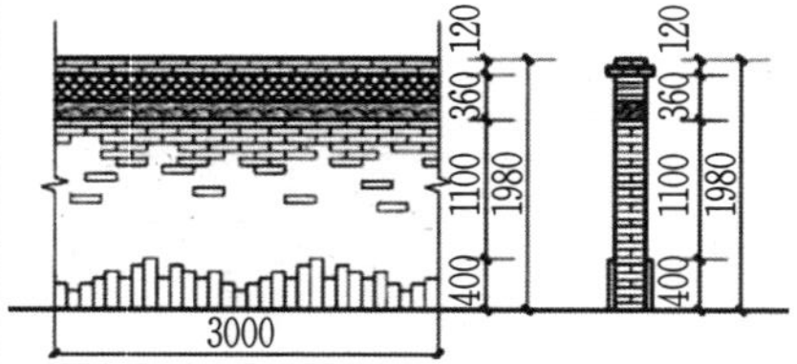120 360 1100 1980 400 3000 120 360 1100 1980 400	青砖坡屋顶建筑风貌村庄	青砖、仿青砖水泥砖；水泥灰瓦；石材	红砖加木头墙	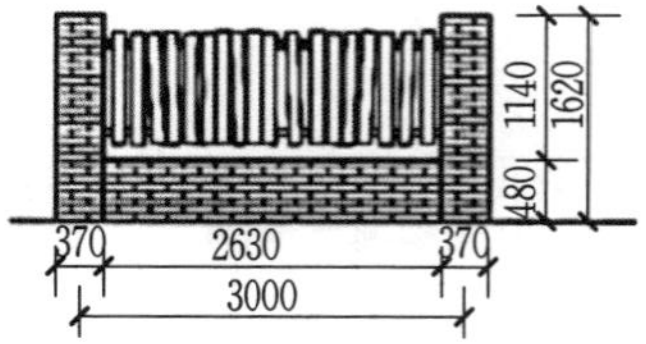1140 1620 480 370 2630 370 3000	红砖建筑风貌村庄或特色建筑风貌村庄	小红砖、仿红砖水泥砖或空心砖；防腐木条

表 8-2 木篱、芦苇墙工程做法及可选材料

类型	效果意向	工程做法	适用类型	可选材料
木篱	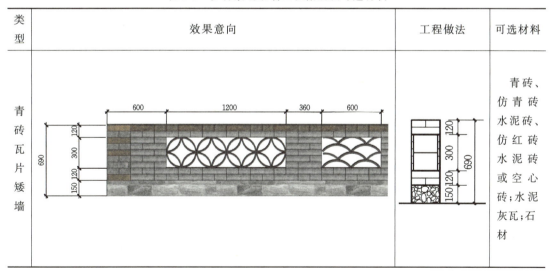		特色建筑风貌村庄	防腐木条
芦苇墙			特色建筑风貌村庄	钢丝网;茅草或铝材仿茅草

表 8-3 乡村景观矮墙工程做法及可选材料

类型	效果意向	工程做法	可选材料
青砖瓦片矮墙			青砖、仿青砖水泥砖、仿红砖水泥砖或空心砖;水泥灰瓦;石材

表 8-4　围墙基础工程做法及可选材料

围墙基础类型	毛石基础	砖基础	混凝土基础
做法剖面			
工程做法	1. 毛石砌筑（水泥砂浆填缝）； 2. 素土夯实	1. 标砖砌体（外抹 20 厚 1∶2.5 水泥砂浆保护层）； 2. 100 厚 C20 混凝土垫层； 3. 200 厚三七灰土（级配砂石）垫层； 4. 素土夯实	1. C25 钢筋混凝土； 2. 100 厚 C20 混凝土垫层； 3. 200 厚三七灰土（级配砂石）垫层； 4. 素土夯实

8.3　农村三格式户厕建设技术

8.3.1　三格式户厕定义

农村最普遍采用的是三格式化粪池。三格式化粪池是指由三个相互串联的池体组成，经过密闭环境下粪污沉降、厌氧消化等过程，去除和杀灭寄生虫卵等病原体，控制蚊蝇孳生的粪污无害化处理与贮存设施或设备。

农村的化粪池可分为整体式和现建式两种。采用塑料或玻璃钢等材料，在工厂内生产成型的三格式化粪池产品为整体式；采用砖砌、现浇混凝土或混凝土预制件等方式现场施工建造的三格式化粪池为现建式。

由厕屋、卫生洁具、三格式化粪池等部分组成，利用三格化粪池对厕所粪污无害化处理的农村户用厕所称为农村三格式户厕（图 8-2）。其中，厕屋分为附建式和独立式。建在住宅内或与主要生活用房连成一体的为附建式，建在住宅等生活用房外的为独立式。

8.3.2　选址和设计要求

8.3.2.1　厕屋

厕屋宜"进院入室"，优先建在室内。庭院内的独立式厕屋应根据庭院布局合理安排，方便如厕，宜与厨房形成有效隔离。

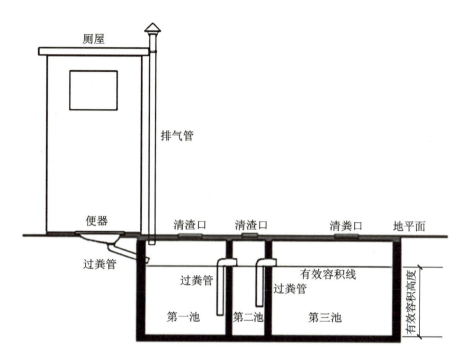

图 8-2　过粪管为倒 L 形的农村三格式户厕构造示意图

8.3.2.2　化粪池的位置

（1）化粪池宜设在接户管的下游段，便于机动车清掏的位置。应选择交通便利，清理时不会对室内、庭院造成太多污染的位置为宜。

（2）化粪池不要做在室内基础之下，要求化粪池池外壁距建筑物外墙不宜小于 5 m，且不得影响建筑物根底。

（3）化粪池选址应避开低洼和积水地带，尽量远离水井或其他地下水管网等，距离生活饮用水的距离不小于 10 m。

（4）化粪池应靠近厕屋，宜建在居室、厨房的下风方向。

（5）化粪池应留足公共清掏空间和通道，使清掏车辆和设施进出方便。

（6）应符合村庄建设规划，不要建在道路两旁。

8.3.3　设计要求

8.3.3.1　厕屋

（1）厕屋结构应完整、安全、可靠，可采用砖石、混凝土、轻型装配式结构。

（2）厕屋净面积不应小于 1.2 m³，独立式厕屋净高不应小于 2.0 m。

（3）厕屋应有门、照明、通风及防蚊蝇等设施，地面应进行硬化和防滑处理，墙面及地面应平整。有条件的地区，宜设置洗手池等附属设施。

（4）独立式厕屋地面应高出室外地面 100 mm 以上,寒冷和严寒地区厕屋应采取保温措施。

（5）附建式厕屋应具备通向室外的通风设施。

8.3.3.2　卫生洁具

（1）坐便器或蹲便器应合理选用,冲水量和水压应满足冲便要求,宜采用微水冲等节水型便器。

（2）便器排便孔或化粪池进粪管末端应采取防臭措施。

（3）宁夏(寒冷地区)独立式厕屋的卫生洁具和排水管应采取防冻措施,应选用直排式便器,便器不应附带存水弯。

8.3.3.3　三格式化粪池

（1）选型

应结合使用人数、冲水量、粪污停留时间及清掏周期综合确定三格式化粪池有效容积,有效容积选型见表 8-5。

表 8-5　三格式化粪池有效容积选型

厕所使用人数/人	≤3	4~6	7~9
有效容积设置/m³	≥1.5	≥2	≥2.5

寒冷和严寒地区宜选用免装配整体式三格式化粪池或现浇混凝土现建式三格式化粪池,宜适当增加三格式化粪池有效容积,水冲装置应采取防冻措施。选用的免装配整体式三格式化粪池可采用增加塑料壁厚的措施或选用双层保温抗压结构。

已建或拟建厕所管护、清掏综合调度机制和信息平台的地区,可选用具备自动预警清掏功能的化粪池。

（2）结构

三格式化粪池的第一池、第二池、第三池容积比宜为 2∶1∶3。三个格子大小按照 2∶1∶3 的比例设置性价比较高,三格深度相同,有效深度应不小于 1.2 m。

三格式化粪池中,第一池和第三池主要用于害化处理,第二池主要是贮粪功能。化粪池中粪污的有效停留时间,第一池应不少于 20 d,第二池应不少于 10 d,第三池应不少于第一池、第二池有效停留时间之和。

进粪管应内壁光滑,内径不应小于 100 mm,避免拐弯,减少管道长度。进粪管铺设坡度不宜小于 20%,水平距离不宜超过 3 m,应与便器排便孔密封紧固连接;水平距离大于 3 m 时,应适当增大铺设坡度。

过粪管应内壁光滑,内径不应小于 100 mm,设置成倒 L 形或 I 形。第一池至第二池的过粪管入口距池底高度应为有效容积高度的 1/3,过粪管上沿距池顶不宜小于 100 mm,第二池至第三池的过粪管入口距池底高度应为有效容积高度的 1/2,过粪管上沿距池顶不宜小于 100 mm。两个过粪管应交错设置。

排气管应安装在第一池,内径不宜小于 100 mm。靠墙固定安装,外观应和住房建筑协调,应高于户厕屋檐或围墙墙头 500 mm,当设置在其他隐蔽部位时,应高出地面不小于 2 m。排气管顶部应加装伞状防雨帽或 T 形三通。

三格式化粪池顶部应设置清渣口和清粪口,直径不应小于 200 mm,第三池清粪口可根据清掏方式适当扩大。清渣口和清粪口应高出地面不小于 100 mm,化粪池顶部有覆土时应加装井筒。

三格式化粪池清渣口和清粪口应加盖,清渣口或清粪口大于 250 mm 时,口盖应有锁闭或防坠装置。

三格式化粪池第三池可加装智能化探测和清掏预警装置。

8.3.4　整体式三格式化粪池安装与施工

8.3.4.1　现场组装

(1) 内部隔板:过粪管安装位置应准确,连接处应密封、牢固,不渗漏。

(2) 上下池体连接应密封、牢固,合缝应严密,不渗漏。

(3) 组装完成后,应进行池体、格池间密封性能抽样检查。免装配整体式三格式化粪池产品也应进行池体、格池间密封性能抽样检查。

密封性能检查办法:

按要求正常安装化粪池及其附属连接件,将化粪池水平放置,保持稳定,如图 8-3 所示。

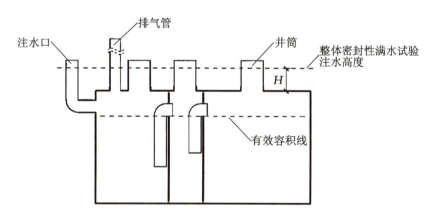

图 8-3　三格式化粪池密封试验示意图

格池密封性满水试验:向第二池注水至过粪管溢流口下沿,静置 24 h 后观察第一池、第三池,无串水现象为合格。

整体密封性满水试验:从注水口向试样中注水至 H 为 200 mm,静置 24 h 后观察试样是否有破裂、裂缝或变形,同时观察水位线,下降不超过 1% 为合格。

8.3.4.2　基坑开挖与垫层施工

(1) 应根据三格式化粪池外形尺寸、进粪管铺设坡度、覆土深度及施工作业要求,确定基坑开挖深度、长度和宽度。寒冷和严寒地区,基坑开挖深度应确保三格式化粪池的有效容积线在冰冻线以下。

（2）三格式化粪池顶部有绿化要求时，覆土厚度应不小于 300 mm。

（3）根据土质、基坑深度、地下水位等情况采取不同基坑开挖方式及防护措施，确保施工安全。

（4）开挖池坑时，对土质较好的地块，一般都宜采用直接开挖；对土质差或有地下水的地块，采用按一定坡度的放坡开挖，并留不小于 150 mm 的回填宽度。对软土、沙土、湿陷性黄土等特殊地基条件，应采取换土等地基处理措施，达到不沉降的要求。基坑底面应夯实、找平。

（5）整体式三格式化粪池施工应按以下要求执行：

当地基为坚土时，应铺设砂石垫层，厚度不宜低于 120 mm；

当地基为软土时，应铺设混凝土垫层，厚度不宜低于 100 mm。

（6）地下水位较高或雨季施工时，应做好排水措施，防止基坑内积水和边坡坍塌。

8.3.4.3　三格式化粪池安装（图 8-4）

（1）三格式化粪池应平稳安装在基坑内的垫层上，其位置应便于进粪管安装。地下水位较高时应采取抗浮措施。

（2）进粪管连接应密封不渗漏，不宜采用弯头连接。寒冷和严寒地区的室外户厕，便器可直接安装在三格式化粪池第一池清渣口上方，进粪管垂直插入第一池清渣口，做好连接密封，进粪管末端应安装防臭阀。

（3）三格式化粪池安装的井筒和清渣口、清粪口之间应用胶圈密封牢固，连接位置不应渗漏。寒冷和严寒地区的井筒应采用耐寒、抗冻融的管材。

（4）三格式化粪池安装完成后，应冲水检验冲便效果及便池、管道、三格式化粪池的连接密封性能。

图 8-4　钢筋混凝土成品化粪池安装

8.3.4.4　基坑回填

（1）三格式化粪池安装完成后应及时进行基坑回填，宜采用原土在三格式化粪池四周对称分层密实回填。回填土应剔除尖角砖、石块及其他硬物，不应带水回填。

（2）基坑回填时，应防止管道、卫生洁具、三格式化粪池发生位移或损伤。

（3）基坑回填后,施工作业面应硬化或绿化。

8.3.5 现建式三格式化粪池施工

（1）现建式三格式化粪池的基本结构应符合设计要求。应根据化粪池设计尺寸、土壤条件并考虑施工作业要求确定基坑尺寸,基坑开挖及土方回填参照整体式三格式化粪池安装与施工。

（2）基坑开挖后,坑底应整平夯实并铺设混凝土或砂石垫层,垫层混凝土强度等级不应低于C10,厚度不应小于100 mm,砂石垫层厚度不应小于150 mm。

（3）砖砌三格式化粪池池壁应采用强度等级不小于 MU10 级的标准砖或等强度的代用砖,应采用不低于 M10 的水泥砂浆砌筑,池壁内外表面应抹防水砂浆,厚度不应小于20 mm,见图 8-5。

砖砌化粪池:按化粪池的尺寸先砌好墙体,分三格,中间分隔两道墙体。由于第二池较窄,施工有一定困难,因此,砌筑到一定高度后,先抹灰再继续砌筑。注意掌握好进粪管、过粪管、出口管的安装时间、位置与方向。

池外壁抹灰:池外壁用 1:3 水泥砂浆打底,1:2 水泥砂浆抹面,厚 20 mm,抹灰从池顶开始,抹到地表面以下 200 mm。

池内壁抹灰:池内壁抹灰是防止化粪池渗漏的重要措施,必须全部都要抹灰。内壁抹灰采用三层作法,1:2.5 防水砂浆,厚 20 mm。抹面要求密实、光滑。

（a）　　　　　　　　　　　　（b）

图 8-5　砖砌三格式化粪池

（a）未抹面;（b）抹面

（4）钢筋混凝土三格式化粪池池壁应整体浇筑,振捣密实,并进行必要的养护,混凝土强度等级不应低于C25,钢筋应采用 HPB300、HRB400。

（5）过粪管的安装（图 8-6）:过粪管宜选用直径 100～150 mm 的 PVC 管,也可用水泥预制、陶管等其他材料,但要求内壁光滑。容积较大的三格式化粪池可适当增加过粪管数量,以防堵塞。过粪管与隔墙的连接部分必须密封,并用掺 5% 防水粉的 1:2 水泥砂浆封口。过粪管应相互对角设置,可减少水冲力对池内的扰动,防止池底的寄生虫卵流动到下一池。

（6）基坑回填前,应进行整池、格池间密封性能抽样检查,检测方法同上;化粪池安装完成后,应冲水检验冲便效果及便池、管道、三格式化粪池的连接密封性能。

图 8-6　两根过粪管安装位置要错开

（7）现建式三格式化粪池进粪管、清渣口、清粪口和排气管安装注意事项同上。

（8）池盖大小一般要与池体相匹配，厚度主要是看化粪池的一个地面位置，通常为5 cm，池盖外沿处可设计成内槽式沿口，至于每一池是否在大盖上要加一个小盖，应根据当地的农户生活习惯和处理粪的习惯进行设计。同时，要在第一池、第三池盖板分别留有清渣口和取液口，配备密封性处理的活动盖板，见图 8-7。

（9）地面：化粪池应高于周围地面 5～10 cm，防止雨水的侵入，周围的土壤要夯实。

图 8-7　化粪池池盖

8.4　场地和道路做法与施工

8.4.1　停车场地面做法

结合村庄入口和主要道路，设置机动车集中停放场地，减少机动车辆进入村庄内部时对村民生活的干扰。发展旅游的村庄应根据旅游线路设置旅游车辆集中停放场地。在不影响道路通行的情况下，可沿村庄道路选择合适的位置设置路边停车位（图 8-8）。乡村的车挡、缆柱需考虑与整体环境相适应，可考虑利用体现农村风貌的旧物件，如废弃的柱基础、木材等，既经济环保又充满乡土气息。

8.4.2　公共活动空间场地工程做法

公共活动场地应以绿化为主，适度硬化。绿化应简洁实用，以乔木为主，灌木为辅，避免大草坪、模纹色块等城市绿化形式，创造亲切的邻里氛围。过多使用硬质铺地不生态、不自

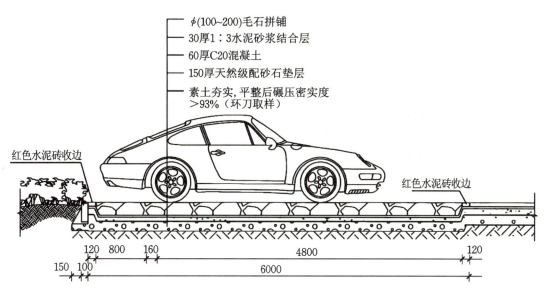

φ(100~200)毛石拼铺
30厚1:3水泥砂浆结合层
60厚C20混凝土
150厚天然级配砂石垫层
素土夯实，平整后碾压密实度
＞93%（环刀取样）

红色水泥砖收边

红色水泥砖收边

120　800　160　　　　　　4800　　　　　120
150　100　　　　　　　　　6000

图 8-8　毛石铺设的停车位

然，视觉景观效果差。确需硬化的场地，宜使用透水性材质和建造工艺。

8.4.2.1　铺装工程做法

见表 8-6。

表 8-6　铺装工程做法

类型	工程做法	铺装展示
软底铺装	乡土材料铺面（砖、木节、碾子等） 50厚中砂垫层 150厚3:7灰土垫层 底层自然土压实	乡土材料铺面（砖、木节、碾子等） 50厚中砂垫层 150厚3:7灰土垫层 底层自然土压实
硬底铺装	砖、石材、废旧材料等乡土材料 30厚1:3水泥砂浆结合层 100厚C20混凝土 150厚3:7灰土垫层 素土夯实，密实度≥93%	石材铺装 30厚1:3水泥砂浆结合层 100厚C20混凝土 150厚3:7灰土垫层 素土夯实，平整后 碾压密实度≥93%

续表8-6

类 型	工 程 做 法	铺 装 展 示
木桩铺装	木桩材料 50厚中砂垫层 150厚3：7灰土垫层 底层自然土压实	木桩材料 50厚中砂垫层 150厚3：7灰土垫层 底层自然土压实
磨盘铺装	磨盘材料 50厚中砂垫层 150厚3：7灰土垫层 底层自然土压实	磨盘材料 中砂垫层5cm厚 300厚3：7灰土垫层 底层自然土压实
毛石铺装	φ(100~200)毛石拼铺 30厚1：3水泥砂浆结合层 60厚C20混凝土 150厚3：7灰土垫层 素土夯实,密实度≥93%	φ(100~200)毛石拼铺 30厚1：3水泥砂浆结合层 60厚C20混凝土 150厚灰土垫层 素土夯实,平整后 碾压密实度≥93%
鹅卵石铺装	20~30厚鹅卵石嵌于砂浆,外露1/3 50厚1：3水泥砂浆结合层 80厚C15混凝土 200厚3：7灰土垫层 素土夯实,密实度≥93%	20~30厚鹅卵石嵌于砂浆,外露1/3 50厚1：3水泥砂浆结合层 80厚C15混凝土垫层 200厚3：7灰土垫层 素土夯实,平整后 碾压密实度≥93%
红砖铺装	缝5,中粗砂扫缝 红砖面层 35厚中粗砂 100厚C25混凝土 300厚3：7灰土垫层 素土夯实,密实度≥93%	红砖面层 35厚中粗砂 100厚C25混凝土 300厚3：7灰土垫层 素土夯实,碾压密实度≥93%

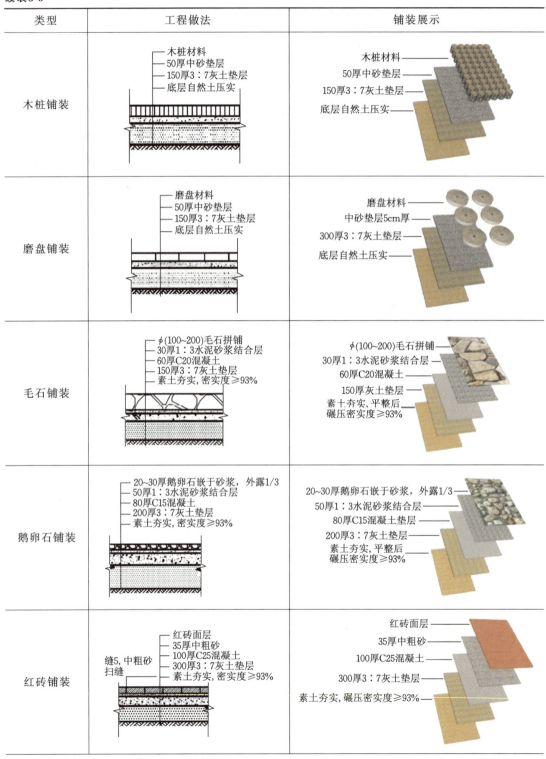

类型	工程做法	铺装展示
混凝土铺装	——120厚C25混凝土 ——200厚3：7灰土垫层 ——素土夯实,密实度≥93%	120厚C25混凝土—— 200厚3：7灰土垫层—— 素土夯实,平整后—— 碾压密实度≥93%
青石铺装	——φ(100~200)青石拼铺 ——50厚中砂垫层 ——150厚3：7灰土垫层 ——素土夯实,密实度≥93%	φ(100~200)青石铺装—— 50厚中砂垫层—— 150厚3：7灰土垫层—— 素土夯实,平整后—— 碾压密实度≥93%
碎石铺装	——天然石材碎石拼铺 ——30厚1：3干硬性水泥砂浆结合层 ——100厚C15混凝土 ——300厚3：7灰土垫层 ——素土夯实,密实度≥93%	天然石材碎石拼铺（平均厚度≥50）—— 30厚1：3干硬性水泥砂浆结合层—— 100厚C15混凝土—— 300厚3：7灰土垫层—— 素土夯实,密实度≥93%
巷道水泥砖铺装	——60厚水泥砖,粗砂扫缝 ——30厚1：3水泥砂浆结合层 ——100厚C20混凝土 ——150厚3：7灰土垫层 ——素土夯实,密实度≥93%	60厚水泥砖,粗砂扫缝—— 30厚1：3水泥砂浆结合层—— 100厚C20混凝土—— 150厚3：7灰土垫层—— 素土夯实,平整后—— 碾压密实度≥93%
瓦片铺装	——瓦片嵌于砂浆 ——30厚1：3水泥砂浆结合层 ——100厚C20混凝土 ——200厚3：7灰土垫层 ——素土夯实,密实度≥93%	瓦片嵌于砂浆—— 30厚1：3水泥砂浆结合层—— 100厚C20混凝土—— 200厚3：7灰土垫层—— 素土夯实,平整后—— 碾压密实度≥93%

8.4.2.2　铺装展示

见表 8-7。

表 8-7　铺装展示

类型	铺装展示	类型	铺装展示	类型	铺装展示
红砖平铺人字铺法		瓦片与石板结合铺法		磨盘与鹅卵石、碎石拼铺	
红砖平铺田字铺法		瓦片人字铺法		鹅卵石与碎石结合铺法	
红砖立铺人字铺法		水泥砖铺法		木桩与鹅卵石结合铺法	
红砖平立结合铺法		水泥砖田字铺法		水泥砖与碎石结合铺法	

8.4.3　村庄道路材料选择和工程做法

8.4.3.1　村庄道路基本认知

村庄道路是指村庄居民点内部供行人及各种运输工具通行的道路。它在功能上有别于连接城市、乡村和工矿基地的公路。公路主要供汽车行驶并具备一定技术标准和设施，而村庄居民点内部的道路同时供村民步行和各类车辆使用。村庄内部道路的建设技术标准低于公路。

村庄内部道路按其使用功能划分为三个层次（图 8-9），即主要道路、次要道路、宅间道路。

（1）主要道路是村庄内各条道路与村庄入口连接起来的道路，以车辆交通功能为主，同时兼顾步行、服务和村民人际交往的功能。

（2）次要道路是村内各区域与主要道路的连接道路，在承担交通集散功能的同时，也承担步行、服务和村民人际交往的功能。

（3）宅间道路是村民宅前屋后与次要道路的连接道路，以步行、服务和村民人际交往功能为主。

（a）　　　　　　　　　（b）　　　　　　　　　（c）

图 8-9　村庄道路

（a）主要道路；（b）次要道路；（c）宅间道路

8.4.3.2　材料选择

农宅入户道路宜使用废旧材料和乡土材料铺设。由废旧砖瓦、碎石、卵石等材料组合而成的拼花路面，其花纹可根据村庄的乡土文化特色进行设计，也可采用吉祥纹、云纹等传统艺术纹样进行设计。积极引导农户参与，结合农户意愿进行拓展设计。

农宅入户路　　　　　　乡村道路设计
设计视频展示　　　　　　视频展示

村庄交通流量较大的道路宜采用硬质材料路面，一般情况下使用水泥路面，也可采用沥青、块石、混凝土砖等材质路面。还应根据地区的资源特点，优先考虑选用合适的天然材料，如卵石、石板、废旧砖、砂石路面等，既体现乡土特色和生态性，又节省造价。

8.4.3.3　道路排水做法

当道路周边有水体时，应就近排入附近水体；道路周边无水体时，根据实际需要布置道路排水沟渠（图 8-10）。

道路紧邻建筑时，路面应适当低于周边地块，利于周边地块雨水排放；道路两侧为农田、菜地时，路面宜高于周边地块。

8.4.3.4　路肩做法

当道路路面高于两侧地面时，可考虑设置路肩，对路面起到保护作用。路肩设置应"宁软勿硬"，宜优先采用土质或简易铺装，不必过于强调设置硬路肩。

碎石平铺路肩，既不影响雨水排放，又可保护路面，还界定了道路边界，见图 8-11。

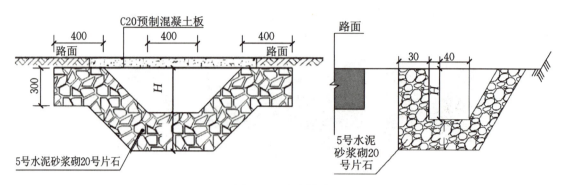

图 8-10　边沟做法

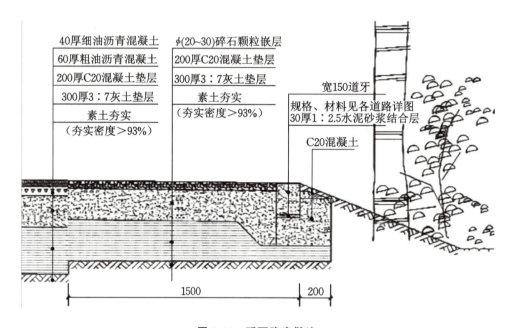

图 8-11　砾石路肩做法

8.4.4　路基施工

8.4.4.1　路基的基本形式

路基是按路线位置和一定技术要求修筑的带状构造物,是路面的基础,承受由路面传来的行车荷载。根据道路的设计标高和土石方的不同填挖情况,路基有三种基本形式(图8-12):路堤式、路堑式、半填半挖式。

8.4.4.2　填方路基施工流程

清理场地→基底处理→运输上料→摊铺整平→洒水晾晒→碾压夯实→路基整修。

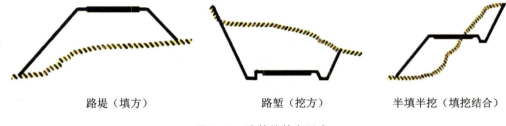

路堤（填方）　　　　　　　路堑（挖方）　　　　　半填半挖（填挖结合）

图 8-12　路基的基本形式

8.4.4.3　路基修筑要求

（1）清理场地（图 8-13）

在路基开始修筑前，先要根据路基放样的边桩清理路基场地，砍除竹、木、藤、草。当路基填土高度小于 60 cm 时，应将地面上的杂草、淤泥全部除去；填土高度小于 1 m 时，应将较大的树根挖除，挖除树根的坑，应分层填筑夯实。如线路经过水塘或低洼水田，应将水全部排出，并挖去淤泥，再用土填筑路基。

图 8-13　清理场地

（2）技术交底

当清好场地以后，便可进行技术交底，开始修筑路基。技术交底工作主要内容如下：

① 介绍道路标准、设计图纸资料、施工地段各种桩的位置及用途；

② 讲清路基边坡的坡度、边沟尺寸；

③ 指明取土和弃土位置及做法，避免乱堆乱放损坏庄稼，多占耕地；

④ 注意保留交角桩和中心桩，介绍移桩、移高办法；

⑤ 交代挖出的土石方如何充分利用，保留作路面材料的土石方，应放在什么地方；

⑥ 交代修桥涵的位置，禁止堆置弃土，免得返工重挖；

⑦ 讲解安全操作知识和质量标准要求。

8.4.4.4　路基填方要求

（1）填筑路基使用的土，除半填半挖是以挖作填外，一般是从边沟或附近容易挖掘的高地上挖取，只有当路线两旁因积水使土壤过湿，或附近土质太硬不易挖取，才另找采土场运土,或纵向利用较近的弃土。

（2）普通土都可以用来填筑路基,但淤泥、腐殖土、碱性土不能使用。在填筑路基时,最好用一种土;但如有两种土时,应分层填实,把透水性较差的黏性土和粉性土填在下面,把透水性较好的砂性土填在上面,并将下面填土的顶面做成4%的横向坡。

（3）填料应控制在接近最佳含水率（手握成团,落地开花）,才能达到好的压实效果。含水率过高需翻开晾晒,过低需洒水。

（4）清表土应有序集中堆放,并加以利用,见图8-14。

图8-14　土的集中堆放

（5）路基填土应该按照整个路基宽度分层填实。每层填土厚度不应大于30 cm,土块必须打碎,填够一层时,把表面整理平顺后,由路基两边进行压实,移向中心。

（6）可采用推土机进行摊铺整平（图8-15）。以方格网、插标杆控制松铺厚度、路拱、路基横坡。路基中心向两侧做成2%～4%的横坡。人机配合土方作业,必须设专人指挥。机械作业时,配合作业人员严禁在机械作业和走行范围内。若配合作业人员在机械走行范围内作业时,机械必须停止作业。

图8-15　摊铺作业

（7）在山区常常使用开山石料或天然石块填筑路堤,应把较大石块填在下层,由下而上的石料尺寸逐渐变小。易溶性岩石、膨胀性岩石、崩解性岩石和盐化岩石等不得用于路堤填筑。填筑时,应分层整理平顺,嵌塞稳固,不能架空。接近面层30～50 cm那部分,使用较大尺寸的石碴、石屑填塞坚实,或用砾石、碎石土壤填筑,夯打密实,不发生沉陷。

（8）应将地基表层碾压密实。在一般土质地段,压实度不应小于85%。当路基填土高度小于路面和路床总厚度时,应将地基表层土进行超挖并分层回填压实。

（9）土质路基压实主要以"先轻后重、先静后振、先慢后快、主轮重叠"以及直线段"先边后中"和平曲线段"先内侧、后外侧"为原则。作业时,应注意压实机具的作业安全。压路机最快走行速度不宜超过 4 km/h。压路机碾压前后两次轮迹应重合 1/3。压路机轮外缘距路基边应保持安全距离,对压不到的边角辅以小型机具夯实,见图 8-16。

图 8-16　碾压夯实作业

8.4.4.5　路基挖方方法

当采用人工开挖路基时,一般都在路基宽度范围内,顺着路线方向分层开挖,这样可以容纳较多的人去开挖土方。开挖时先挖好路槽,再挖好边坡,最后挖好边沟。挖路槽时,一般是从上向下进行。开挖土方时,一是禁止自下向上掏挖,以免造成事故;二是要注意排水。另外,在路基开挖过程中,如果土质有变化,都需要及时调整原设计的路基边坡坡度,以保证路基边坡稳定。

8.4.4.6　路基整理要求

如图 8-17 所示,无论是填土路基、挖土路基还是石方路基,在完工时都要进行一次整理,要求符合规定尺寸。路基顶面和边坡要平整,没有坑槽缺陷和凸凹不平的地方。边沟和路边要整齐,边沟内流水要顺畅。路拱要符合规定的横坡度,然后再准备路面。

图 8-17　路基整修作业

8.4.5　路面施工

目前农村道路中,水泥路面养护工作量较少,但初期建设工程造价高;沥青路面造价相对较低,但耐久性较差。在这种情况下,降低水泥混凝土路面造价和提高沥青路面耐久性是农村道路路面研究的技术关键。级配碎(砾)石路面和粒料加固土路面在农村道路中仍占很大的比重,在今后较长的时间内,这些类型的路面仍将是农村公路改造升级的主要类型之一。

本节主要内容包括薄层水泥混凝土路面、贫乳化沥青稳定碎石基层沥青路面、级配碎(砾)石路面和粒料加固土路面的施工和养护。

8.4.5.1　薄层水泥混凝土路面施工

薄层水泥混凝土路面是指路面板厚度在 8~12 cm 之间的水泥混凝土路面,和普通水泥混凝土路面相比,具有造价低、维修方便的优点。

1) 施工工艺

(1) 测量放样应注意的事项

每隔 100~300 m 增设临时水准点一个。根据已放出的中心线及路面边线,放出路面板的分块线。支立模板后,应把分块线标至模板顶面,其位置应设明显的标记或刻线。

(2) 准备专用机具

水泥混凝土路面的施工比较复杂,工序较多,对专用的几种机具需在施工前进行检查和维修并准备齐全。

(3) 选择适当的搅拌场地和安装好搅拌设施

搅拌地点的选择应根据施工路线的长短和所采用的运输设备来确定。施工路线较长时,可分设几个搅拌点。设置现场搅拌点,应选择进料方便、场地充足、水电容易接通、运输道路使用维修方便、运距经济的地方。

根据工程量的大小、工期、进度配备一台或多台强制搅拌机。搅拌现场周围主要是搅拌机工作范围,应开挖明沟,埋设临时出水管道等排水设施。

按照路基的设计标准检查路基的密实程度及基层是否平整,应无波浪、无坑槽、无松散,且纵横坡应与设计要求一致。在旧沥青路面上加铺薄层水泥混凝土路面时,必须将原路面全部修理平整,使全部基层的承载力趋于一致。

2) 施工操作工艺

(1) 模板安装(图 8-18)

浇筑水泥混凝土路面用的模板,可用钢模和木模。模板质量应符合表 8-8 的规定。为减小模板与混凝土的粘结,浇筑前应在模板上涂抹一层润滑剂(如掺水柴油、废机油、肥皂水、石灰水等),以利于脱模。

检查校正模板安装尺寸、形状及中线边线的水平位置是否正确;安装的纵横塞条、钢筋是否符合设计的要求;模板的接缝是否紧密不漏。

表 8-8　模板质量标准　　　　　　　　　　　　　单位:mm

序号	项目	允许偏差		序号	项目	允许偏差	
		木模板	钢模板			木模板	钢模板
1	高度	±2	±2	5	模板表面最大	5	—
2	长度	—	±5	6	局部变形	5	3
3	立柱间距	40	—	7	最大变形(中部)	10	4
4	接缝宽度	3					

图 8-18　模板安装和支撑示意图

（2）混凝土拌和

混凝土应用机械拌和。对于材料的规格、质量应予以查验。水泥存放应上盖下垫,防雨、防潮,分类堆放。材料的配合比应严格遵照实验室的规定。各项材料用量的配料误差应不大于表 8-9 的要求。

表 8-9　混凝土配料允许误差

材料名称	水泥	砂	石料	水
允许误差/%	±1	±2	±3	±1

在常温下,搅拌时间不小于表 8-10 所示的时间。

表 8-10　混凝土搅拌时间

搅拌机型号		转速/(转/min)	搅拌所需时间/min
自由式	J1-250	18	1
	J-400	18	1.5
	J1-800	14	2
强制式	J1-375	38	1
	J1-1500	20	3

每日每班拌合机使用前和结束前,应向拌筒中加水,空转数分钟,将筒清洗干净,并将水全部倒出后,再开始正式进行拌和工作或结束拌和工作。

（3）混凝土运送

在现场用拌合机拌制时,则可用手推车来运送。用量较少时可采用商品混凝土,由混凝土罐车运输到施工现场。用小型翻斗车运送混合料,周转装卸费时较多,且运送中易于振动和倾倒,应细心推走,运距不宜太远。混凝土应在初凝前运抵摊铺地点,并有足够的摊铺、振捣和抹平时间,如表 8-11 所示。

表 8-11　混凝土初凝时间

施工温度/℃	20	15	10
初凝时间/min	45	60	90

（4）混凝土的现场摊铺

现场摊铺前应将基层顶面浮尘清扫干净,并洒水湿润。摊铺施工时,因故停工,而又未铺完一整块混凝土板,若只停工半小时,可用湿麻布盖在混凝土表面,待恢复施工后,把此处混凝土耙松再继续摊铺。若停工时间过长,可视当时温度和混凝土初凝时间作施工缝处理,废弃不能被振实的拌合物,但不得将不足一块板量的混凝土摊铺在模板内。

（5）混凝土的捣实

混凝土摊铺后,应立即用平板振捣器进行初步整平,并用刮板刮平。用平板振捣器由边至中、先纵后横一行一行振捣一遍,行与行之间的振捣应重叠 15～20 cm。振捣器应慢慢移动,同一位置停留 10 s 左右,以振出砂浆为宜,靠模板 15 cm 以内的混凝土可用捣钎或棒式振捣器振捣,以不出现蜂窝为度。

（6）抹平、拉槽刷毛（图 8-19）

抹平是使板面更加结实、平整,整平饰面应待混凝土表面泌水基本完成后进行,可在终凝前用 3 m 刮尺收浆饰面,纵横各 2～3 遍抄平饰面,直到表面平整度符合要求,表面砂浆厚度均匀。认真做好刮尺饰面,可使面板达到较高的平整度。抹平时,操作人员应在工作桥上进行操作,不允许站在未初凝的板面上。当混凝土表面较为干硬时应采用抹面机饰面,而不应采用刮尺,认真做好抹面机饰面,也可使面板达到较高的平整度。抹面机应按每车道路面不少于 1 台配备,饰面遍数宜为往返 1～2 遍。

图 8-19　刮尺整平和抹面机饰面示意图

如图 8-20 所示,拉槽刷毛工作应在抹平后的板面上无波纹水迹时进行,以使板面有一定的粗糙度。拉槽刷毛可用钢丝刷、压毛辊沿横坡方向进行,显出深 0.1～0.3 cm 的纹理,以保证行车安全。

图 8-20 拉槽

（7）混凝土路面的养护

为使混凝土路面在得到足够的强度前不过分收缩,应在良好的温度和湿度下对路面进行养护。一般采用以下方法养护:用厚度为 2～5 cm 的砂、锯末、谷糠、麻袋、草席等盖于板面上,每天用无压力洒水方法浇 2～3 次水,养护期一般为 14～21 d。

（8）拆除模板时间

拆除模板不要用力过猛过急,模板不应击敲和损伤路面,其顺序为先取下后模板支撑和铁钎,后拆模板。拆下的模板应有序堆放。混凝土成型后拆模时的平均气温在 10～20 ℃ 为宜,最早拆除模板时间为 24～48 h。

（9）混凝土路面的接缝

水泥混凝土路面的接缝设计与施工历来被认为是水泥混凝土路面使用性能优劣与耐久的关键技术和最大难点。接缝施工质量的优劣,是水泥混凝土路面使用性能(即前期破损断板、断角和使用寿命)的决定性要素,应引起工程建设者的高度重视。

伸缩缝的作用能使板体在温度变化时自由伸长或缩短。缝宽为 0.3～1.0 cm,切缝法施工时为 0.3～0.5 cm,压缝法施工时为 1.0 cm。

如图 8-21 所示,切缝法采用水泥混凝土路面切缝机,在混凝土板整块浇捣达到一定强度时,按缩缝位置进行切割。切缝过晚,混凝土强度高;切割速度慢,砂轮损坏严重;切缝过早,混凝土强度低,虽然切割较易,但质量不好。

压缝法通常用扁铁片或木板条制成,厚 0.8～1.0 cm、高 1.5～2.0 cm,长度与混凝土板宽相同。在混凝土缩缝处先用振动切缝刀切出一条缝,压至规定的深度后,将振动切缝刀轻轻提出,然后将压缝板放入。

（10）如图 8-22 所示,混凝土板养护期满后应及时填封接缝。填封前必须保持缝内清洁,防止砂石等杂物掉进缝内。常用的填缝材料为灌入沥青橡胶类混合材料。

（11）拆模不得损坏板边、板角。模板拆卸宜使用专用拔楔工具,严禁使用大锤强击拆卸模板。打击变形后的模板应进行矫正。

（12）路面施工完成后及时采用节水保湿养护膜、土工毡、土工布、麻袋、草袋、草帘等进行养护。

图 8-21　切缝施工

图 8-22　填缝示意

8.4.5.2　贫乳化沥青稳定碎石基层沥青路面施工

沥青路面道路适用于村庄道路的主要道路、次要道路、宅间道路路面铺设,道路维修方便、噪声小。山区村庄道路不宜铺设沥青路面。

优点:

➤ 沥青路面行车舒适性好、噪声小。

➤ 柔性沥青路面对路基、地基变形或不均匀沉降的适应性强。

➤ 沥青路面修复速度快,碾压后即可通车。

缺点:

➤ 耐水性差,宜产生损坏,一个雨季就可能造成路面大量破损。

➤ 沥青材料的温度稳定性差,冬季易脆裂,夏季易软化。

➤ 平整度的保持性差,易产生车辙和壅包现象。

农村道路可采用贫乳化沥青稳定碎石基层沥青路面。贫乳化沥青稳定碎石基层是用少量乳化沥青稳定碎石作为路面基层,其上可以铺筑各种沥青混合料薄层面层,该基层也可作为沥青路面的联结层。

贫乳化沥青稳定碎石基层与石灰土基层相比,具有更好的耐久性,可以防止路面的反射裂缝;和级配碎石基层相比,由于乳化沥青的稳定作用,对碎石级配要求较低,质量更容易控制,稳定性也好。

（1）一般要求

乳化沥青稳定碎石基层厚度宜为 4～8 cm,其上可以铺筑各种沥青类型的薄层面层,厚度宜为 1～4 cm。铺筑贫乳化沥青稳定碎石基层前,新建道路土基层上应铺筑二灰土或灰土底基层,改建道路原路面上应铺筑二灰土或灰土整平层。宜选择在干燥和较热的季节施工,并宜在雨季前及日最高温度低于 15 ℃到来前半个月结束,使路面通过开放交通碾压成型。

（2）贫乳化沥青稳定碎石基层

基层施工前,整平层必须清扫干净,应在安装路缘石或培土路肩以后施工基层。撒布主层集料,人工或人工配合机械撒布石料,撒布时应避免颗粒大小不均,并应检查松铺厚度。石料撒布后严禁车辆通行。主层集料撒布后应采用 6～8 t 的钢筒式压路机进行初压、碾压,速度宜为 2 km/h。碾压应自路边缘逐渐移向路中心,每次轮迹重叠约 30 cm,接着应从另一侧以同样方法压至路中心,此为碾压一遍。然后检验路拱和纵向坡度,当不符合要求时,应调整找平再压,至集料无显著推移为止。

为防止乳化沥青下漏过多,可在主层集料碾压稳定后,先撒布一些嵌缝料,再浇洒主层乳化沥青。当气温偏低时洒布乳化沥青,需要加快破乳速度,可将乳化沥青加温后洒布,但温度不得超过 60 ℃。

主层乳化沥青喷洒后,应立即采用碎石撒布机或人工均匀撒布嵌缝料,嵌缝料撒布后应立即扫匀,不足处应找补。嵌缝料应厚度一致,不重叠,撒布必须在乳液破乳前完成。嵌缝料扫匀后应立即用 8~12 t 压路机碾压,随压随扫,使嵌缝料均匀嵌入。

(3)乳化沥青碎石面层

乳化沥青碎石混合料采用现场人工拌制,在有条件时也可在拌合厂机械拌和。人工拌和时应分堆备料,根据划线的摊铺面积所需矿料,用固定体积的手推车或料斗量方,将矿料堆放在路面(或拌和铁板)上,先干拌均匀,然后堆成槽形,堆底厚 10 cm 以上,要求量方准确。

将润湿的矿料堆成槽形,向其中加入设计量的乳化沥青,迅速拌和。适宜的拌和时间应根据施工现场使用的矿料级配情况、乳液裂解速率、施工时的气候等具体条件通过试拌确定,拌和时间不宜超过 60s。

拌制的混合料用人工摊铺时,应防止混合料离析。乳化沥青碎石混合料的松铺系数可通过试验确定。乳化沥青碎石混合料的碾压,可按《公路沥青路面施工技术规范》(JTG F40—2004)中热拌沥青混合料的规定进行,并应符合下列要求:

如图 8-23 所示,混合料摊铺后,应采用 6~8 t 的轻型压路机初压,宜碾压 1~2 遍,使混合料初步稳定,再用轮胎压路机或轻型钢筒式压路机碾压 1~2 遍。初压时应匀速进退,不得在碾压路段上紧急制动或快速启动。当碾压时有黏轮现象时,可在碾轮上少量洒水。待晾晒一段时间,水分蒸发后,再用 12~15 t 轮胎压路机或 10~12 t 钢筒式压路机复压 2~3 遍直至密实为止。当压实过程中有推移现象时应立即停止碾压,待稳定后再碾压。如当天不能完全压实,应在较高气温状态下补充碾压。碾压时发现局部混合料有松散或开裂时,应立即挖除并换补新料,整平后继续碾压密实,修补处应保证路面平整。上封层施工时,上封层应在乳化沥青碎石混合料压实成型、路面中水分蒸发后加铺。

图 8-23 沥青路面施工

8.4.5.3　级配碎(砾)石路面和粒料加固土路面的施工

在村庄道路建设中,对道路通行率不高、就地取材便捷以及部分资金投入较少的地区,选择建设整洁、安全的砂(碎)石路面村庄道路,也是因地制宜、经济适用的原则体现。

级配碎(砾)石路面(图 8-24)是由各种集料(碎石、砾石)和土,按最佳级配原理修筑而成的路面,由于级配碎(砾)石是用大小不同的材料按一定比例配合,逐级填充空隙,并借黏土粘结,经过压实后能形成密实的结构,级配碎(砾)石路面的强度是由摩阻力和粘结力构成,具有一定的水稳性和力学强度。

粒料加固土路面也称粒料改善土路面,是用当地粗细颗粒的材料,如风化石屑(山坡土)、砂砾、矿渣、炉渣、软质石料或碎砖瓦等,与黏土掺和铺成的低等级路面,一般情况下可维持晴雨通车。

图 8-24　级配碎(砾)石路面

1) 一般要求

级配碎(砾)石路面和粒料加固土路面的缺点是其固有的,不可能完全避免,但是在设计、施工和养护中采取一定的措施,可以有针对性地减少其缺陷。

(1) 不设磨耗层,仅做松散保护层

现阶段我国农村公路上的行人仍很多,防止雨天泥泞是主要问题。松散保护层一般采用粒径为 2 mm 至 5 mm 的粗砂、石屑,均匀撒在磨耗层上,厚度一般为 5~15 mm。松散保护层中不含黏土,雨天可以有效防止泥泞。因此,本课题建议级配碎(砾)石路面和粒料加固土路面上设置松散保护层。

在交通量少的路段,可采用土路上直接做松散保护层的工艺,这时保护层的集料粒径可稍大,厚度应在 3 cm 以上,并在逐年新撒料养护的基础上使路面厚度增加。

(2) 严格控制集料级配

级配碎石路面性能优于粒料加固土路面,主要原因是碎石有级配要求,良好的级配可以大大增加路面的强度和稳定性,延长路面的使用寿命。

(3) 施工中防止集料离析,保证压实度

施工中采取各种方法防止集料离析,以保证压实度。

(4) 加强综合排水措施

保证雨水及时排出路面范围是级配碎石路面和粒料加固土路面成败的关键。可以通过加大路拱横坡,及时清理路肩和边沟杂物来保证排水的畅通。

（5）及时养护

级配碎石路面和粒料加固土路面养护简易,可以由当地农民实施,及时养护可以保证路面良好的性能,成倍地延长其使用寿命。

（6）潮湿地区采用石灰或水泥稳定

在潮湿路段,采用掺石灰或水泥土处理,形成改性土,增加原有土体的强度和稳定性。掺入的石灰或水泥剂量为 8%～12% 的细料量。

（7）雨季控制交通

雨季大荷载交通可能使路面面目全非,因此雨季,特别是连阴雨季节,应该限制大吨位车辆通行。

2）施工工艺

（1）级配碎（砾）石路面

① 铺料

铺石料:将备好的一定数量的石料摊铺在路槽中部,两边距离路面边缘各 0.5～1.0 m,厚度大致均匀即可,当石料干燥时可先洒水湿润。

铺黏土:将定量的黏土均匀撒铺在石料上。

铺砂:将砂均匀地撒铺在黏土上。

铺料时要随时注意松铺厚度。

② 拌和

用犁拌法作业长度以 300～500 m 为宜,一般采用拖拉机牵引多铧犁拌和。拌和时第一遍从路的边缘开始,第一犁往内翻,第二犁在原来的位置往外翻,逐次移向路中线。犁完后在路中线处留下一条犁沟。第二遍拌和时从中央开始向内翻,逐次移向路边,犁完后两侧各留犁沟一道。这样干拌两遍,洒水湿拌两遍,反复拌和 4～6 遍即可达到需要的均匀度。

人工拌和先拌两次,然后堆成长堆,长堆顶每米挖一条小沟,注入清水闷料一天后再湿拌两遍,可达到需要的均匀度。

③ 整平

用平地机或刮板按松铺厚度整成路拱或超高斜面。松铺厚度一般为压实厚度的 1.3～1.5 倍。

④ 碾压

用 6～8 t 压路机碾压两遍。重叠轮宽 1/3～1/4,碾压速度 25～30 m/min。再用 10～12 t 压路机碾压 6～8 遍。重叠后轮 1/2,碾压速度 30～50 m/min。

碾压在最佳含水率条件下进行效果最好。最佳含水率可通过试验确定,也可用经验法（一般为 5%～9%）,即将混合料用手捏成团,从 1 m 高度自然落到地面上能松散,此时接近最佳含水率。

（2）粒料加固土路面

粒料规格和混合料配合比及压实系数可参考表 8-12。

表 8-12　粒料加固土的材料规格及配合比

材料名称	规格	配合比/%（质量比）	混合料塑性指数	采用厚度/cm	压实系数
粗砂	大于 1 mm 的含量应在 50% 以上	砂 60～70 土 30～40	8～10	10～15	1.35
砾石	最大粒径应不大于 60 mm	砾石 55～60 砂 25～30 黏土 10～20	7～10	6～8	1.35
碎石	最大粒径应不大于 40 mm，风化石最大粒径应不超过 60 mm，大于 2 mm 颗粒含量应不小于 40%	碎石 55～60 砂 25～30 黏土 10～20	7～10	6～8	1.35
礓石	最大粒径应不大于 60 mm，片状、条状要先打碎	礓石 70～80 黏土 20～30	无	8～12	1.4～1.5
煤渣	最大粒径不宜超过 50 mm，大于 5 mm 颗粒含量应小于 60%，小于 2 mm 颗粒含量不得超过 25%	煤渣 60～70 黏土 30～40	8～10,黏土塑性指数宜高于 15	10～15	1.55
碎砖、瓦砾	最大粒径应不超过 70 mm	碎石瓦 70～80 黏土 20～30	黏土塑性指数宜高于 12	10～15	1.5

　　粒料加固土的施工方法可采用拌和法,也可采用层铺法。拌和法质量较好,因此采用得较多。拌和法又分人工拌和与机械拌和,施工程序和工艺可参照级配碎(砾)石路面。

　　(3) 松散保护层

　　① 在铺设松散保护层前,应先将路表面的浮土清除,并洒水润湿。

　　② 均匀撒布松散保护层材料,并用轻型压路机稳压。

附录 1 砌体结构农房承建合同示例

合 同

发包方(建房户): _____(以下简称甲方)

家庭住址: _____

承包方(建筑工匠): _____(以下简称乙方)

家庭住址: _____

依照《中华人民共和国民法典》《中华人民共和国建筑法》及其他相关法律、法规,为了保护当事人的合法权益,保证房屋建设的质量与安全,遵循平等、公平和诚实信用原则,经甲乙双方协商,签订本合同。

一、工程概况

甲方拟在_____县_____镇(乡)_____(行政)村_____组(舍)建设居住农房一栋,房屋层数_____层,建筑面积_____平方米,采用砖混结构,基础形式为_____基础。

甲方自愿将以上工程发包给乙方,承包方式为:单包(即包工不包料),所有建房材料由甲方自行购置。

二、工期要求

本工程从____年____月____日动工,计划____年____月____日完工。若遇下雨、停电或非人为因素引起的停工,工程工期可顺延。

三、工程质量要求

符合设计图纸及双方约定的质量要求,并达到规范、标准的合格要求。

四、施工内容及合同价款

施工内容及合同价款如附表1所示。

五、付款方式及时间

付款以现金支付。

开工时应付总工价的_____%,完成一层后付总工价的_____%,完成第二层后付总工价的_____%,全部完工后在____日内付清余款。

附表 1-1　砖混农房施工内容及合同价款

项目	技术、质量要求	工费(元)
地基	3:7 灰土地基,处理深度 0.5 m	
基础	采用砖放脚基础,高度 0.72 m; 采用水泥砂浆砌筑; 底部做地圈梁,截面 240 mm×300 mm	
墙体	内外墙均采用普通红砖砌筑,墙厚 240 mm; 采用混合砂浆砌筑; 房屋四角设构造柱,截面 240 mm×240 mm,C20 混凝土; 承重墙体顶部均设置圈梁,截面 240 mm×180 mm; 墙体角部及纵横墙交接部位每 600 mm 高度做一道水平拉筋; 内墙普通抹灰,外墙正立面贴瓷; 房间内贴踢脚砖	
楼板	现浇板,板厚 120 mm,混凝土强度等级 C25; 天花板采用普通抹灰	
屋面	上人屋面,现浇板,板厚 120 mm,混凝土强度等级 C25; 蒸养加气混凝土砌块做保温层,厚度 100 mm; 做普通卷材防水	
地面	地面铺设普通地板砖	
门窗	进户门采用防盗门,户主自行购买,房间门采用木门; 窗户采用塑钢窗,户主自行购买	
楼梯	室外楼梯,踏步板预制	
其他	施工水电费全部由甲方承担	
以上工费共计:_____元　　大写:___万___千___百___拾___元整		

六、安全事故及责任

1) 开工前,乙方负责人应对所有工作人员进行安全生产教育。在施工过程中,应当严格遵守建筑行业安全规章、要求。在施工期间,因乙方原因造成的安全事故,概由乙方负责。

2) 甲方有义务对施工现场安全进行监督,并对存在的安全隐患提出合理化建议。如因甲方原因或第三者造成的安全事故,由甲方负责。

七、材料及设备供应

1) 甲方负责供应合格建筑材料,钢材、水泥必须有出厂合格证;在乙方进场时应做到堆放原材料与施工设备、机具的场地宽敞、平整、安全。

2) 乙方负责施工设备(脚手架、搅拌机等)供应、安装;有权拒绝使用不合格建筑材料。

八、违约责任

1）工程出现施工质量问题，概由乙方负责，并承担赔偿责任，包括人工费、材料费及其他损失费等；经双方协商对存在问题能进行加固处理的，加固所需费用由乙方承担；因乙方原因致使房屋留有质量隐患而竣工时未被发现，但在房屋使用期限内造成人身和财产损害的，乙方应当承担损害赔偿责任。

2）甲方未按照约定的时间和要求提供原材料、场地、资金，或因甲方原因致使工程中途停建，乙方有权要求赔偿停工、窝工等损失。

3）因材料不合格造成的损失或质量事故由甲方负责。

4）因不可抗力不能履行合同的，根据不可抗力的影响，部分或全部免除责任，但法律另有规定的除外；当事人一方因不可抗力不能履行合同的应当及时通知对方。

九、竣工验收

由甲乙双方共同负责房屋的竣工验收。甲方有权聘请第三方（当地建筑工匠或村镇建设技术人员）参与验收。

十、争议处理

双方在履行合同过程中产生争议时，请当地主管部门调解或向人民法院提起诉讼。

十一、本合同一式三份，甲乙双方各执一份，村镇建设管理所一份。

十二、本合同自签订之日起生效。

甲方：　　　　　　　　　　　　　　　　（签字盖章）

乙方：　　　　　　　　　　　　　　　　（签字盖章）

监督部门：　　　　　　　　　　　　　　（签字盖章）

年＿＿＿＿月＿＿＿日

附录2　宁夏农村自建低层房屋开工登记表和竣工验收表

附表 2-1　宁夏农村自建低层房屋开工登记表

_____县(市、区)_____乡(镇)_____村(组)

建房人 (单位) 信息	姓名 (名称)		身份证号码 (法人代码)		联系 电话	
	住址					
拟建房屋 信息	建筑面积/ m²		层数		结构 类型	
设计图	选用方式: □通用图集内的设计图 □由符合从业许可要求的人员修改后的通用设计图 □由符合从业许可要求的人员绘制的设计图 □由有资质的单位编制的设计施工图纸 (未选用通用设计图的,应当将设计图附后)					
	制图人的姓名 或单位名称		制图人证件号 或单位公章			
施工方	施工单位名称		施工单位公章			
监理方	监理方姓名 或单位名称		监理人证件号 或单位公章			
乡(镇) 人民政府 意见						
	经办人:　　　　　　负责人:　　　　　　(盖章)					

附表 2-2　农村自建低层房屋竣工验收表

_____县(市、区) _____乡(镇) _____村(组)

建房人 (单位) 信息	姓名 (名称)		身份证号码 (法人代码)		联系 电话	
	住址					
房屋建设 信息	建筑面积/ m^2		层数		结构 类型	
	开工日期		竣工日期		备注	
工程内容						
验收记录						
验收结论						
参加验收的 单位和人员	建房人		设计方		施工方	监理方
	(签字盖章) 　年　月　日		(签字盖章) 　年　月　日		(签字盖章) 　年　月　日	(签字盖章) 　年　月　日

附录 3　宁夏农村住房基本信息调查表

附表 3-1　宁夏农村住房基本情况调查表

<table>
<tr><td rowspan="5">农户</td><td rowspan="2">户主姓名</td><td colspan="2">身份证号码</td><td colspan="3"></td><td colspan="3">家庭经济状况</td><td colspan="2"></td></tr>
<tr><td colspan="2">联系电话</td><td colspan="8"></td></tr>
<tr><td rowspan="3">家庭成员</td><td>姓名</td><td>户主关系</td><td colspan="2">身份证号码</td><td>是否常住</td><td>姓名</td><td>户主关系</td><td colspan="2">身份证号码</td><td>是否常住</td></tr>
<tr><td></td><td></td><td colspan="2"></td><td></td><td></td><td></td><td colspan="2"></td><td></td></tr>
<tr><td></td><td></td><td colspan="2"></td><td></td><td></td><td></td><td colspan="2"></td><td></td></tr>
<tr><td rowspan="11">主房</td><td colspan="2">房屋地址</td><td colspan="3">县(市、区)　　乡(镇)</td><td colspan="3">村</td><td colspan="2">组</td></tr>
<tr><td colspan="2">定位坐标</td><td colspan="3">建设时间</td><td colspan="3">建设方式</td><td colspan="2"></td></tr>
<tr><td colspan="2">宅基地面积/m²</td><td colspan="2">用地性质</td><td colspan="3">规划许可</td><td colspan="2">确权颁证</td><td></td></tr>
<tr><td colspan="2">建筑面积/m²</td><td>开间/m</td><td colspan="2">功能布局</td><td colspan="6"></td></tr>
<tr><td colspan="2">建筑高度/m</td><td>层数</td><td colspan="2">抗震设防烈度</td><td colspan="3">结构类型</td><td colspan="2"></td></tr>
<tr><td colspan="2">墙体材料</td><td colspan="2">前墙</td><td colspan="2">后墙</td><td>山墙</td><td colspan="2">内隔墙</td><td></td></tr>
<tr><td colspan="2">屋面类型</td><td colspan="2">材料</td><td colspan="2">传统民居</td><td colspan="3">使用情况</td><td></td></tr>
<tr><td colspan="2">村庄类别</td><td colspan="3">基础设施配套</td><td colspan="6"></td></tr>
<tr><td colspan="2">受灾情况</td><td colspan="3">维修加固情况</td><td colspan="6"></td></tr>
</table>

辅助房屋

房屋坐落	建设时间	建筑面积	建筑高度	结构类型	整体状况	抗震性能	主要用途	是否住人

户主及家庭成员另有住房(含城市住房)情况	套数	房屋地址	建设时间	建筑面积	现状用途

经调查人员现场调查核实,农户确认,表中内容真实可信。

调查人员(签章)：　　　　　农户(签章)　　　　　　年　月　日

宁夏农村住房基本情况调查表信息目录

一、农户信息

1. 户主姓名：_____，身份证号码：_____，联系电话_____。

2. 家庭人口

姓名	身份证号码	与户主关系	是否常住

3. 经济状况：极度贫困户，建档立卡贫困户，低保户，农村分散供养户，贫困残疾人家庭，一般贫困户，非贫困户。（选择）

二、主房情况

4. 房屋地址：_____县（市、区）_____镇（乡）_____村_____组。

5. 定位坐标：经度、纬度。（APP实现）

6. 建设时间：从2020年开始向前排序。（按年份选择）

7. 建造方式：农户自建，委托代建，集中统建。（单选）

8. 宅基地面积（m²）：（填写）

9. 建筑面积（m²）：（填写）

10. 开间（m）：（填写）

11. 建筑高度（m）：米（填写）

12. 层数：一、二。（单选）

13. 抗震设防烈度：7度，8度。（单选）

14. 结构类型：①砌体结构　普通砖砌体，多孔砖砌体，灰砂砖砌体，石材砌体；②生土结构　土坯墙结构，夯土墙、窑洞结构；③混合结构　土木混合，土砖混合，砖木混合；④其他结构　钢筋混凝土结构，装配式混凝土结构，装配式钢结构，其他。（单选）

15. 墙体材料（前墙、后墙、山墙、内隔墙）：①烧结普通砖；②烧结多孔砖；③蒸压灰砂砖；④石头；⑤水泥砂浆砌筑；⑥泥浆砌筑；⑦混凝土；⑧砖-木；⑨土-木；⑩砖-土；⑪夯土；⑫土坯；⑬新型材料。（可多选）

16. 屋面类型：①平顶；②单坡；③双坡；④硬山搁檩。（可多选）

屋面材料：①木屋架＋檩条；②钢屋架＋檩条；③柁梁＋檩条；④穿斗木构架；⑤现浇混凝土；⑥预制板楼；⑦草泥挂瓦屋面。（可多选）

17. 功能布局：独立厨房，独立卫生间，人畜分离。（可多选）

18. 配套设施：无上水、无下水、无供电、无硬化道路、无通信、无燃气。（可多选）

19. 使用情况：常年自住，间歇自住，出租出借，长期闲置。（单选）

20. 村庄类别:聚集提升类,城郊融合类,搬迁撤并类,特色保护类,整治改善类,城市规划区内,历史文化名镇名村。(单选)

21. 用地属性:集体建设用地,国有建设用地,荒地,农用地,基本农田。(单选)

22. 规划许可:是、否。(单选)

23. 确权办证:已确权、未确权、已颁证、未颁证。(综合选择)

24. 传统民居:是,否。(单选)

25. 受灾情况:曾受水灾、火灾、滑坡、地陷、地震、车辆等外力损伤。(单选)

26. 维修加固情况:①有,自行维修加固,危窑危房改造,救灾补助,其他;②无。(单选)

三、辅助房屋

27. 房屋坐落:左厢房,右厢房,倒座房。(单选)

28. 建设时间:从 2020 年开始向前排序。(按年份选择)

29. 建筑面积(m^2):(填写)

30. 建筑高度(m):(填写)

31. 结构类型:(同主房选项)

32. 整体状况:安全,存在危险(单选);

33. 抗震设防烈度:5 度、6 度、7 度、8 度(单选)

34. 主要用途:厨房,卫生间,仓储用房,养殖用房,其他用房。(可多选)

35. 是否住人:是,否。(单选)

四、户主及家庭成员另有住房(含城市住房)情况

36. 套数:0、1、2、3。(单选)

37. 房屋地址:(填写)

36. 建设时间:从 2020 年开始向前排序。(按年份选择)

37. 建筑面积(m^2):(填写)

38. 现状用途:自住、出租、出借、闲置。(单选)

五、房屋照片 9 张

① 一户一档必备照片 6 张:房屋院落全景照片,院内房屋全貌照片,户主与房屋照片,主房正侧位、对角后侧位和室内主要结构照片。

② 不抗震农房细部照片(即评估为 C、D 级房屋):不抗震部位品相应拍摄 3 张照片。

附录 4　宁夏农村住房抗震性能评估表

附表 4-1　宁夏农村住房抗震性能评估表(砌体结构)

项目		评定内容	评定结果
抗震评估项目	建筑场地	建筑场地是否安全	
	地基基础	有无严重静载缺陷	
	墙体	承重墙体砌筑材料	
		是否歪闪和裂缝	
		平面内是否闭合	
		抗震横墙间距与宽度	
		纵横墙拉接措施	
		墙体局部尺寸	
	楼、屋盖系统	是否变形与开裂	
		是否为硬山搁檩	
		屋盖支承长度	
		人字形屋架	
		屋架间支撑	
		屋盖水平系杆连接	
		屋盖细部连接	
	房屋整体性和抗震构造措施	房屋高度	
		构造柱设置	
		圈梁设置	
房屋整体抗震性能评估结论		A 级:符合抗震评估要求(房屋各组成部分:各项均应为 a 级) B 级:基本符合抗震评估要求(房屋各组成部分:至少一项为 b 级) C 级:不符合抗震评估要求(房屋各组成部分:至少一项为 c 级,泥砌砖砌体房屋最多评为 c 级) D 级:严重不符合抗震评估要求(房屋各组成部分:至少一项为 d 级;当墙体、房屋整体性和抗震构造措施项目中参评条款有 5 条及以上为 c 级时,房屋整体抗震评估级别为 D 级)	
房屋评估结果处理建议		评为 A 级的,可正常使用。评为 B 级的,需修补维护。评为 C 级的,①应加固处理;②不具备加固改造条件,或房屋使用达到一定年限、加固改造不经济、没有保护价值的,根据群众意愿,可在原址就地翻建。评为 D 级的,应拆除重建,或改变用途、不住人	
农户改造意愿		□愿意改造　　□不愿意改造	
鉴定人签字: 鉴定机构(签章)		农户签字: 　　　　　　　　　　年　　　月　　　日	

附表 4-2　宁夏农村住房抗震性能评估表（生土结构）

项目		评定内容	评定结果
土窑洞评估	整体判断评估结论	B 级：崖体、窑体及前脸完好 C 级：崖体、窑体完好，前脸过高 D 级：崖体或窑体有缺陷	
土坯墙、夯土墙房屋抗震评估项目	建筑场地	建筑场地是否安全	
	地基基础	有无严重静载缺陷	
	墙体	承重墙体砌筑材料	
		平面内是否闭合	
		抗震横墙间距	
		土坯墙、夯土墙的厚度	
		纵横墙拉接措施	
		墙体局部尺寸	
	屋盖系统	是否变形与开裂	
		是否为硬山搁檩	
		屋架支承长度	
		人字形屋架	
		屋架间支撑	
		屋盖水平系杆连接	
		屋盖细部连接	
	房屋整体性和抗震构造措施	房屋高度	
		构造柱设置	
		圈梁设置	
	房屋整体抗震性能评估结论	A 级：符合抗震评估要求（房屋各组成部分：各项均应为 a 级） B 级：基本符合抗震评估要求（房屋各组成部分：至少一项为 b 级） C 级：不符合抗震评估要求（房屋各组成部分：至少一项为 c 级） D 级：严重不符合抗震评估要求（房屋各组成部分：至少一项为 d 级；当墙体、房屋整体性和抗震构造措施项目中参评条款有 5 条及以上达到 c 级时，房屋整体抗震评估级别为 D 级）	
房屋评估结果处理建议		评为 A 级的，可正常使用。评为 B 级的，需修补维护。评为 C 级的，①应加固处理；②不具备加固改造条件，或房屋使用达到一定年限、加固改造不经济、没有保护价值的，根据群众意愿，可在原址就地翻建。评为 D 级的，应拆除重建，或改变用途、不住人	
农户改造意愿		□愿意改造　□不愿意改造	
鉴定人签字： 鉴定机构（签章）		农户签字： 　　　　　　　　　　　　年　　　月　　　日	

附录5　宁夏抗震宜居农房改造申请审批表及唯一住房承诺书

宁夏抗震宜居农房改造申请审批表及唯一住房承诺书

　　本人_____,身份证号码:_____,家住_____县(市、区)_____乡(镇)_____村_____(组)队,常住人口_____人,现有住房系_____年建造的_____结构房屋,因房屋经评估达不到8度(含7度)抗震设防烈度要求,申请于_____年在原址或_____通过_____方式改造房屋。本人承诺:此房为本人及家庭成员唯一住房,且提供的相关资料真实有效,将按照抗震宜居农房有关标准和规定对房屋进行改造建设。特此申请。

申请人:

年　　月　　日

村委会意见: （盖章） 经办人:　　年　月　日	乡(镇)政府意见: （盖章） 经办人:　　年　月　日
宅基地审批部门意见: （盖章） 经办人:　　年　月　日	建设部门意见: （盖章） 经办人:　　年　月　日

注:申请提交到村委会后,由各级统一依次向上一级部门申报审批盖章。

附录6　宁夏抗震宜居农房改造建设协议书

宁夏抗震宜居农房改造建设协议书

甲方(村委会)：

乙方(农　户)：

　　为保障村民住房安全,改善村民居住条件和村庄环境面貌,有序推进抗震宜居农房改造建设,按照各级有关政策规定和要求,结合本村实际,经双方自愿协商,制定本协议。

　　一、协议事项

　　经乙方自愿申请,甲方召开村民会议、村民代表会议评议,同意利用各级抗震宜居农房改造建设政策,支持乙方对位于_____县(市、区)_____乡(镇)_____村_____组达不到抗震设防标准的唯一住房,采取加固改造、原址翻建、异地迁建、房屋置换方式,于_____年在原址或_____县(市、区)_____乡(镇、街道)_____村(社区)_____组(小区)_____室改造建设抗震宜居农房。

　　二、权利义务

　　(一)甲方

　　权利：

　　1. 督促乙方按照有关规定和约定时限,如期实施改造建设；

　　2. 组织或协调专业机构和人员,指导监督乙方或乙方委托施工单位和个人,按照抗震宜居农房改造建设标准规范,保质保量改造建设,制止纠正违反质量安全要求等各种违法违规行为；

　　3. 会同县、乡相关部门对乙方改造建设的抗震宜居农房进行竣工验收备案复查；

　　4. 调查核实、依法公开乙方项目申请、改造建设有关情况。

　　义务：

　　1. 及时、全面、准确地向乙方宣传告知各级抗震宜居农房改造建设支持政策、标准规范、工作流程、纪律要求等；

　　2. 组织或协调对接县、乡有关部门,及时受理乙方抗震宜居农房改造建设申请和各种诉求,主动依法依规向乙方提供规划选址、宅基地审批、勘察放线、建设指导、竣工验收备案复查、补助资金兑现等咨询和服务,尽力协调或帮助乙方解决改造建设中的困难和问题。

　　(二)乙方

　　权利：

　　1. 向甲方申请抗震宜居农房改造建设项目,获取有关支持政策、标准规范、工作流程、纪律规定等信息；

　　2. 寻求应由甲方提供的改造建设工程项目有关咨询和服务事项等帮助,获取各级抗震宜居农房改造建设政策支持；

3. 检举反映甲方不作为、乱作为和吃拿卡要等违法违规行为。

义务：

1. 按要求及时、全面、真实提供本户基本情况和现有住房、抗震宜居农房改造建设等信息；

2. 遵照专业机构对本户住房抗震性能评估结果和处理建议，服从本村建设规划，采取恰当方式，实施抗震宜居农房改造建设；

3. 严格执行抗震宜居农房改造建设标准规范，按照协议约定时限，委托有资质的施工单位或农村建筑工匠，高质量规划设计、改造建设抗震宜居农房，如期完成改造，如实竣工验收备案；

4. 自觉接受服从甲方组织的技术指导、质量安全检查，按要求整改落实指导检查意见；

5. 改造建设项目完工后，及时清理建筑垃圾，整理恢复庭院及周边环境。建新房的拆除原有不抗震住房。

三、违约责任

1. 甲方滥用权利、阻碍乙方正常改造建设，或不认真履行义务、导致改造建设项目不能顺利推进、损害侵害乙方合法利益等情况发生，乙方可向上级部门或有关方面检举反映，纠正错误做法和行为；涉嫌违法的，可通过司法渠道维护合法权益。

2. 乙方提供本户唯一住房、改造建设等虚假不实信息，不按约定方式和时限要求实施改造建设项目，以及不接受甲方正确技术指导、违反规划建设有关政策规定和改造建设标准规范、发生质量安全问题等情况，甲方可申请上级有关部门，依法依规纠正乙方错误做法和行为，直至建议取消乙方抗震宜居农房改造建设项目资格、降低或取消支持补助资金。

四、附则

本协议书一式四份，甲乙双方各持一份，报乡（镇）、县级住房城乡建设部门各一份。本协议自签订之日起生效。

甲　　方：　　　　　　　　　　　　　　村委会　（盖章）

乙　　方：　　　　　　　　　　　　　　农　户　（签字）

见证单位：　　　　　　　　　　　　　　乡（镇）（盖章）

年　　月　　日

附录 7　农房建设政策法规摘选

1.《中华人民共和国土地管理法（2020 年最新）》

为了加强土地管理，维护土地的社会主义公有制，保护、开发土地资源，合理利用土地，切实保护耕地，促进社会经济的可持续发展，根据宪法，制定本法。2019 年 8 月 26 日第十三届全国人民代表大会常务委员会第十二次会议通过对《中华人民共和国土地管理法》作出修改，自 2020 年 1 月 1 日起施行。乡村建房相关法条如下：

第三十三条　国家实行永久基本农田保护制度。

第三十五条　永久基本农田经依法划定后，任何单位和个人不得擅自占用或者改变其用途。国家能源、交通、水利、军事设施等重点建设项目选址确实难以避让永久基本农田，涉及农用地转用或者土地征收的，必须经国务院批准。

第四十四条（部分）　建设占用土地，涉及农用地转为建设用地的，应当办理农用地转用审批手续。

第六十二条（部分）　农村村民一户只能拥有一处宅基地，其宅基地的面积不得超过省、自治区、直辖市规定的标准。农村村民建住宅，应当符合乡（镇）土地利用总体规划、村庄规划，不得占用永久基本农田，并尽量使用原有的宅基地和村内空闲地。编制乡（镇）土地利用总体规划、村庄规划应当统筹并合理安排宅基地用地，改善农村村民居住环境和条件。

第六十五条　在土地利用总体规划制定前已建的不符合土地利用总体规划确定的用途的建筑物、构筑物，不得重建、扩建。

第七十五条　违反本法规定，占用耕地建窑、建坟或者擅自在耕地上建房、挖砂、采石、采矿、取土等，破坏种植条件的，或者因开发土地造成土地荒漠化、盐渍化的，由县级以上人民政府自然资源主管部门、农业农村主管部门等按照职责责令限期改正或者治理，可以并处罚款；构成犯罪的，依法追究刑事责任。

第七十八条（部分）　农村村民未经批准或者采取欺骗手段骗取批准，非法占用土地建住宅的，由县级以上人民政府农业农村主管部门责令退还非法占用的土地，限期拆除在非法占用的土地上新建的房屋。

第八十三条　依照本法规定，责令限期拆除在非法占用的土地上新建的建筑物和其他设施的，建设单位或者个人必须立即停止施工，自行拆除；对继续施工的，作出处罚决定的机关有权制止。建设单位或者个人对责令限期拆除的行政处罚决定不服的，可以在接到责令限期拆除决定之日起十五日内，向人民法院起诉；期满不起诉又不自行拆除的，由作出处罚决定的机关依法申请人民法院强制执行，费用由违法者承担。

2.《中华人民共和国防震减灾法》

为了防御和减轻地震灾害，保护人民生命和财产安全，促进经济社会的可持续发展，制定本法。2008 年 12 月 27 日，中华人民共和国第十一届全国人民代表大会常务委员会第六次会议修订，自 2009 年 5 月 1 日起施行。有关农宅防震减灾法条摘选如下所示：

第四十条（部分）　县级以上地方人民政府应当加强对农村村民住宅和乡村公共设施抗

震设防的管理,组织开展农村实用抗震技术的研究和开发,推广达到抗震设防要求、经济适用、具有当地特色的建筑设计和施工技术,培训相关技术人员,建设示范工程,逐步提高农村村民住宅和乡村公共设施的抗震设防水平。

第八十七条　未依法进行地震安全性评价,或者未按照地震安全性评价报告所确定的抗震设防要求进行抗震设防的,由国务院地震工作主管部门或者县级以上地方人民政府负责管理地震工作的部门或者机构责令限期改正;逾期不改正的,处三万元以上三十万元以下的罚款。

3.《中华人民共和国城乡规划法》

为了加强城乡规划管理,协调城乡空间布局,改善人居环境,促进城乡经济社会全面协调可持续发展,制定本法。根据2019年4月23日第十三届全国人民代表大会常务委员会第十次会议修正《中华人民共和国城乡规划法》。

第十八条　乡规划、村庄规划应当从农村实际出发,尊重村民意愿,体现地方和农村特色。

乡规划、村庄规划的内容应当包括:规划区范围,住宅、道路、供水、排水、供电、垃圾收集、畜禽养殖场所等农村生产、生活服务设施、公益事业等各项建设的用地布局、建设要求,以及对耕地等自然资源和历史文化遗产保护、防灾减灾等的具体安排。乡规划还应当包括本行政区域内的村庄发展布局。

第六十五条　在乡、村庄规划区内未依法取得乡村建设规划许可证或者未按照乡村建设规划许可证的规定进行建设的,由乡、镇人民政府责令停止建设、限期改正;逾期不改正的,可以拆除。

4.《历史文化名城名镇名村保护条例》

为了加强历史文化名城、名镇、名村的保护与管理,继承中华民族优秀历史文化遗产,制定本条例。该条例根据2017年10月7日《国务院关于修改部分行政法规的决定》修正。

第二十三条　在历史文化名城、名镇、名村保护范围内从事建设活动,应当符合保护规划的要求,不得损害历史文化遗产的真实性和完整性,不得对其传统格局和历史风貌构成破坏性影响。

5.《建设工程抗震管理条例》

为了提高建设工程抗震防灾能力,降低地震灾害风险,保障人民生命财产安全,根据《中华人民共和国建筑法》、《中华人民共和国防震减灾法》等法律,制定本条例。于2021年7月19日公布,自2021年9月1日起施行。

第二十四条　各级人民政府和有关部门应当加强对农村建设工程抗震设防的管理,提高农村建设工程抗震性能。

第二十五条　县级以上人民政府对经抗震性能鉴定未达到抗震设防强制性标准的农村村民住宅和乡村公共设施建设工程抗震加固给予必要的政策支持。

实施农村危房改造、移民搬迁、灾后恢复重建等,应当保证建设工程达到抗震设防强制性标准。

第二十六条　县级以上地方人民政府应当编制、发放适合农村的实用抗震技术图集。

农村村民住宅建设可以选用抗震技术图集,也可以委托设计单位进行设计,并根据图集或者设计的要求进行施工。

第二十七条　县级以上地方人民政府应当加强对农村村民住宅和乡村公共设施建设工程抗震的指导和服务,加强技术培训,组织建设抗震示范住房,推广应用抗震性能好的结构形式及建造方法。

6.《全国自建房安全专项整治工作方案》

2022年4月29日,湖南长沙居民自建房发生倒塌事故,造成重大人员伤亡。事故发生后,党中央、国务院高度重视。习近平总书记作出重要指示,李克强总理作出批示,国务院安委会召开全国自建房安全专项整治电视电话会议进行具体安排。按照党中央、国务院决策部署,为扎实推进全国自建房安全专项整治工作,全面消除自建房安全隐患,切实保障人民群众生命财产安全和社会大局稳定,制定本工作方案。《全国自建房安全专项整治工作方案》已经国务院同意并印发。该方案对农房建设相应要求如下所示:

(1)各地要全面摸清自建房基本情况,重点排查结构安全性(设计、施工、使用等情况)、经营安全性(相关经营许可、场所安全要求等落实情况)、房屋建设合法合规性(土地、规划、建设等手续办理情况)等内容。

(2)3层及以上城乡新建房屋,以及经营性自建房必须依法依规经过专业设计和专业施工,严格执行房屋质量安全强制性标准。地方政府及相关部门要严格自建房用于经营的审批监管,房屋产权人或使用人在办理相关经营许可、开展经营活动前应依法依规取得房屋安全鉴定合格证明。

7.《宁夏回族自治区农村集体建设用地房屋建筑设计施工监理管理服务办法(试行)》

第六条　县级以上住房城乡建设主管部门负责指导农村房屋建设工作,完善相关制度。县(市、区)住房城乡建设主管部门负责指导农村自建低层房屋建设和加固改造建设工作,对农村其他房屋建筑活动实施监督管理、提供技术服务,对从业人员进行培训和信用管理;可以通过事业单位改革或购买服务的方式,按照县域整体布局,设立2～3个农房建设质量安全监督站,具体实施相关管理和服务,并指导乡(镇)人民政府规划建设办公室开展农房设计、施工、监理和竣工验收的管理服务工作。其他有关部门按照各自职责,负责农村房屋建设的相关管理工作。

第七条　村民委员会应当在乡(镇)人民政府规划建设办公室指导下,制定有农村房屋建设自治管理内容的村规民约;协助村民办理农村房屋建设有关手续;对农村房屋建设中的违法行为及时劝阻,并向乡(镇)人民政府规划建设办公室报告。

第十条　县(市、区)住房城乡建设主管部门应当对农村自建低层房屋建筑、加固改造活动给予指导。乡(镇)人民政府规划建设办公室负责对农村自建低层房屋建筑、加固改造活动进行管理,做好开工登记、竣工资料建档,对施工过程实施监督管理并提供技术服务。

第十二条　符合下列条件之一的个人,可以在本区行政区域内承揽农村自建低层房屋建设、加固改造的设计、监理项目:

(一)住房城乡建设领域具有行业执业资格的注册师或者具有建设工程专业中级以上职称的技术人员;

（二）经培训合格的农村建筑工匠。

第十九条　农村其他房屋建筑活动必须严格执行工程建设项目基本建设程序，落实建筑许可、工程发包与承包、工程监理、安全生产、工程质量、竣工验收等监督管理要求。

第二十四条　乡（镇）人民政府规划建设办公室应当建立农村房屋建筑活动巡查制度，开展日常巡查，对发现的违法违规行为和安全隐患，按下列方式处理：

（一）对违反设计施工监理有关法律法规的行为，涉及农村自建低层房屋的，由乡（镇）人民政府处置；涉及农村其他房屋的，应当立即制止并移送县（市、区）住房城乡建设主管部门处置；

（二）对擅自变更房屋用途的行为，应当立即制止并报县（市、区）相关主管部门处置；

（三）对房屋存在一般安全隐患的，应当指导房屋使用人修缮加固；对房屋存在重大安全隐患的，应当立即停止房屋使用并采取相应措施。

第二十六条　农村房屋建筑确须改变使用用途的，房屋所有权人应当对房屋质量安全是否符合用途改变后的要求进行技术鉴定，报乡（镇）人民政府规划建设办公室审核后，依法提出申请并经有权机关审核办理。

第二十七条　农村集体建设用地上，依法取得用地审批和乡村建设规划许可手续的房屋建筑建设项目，如违反本办法规定，应当予以处理。有关土地、规划、建设管理法律、法规已有法律责任规定的，从其规定。

第二十九条　建房人有下列行为之一的，由乡（镇）人民政府予以批评教育，责令限期改正：

（一）未按规定进行开工登记，擅自开展农村自建低层房屋建设和加固改造活动的；

（二）未按规定组织农村自建低层房屋建设和加固改造竣工验收，或者未经竣工验收合格将农村自建低层房屋建设和加固改造投入使用的；

（三）未按规定进行技术鉴定，擅自改变房屋使用用途的。

第三十条　农村自建低层房屋建设和加固改造活动有下列行为之一的，由乡（镇）人民政府责令停工，限期整改：

（一）由不符合从业条件的单位或者个人承接农村自建低层房屋建设和加固改造项目设计、施工、监理业务的；

（二）未按设计图纸施工或者擅自变更设计图的；

（三）未按工程建设有关标准、规范、操作规程实施农村自建低层房屋建设和加固改造设计、施工、监理活动的；

（四）偷工减料或者使用不合格建筑材料的；

（五）不接受监督管理或者对发现的安全隐患不及时整改的；

（六）未依照本办法规定竣工验收的。

8.《宁夏回族自治区土地管理条例》

为了加强土地管理，维护土地的社会主义公有制，保护和开发土地资源，合理利用土地，切实保护耕地，改善生态环境，促进社会经济的可持续发展，根据《中华人民共和国土地管理法》《中华人民共和国土地管理法实施条例》等法律、行政法规，结合自治区实际，制定本条例。2022年7月27日，宁夏回族自治区十二届人大常委会第三十六次会议听取了自治区人民政府关于《宁夏回族自治区土地管理条例（修订草案）》的说明，并已于2022年11月4日第三十七次会议第三次修订通过，自2023年1月1日起施行。

第五十六条　农村村民建造住宅应当符合国土空间规划和用途管制要求，尽量使用原有的宅基地和村内空闲地，不得占用永久基本农田。

人均土地少、不能保障一户拥有一处宅基地的地区，县（市、区）人民政府在尊重农村村民意愿的基础上，可以通过统建、联建和建造公寓式住宅等方式保障农村村民实现户有所居。

第五十七条　农村村民一户只能拥有一处宅基地。宅基地面积（包括附属用房、庭院用地）按照以下标准执行：

（一）使用水浇地的，每户不得超过二百七十平方米；

（二）使用平川旱作耕地的，每户不得超过四百平方米；

（三）使用山坡地的，每户不得超过五百四十平方米。

设区的市、县（市）人民政府应当根据当地实际情况，在前款规定的用地限额内制定宅基地具体标准。

农村村民应当按照批准面积建造住宅，禁止未批先建、超面积占用宅基地。

第五十八条　允许进城落户的农村村民依法自愿有偿退出宅基地。土地所有权人对退出宅基地的农村村民应当给予公平、合理的补偿。退出的宅基地优先用于保障本集体经济组织成员的宅基地需求。

鼓励农村集体经济组织及其成员采取自主经营、合作经营、委托经营等方式盘活利用闲置宅基地和闲置住宅。在符合国土空间规划的前提下，闲置的宅基地优先用于乡（镇）村公共设施、公益事业和集体经营性建设用地等用途。

附录 8　宁夏抗震宜居农房改造建设技术指导服务及质量安全监督卡

宁夏抗震宜居农房改造建设技术指导服务及质量安全监督卡

_____ 县(市、区) _____ 乡(镇) _____ 村(组)

户主姓名			改造方式			改造面积		

主要阶段	分部名称	数据材料	是否合格	建设时间	指导时间单位人员	指导服务内容	发现问题	整改结果
地基基础	基础深度/cm							
	基础宽度/cm							
	所用材料							
墙体砌筑	外墙厚度/cm							
	内墙厚度/cm							
	砌筑材料							
圈梁及构造柱设置	地圈梁断面/cm							
	上圈梁断面/cm							
	构造柱断面/cm							
屋架屋面	檩条(根)							
	椽子(根)							
	屋面材料、颜色及其他							
备注					农户确认签字			

说明:①县级住房城乡建设部门需组织县乡专业人员或委托专业机构,在工程主要阶段现场服务2次以上,及时指导检查各阶段分部分项工程实施情况,如实填写指导服务监督内容,加强项目全程管理,保证工程质量安全。②部件部品是否合格,以《抗震宜居农房改造建设技术导则》等相关标准规范及选用设计施工图纸判定。③此表作为评判改造房屋整体质量安全的重要凭证,装入农户住房改造建设档案。

附录9　宁夏抗震宜居农房改造建设项目竣工验收备案书

宁夏抗震宜居农房改造建设项目竣工验收备案书

项目地址	县(市、区)　　　　　乡(镇)　　　　村　　　　组(队)		
户主		身份证号码	家庭人口
经济情况	□极度贫困户　□建档立卡贫困户　□低保户　□农村分散供养户　□贫困残疾人家庭 □一般贫困户　□非贫困户		
改造情况	改造方式	□加固改造　□原址翻建　□异地迁建　□房屋置换　□其他方式	
	结构类型	□土木　□砖木　□砖土　□石木　□砖混　□装配式钢结构　□装配式混凝土结构	
	屋面类型及材料	□平顶　□单坡　□双坡;□柁梁+檩条　□木屋架+檩条　□钢屋架+檩条 □穿斗木构架　□硬山搁檩;□小青瓦　□黏土平瓦　□钢板瓦　□树脂瓦 □草泥顶　□预制板　□现浇混凝土	
	开工日期	竣工日期　　　　建筑层数　　　　建筑面积	
备案材料	1.调查评估表(□有且符合要求　□否);2.申请审批表(□有且符合要求　□否); 3.设计施工图(□有且符合要求　□否);4.改造建设协议书(□有且符合要求　□否); 5.技术指导监督卡(□有且符合要求　□否);6.住房档案(□有且符合要求　□否)		
质量标准要求	1.房屋选址(□达标 □否);2.地基基础(□达标 □否);3.上下圈梁(□达标 □否); 4.构造柱(□达标 □否);5.墙体及材料(□达标 □否);6.屋盖及材料(□达标 □否); 7.抗震构造措施(□达标 □否);8.功能布局(□达标 □否);8.建筑风貌(□达标 □否); 9.节能环保(□达标 □否);10.基础设施配套(□达标 □否)		
备案申请意见 　经自我评价验收,改造建设程序(□规范　□不规范),质量(□合格　□不合格),现申请备案。 　改造对象(签章)　　　　施工单位负责人(签章)　　　　　(监理单位签章) 　　　　　　　　　　　　　　　　　　　　　　　　　　　　年　　月　　日			
县、乡、村备案复核意见	经审查资料和现场复核,改造建设(□符合　□不符合)程序,质量(□合格　□不合格),房屋为(□抗震宜居住房　□不抗震宜居住房)。 　有关建议: 　县、乡、村复查人(签章) 　县级住房城乡建设部门(盖章)　　　　　市级和自治区指导组核查人(签章) 　　　　　　　　　　　　　　　　　　　　　　　　　　　年　　月　　日		
改造建设情况照片	改造前户主与 原房屋照片	改造中户主与房屋 改造建设场景照片	改造后户主与竣工验收房屋照片

附录 10　砂浆和混凝土配合比参考

　　附表 10-1 和附表 10-2 给出了砌筑砂浆和卵石细砂混凝土参考配合比。因原材料不同,所有配合比均应进行配合比设计和试配。当组成材料有变更时,其配合比应重新确定。

附表 10-1　砌筑砂浆参考配合比

砌筑砂浆参考配合比(42.5 级水泥)			
M5(50 号)水泥砂浆		M5(50 号)水泥石灰混合砂浆	
重量比	体积比	重量比	体积比
209 : 1631 (水泥 : 砂子)	1 : 6 (水泥 : 砂子)	205 : 100 : 1600 (水泥 : 石灰 : 砂子)	1 : 0.7 : 6 (水泥 : 石灰 : 砂子)

注:由于原材料差异,本配合比仅供参考。

附表 10-2　卵石细砂混凝土参考配合比

每立方米卵石细砂混凝土参考配合比(重量比)							
混凝土强度等级			C25			C20	
水泥强度等级			42.5 级			42.5 级	
石子最大粒径	mm	20	40	80	20	40	80
水用量	kg	192	182	182	192	182	182
水泥用量	kg	376	357	357	331	314	314
细砂	m³	0.48	0.47	0.41	0.49	0.48	0.42
	kg	662	649	566	676	662	580
碎石混凝土 总量	m³	0.85	0.87	0.86	0.87	0.89	0.89
	kg	1139	1183	1205	1166	1211	1247
粒径级配/mm 5~20	kg	1139	643	346	1166	656	358
20~40	kg	—	542	398	—	555	308
40~80	kg			561			581

注:由于原材料差异,本配合比仅供参考。砖混结构中,混凝土主要用于浇筑条形基础、墙内构造柱、圈梁及楼屋面。一般要求混凝土强度等级不低于 C20。

附录 11　钢筋截面面积表

附表 11-1　钢筋工程截面面积表

公称直径/mm	不同根数钢筋的计算截面面积/mm²									单根钢筋理论重量/(kg/m)
	1	2	3	4	5	6	7	8	9	
6	28.3	57	85	113	142	170	198	226	255	0.222
6.5	33.2	66	100	133	166	199	232	265	299	0.260
8	50.3	101	151	201	252	302	352	402	453	0.395
10	78.5	157	236	314	393	471	s50	628	707	0.617
12	113.1	226	339	452	565	678	791	904	1017	0.888
14	153.9	308	461	615	769	923	1077	1231	1385	1.21
16	201.1	402	603	804	1005	1206	1407	1608	1809	1.58
18	254.5	509	763	1017	1272	1527	1781	2036	2290	2.00
20	314.2	628	942	1256	1570	1884	2199	2513	2827	2.47
22	380.1	760	1140	1520	1900	2281	2661	3041	3421	2.98
25	490.9	982	1473	1964	2454	2945	3436	3927	4418	3.85
28	615.8	1232	1847	2463	3079	3695	4310	4926	5542	4.83
32	804.2	1609	2413	3217	4021	4826	5630	6434	7238	6.31
36	1017.9	2036	3054	4072	5089	6107	7125	8143	9161	7.99
40	1256.6	2513	3770	5027	6283	7540	8796	10053	11310	9.87
50	1964	3928	5892	7856	9820	11784	13748	15712	17676	15.42

附表 11-2　每米板宽内的钢筋截面面积表　　　　　单位:mm²

钢筋间距/mm	不同钢筋直径/mm													
	3	4	5	6	6/8	8	8/10	10	10/12	12	12/14	14	14/16	16
70	101	179	281	404	561	719	920	1121	1369	1616	1908	2199	2536	2872
75	94.3	167	262	377	524	671	859	1047	1277	1508	1780	2053	2367	2681
80	88.4	157	245	354	491	629	805	981	1198	1414	1669	1924	2218	2513
85	83.2	148	231	333	462	592	758	924	1127	1331	1571	1811	2088	2365

钢筋间距/mm	不同钢筋直径/mm													
	3	4	5	6	6/8	8	8/10	10	10/12	12	12/14	14	14/16	16
90	78.5	140	218	314	437	559	716	872	1064	1257	1484	1710	1972	2234
95	74.5	132	207	298	414	529	678	826	1008	1190	1405	1620	1868	2116
100	70.5	126	196	283	393	503	644	785	958	1131	1335	1539	1775	2011
110	64.2	114	178	257	357	457	585	714	871	1028	1214	1399	1614	1828
120	58.9	105	163	236	327	419	537	654	798	942	1112	1283	1480	1676
125	56.5	100	157	226	314	402	515	628	766	905	1068	1232	1420	1608
130	54.4	96.6	151	218	302	387	495	604	737	870	1027	1184	1366	1547
140	50.5	89.7	140	202	281	359	460	561	684	808	954	1100	1268	1436
150	47.1	83.8	131	189	262	335	429	523	639	754	890	1026	1183	1340
160	44.1	78.5	123	177	246	314	403	491	599	707	834	962	1110	1257
170	41.5	73.9	115	166	231	296	379	462	564	665	786	906	1044	1183
180	39.2	69.8	109	157	218	279	358	436	532	628	742	855	985	1117
190	37.2	66.1	103	149	207	265	339	413	504	595	702	810	934	1058
200	35.3	62.8	98.2	141	196	251	322	393	479	565	668	770	888	1005
220	32.1	57.1	89.3	129	178	228	292	357	436	514	607	700	807	914
240	29.4	52.4	81.9	118	164	209	268	327	399	471	556	641	740	838
250	28.3	50.2	78.5	113	157	201	258	314	383	452	534	616	710	804
260	27.2	48.3	75.5	109	151	193	248	302	368	435	514	592	682	773
280	25.2	44.9	70.1	101	140	180	230	281	342	404	477	550	634	718
300	23.6	41.9	65.5	94	131	168	215	262	320	377	445	513	592	670
320	22.1	39.2	61.4	88	123	157	201	245	299	353	417	481	554	628

注:表中钢筋直径中的6/8,8/10,…系指两种直径的钢筋间隔放置。

附录 12　中国地震烈度表

附表 12-1　中国地震烈度表

地震烈度	人的感觉	房屋震害			其他震害现象	水平向地震动参数	
		类型	震害程度	平均震害指数		峰值加速度/(m/s²)	峰值速度/(m/s)
Ⅰ	无感	—	—	—	—	—	—
Ⅱ	室内个别静止中的人有感觉	—	—	—	—	—	—
Ⅲ	室内少数静止中的人有感觉	—	门、窗轻微作响	—	悬挂物微动	—	—
Ⅳ	室内多数人、室外少数人有感觉,少数人梦中惊醒	—	门、窗作响	—	悬挂物明显摆动,器皿作响	—	—
Ⅴ	室内绝大多数人、室外多数人有感觉,多数人梦中惊醒	—	门窗、屋顶、屋架颤动作响,灰土掉落,个别房屋墙体抹灰出现细微裂缝,个别屋顶烟囱掉砖	—	悬挂物大幅度晃动,不稳定器物摇动或翻倒	0.31 (0.22~0.44)	0.03 (0.02~0.04)
Ⅵ	多数人站立不稳,少数人惊逃户外	A	少数中等破坏,多数轻微破坏或基本完好	0~0.11	家具和物品移动;河岸和松软土出现裂缝,饱和砂层出现喷砂冒水;个别独立砖烟囱出现轻度裂缝	63 (0.45~0.89)	0.06 (0.05~0.09)
		B	个别中等破坏,少数轻微破坏,多数基本完好	0~0.11			
		C	个别轻微破坏,大多数基本完好	0~0.08			
Ⅶ	大多数人惊逃户外,骑自行车的人有感觉,行驶中的汽车驾乘人员有感觉	A	少数毁坏或严重破坏,多数中等或轻微破坏	0.09~0.31	物体从架子上掉落;河岸出现塌方,饱和砂层常见喷水冒砂,松软土地上裂缝较多;大多数独立砖烟囱中等破坏	1.25 (0.90~1.77)	0.13 (0.10~0.18)
		B	少数中等破坏,多数轻微破坏或基本完好	0.09~0.31			
		C	少数中等或轻微破坏,多数基本完好	0.07~0.22			

地震烈度	人的感觉	房屋震害			其他震害现象	水平向地震动参数	
		类型	震害程度	平均震害指数		峰值加速度/(m/s²)	峰值速度/(m/s)
Ⅷ	多数人摇晃颠簸,行走困难	A	少数毁坏,多数严重或中等破坏	0.29~0.51	干硬土上也出现裂缝,饱和砂层绝大多数喷砂冒水;大多数独立砖烟囱严重破坏	2.50(1.78~2.53)	0.25(0.19~0.35)
		B	个别毁坏,少数严重破坏,多数中等或轻微破坏	0.29~0.51			
		C	少数严重或中等破坏,多数轻微破坏	0.20~0.40			
Ⅸ	行动的人摔倒	A	多数严重破坏或毁坏	0.49~0.71	干硬土上多处出现裂缝,可见基岩裂缝、错动,滑坡、塌方常见;独立砖烟囱多数倒塌	5.00(3.54~7.07)	0.50(0.36~0.71)
		B	少数毁坏,多数严重或中等破坏	0.49~0.71			
		C	少数毁坏或严重破坏,多数中等或轻微破坏	0.38~0.60			
Ⅹ	骑自行车的人会摔倒,处不稳状态的人会摔离原地,有抛起感	A	绝大多数毁坏	0.69~0.91	山崩和地震断裂出现,基岩上拱桥破坏;大多数独立砖烟囱从根部破坏或倒毁	10.00(7.08~14.14)	1.00(0.72~1.41)
		B	大多数毁坏	0.69~0.91			
		C	多数毁坏或严重破坏	0.58~0.80			
Ⅺ	—	A	绝大多数毁坏	0.89~1.00	地震断裂延续很长;大量山坡滑坡	—	—
		B		0.89~1.00			
		C		0.78~1.00			
Ⅻ	—	A	几乎全部毁坏	1.00	地面剧烈变化,山河改观	—	—
		B					
		C					

附录 13　宁夏抗震设防烈度

《中国地震动参数区划图》(GB 18306—2015)提供了宁夏回族自治区城镇Ⅱ类场地基本地震动峰值加速度值和基本地震动加速度反应谱特征周期值,见附表 13-1。

地震动参数区划图适用于新建、改建、扩建一般建设工程的抗震设防,以及编制社会经济发展和国土规划。自 1949 年以来,中国地震区划图已历经五代发展历程:1957 年第一代《全国地震区域划分图》;1977 年第二代《中国地震烈度区划图》;1990 年第三代《中国地震烈度区划图》;2001 年第四代《中国地震动参数区划图》;2015 年第五代《中国地震动参数区划图》。从第四代区划图开始,用动参数表示抗震设防烈度。

地震烈度区划是预测某地区在未来一定时期内,在一般场地条件下可能遭遇的最大地震烈度,它为国家经济建设规划和工程设计提供了合理的抗震设防指标。世界各国为了防御地震灾害而把国土按地震危险程度划分为若干区域。表示地震区划的地图称为地震区划图。地震区划图是有关地震安全的强制性国家标准。国家的基本建设项目都要按地震区划图来制定抗震设计标准。地震区划实质上属于长期地震预报范畴。由于地震预测尚处于探索阶段,在科学上远未得到解决,因此地震区划图只是暂行的,本身通过科研工作的深入还在不断修改和完善。

抗震设防烈度与加速度值的关系为:

(1) 设计基本地震加速度值为 $0.05g$,对应抗震设防烈度为 6 度。

(2) 设计基本地震加速度值为 $0.10g$、$0.15g$,对应抗震设防烈度为 7 度。

按照国内通常说法,"抗震设防烈度为 7 度,设计基本地震加速度值为 $0.10g$"可表述为"抗震设防烈度为 7 度";"抗震设防烈度为 7 度,设计基本地震加速度值为 $0.15g$"可表述为"抗震设防烈度为 7.5 度"。

(3) 设计基本地震加速度值为 $0.20g$、$0.30g$,对应抗震设防烈度为 8 度。按照国内通常说法,"抗震设防烈度为 8 度,设计基本地震加速度值为 $0.20g$"可表述为"抗震设防烈度为 8 度";"抗震设防烈度为 8 度,设计基本地震加速度值为 $0.30g$"可表述为"抗震设防烈度为 8.5 度"。

(4) 设计基本地震加速度值为 $0.40g$,对应抗震设防烈度为 9 度。

农房设计时,一般可以按照建房地所属县城的抗震设防烈度取用,当建房地距离所属县城较远而距邻近县城较近时,也可参照邻近县城设防烈度选取。

附表 13-1　宁夏回族自治区城镇 Ⅱ 类场地基本地震动峰值加速度值
和基本地震动加速度反应谱特征周期值列表

行政区划 名称	峰值 加速度(g)	反应谱特 征周期/s	行政区划 名称	峰值 加速度(g)	反应谱特 征周期/s
银川市(23街道,27乡、镇)			长城中路街道	0.20	0.40
兴庆区(11街道,4乡、镇)			北京中路街道	0.20	0.40
凤凰北街街道	0.20	0.40	上海西路街道	0.20	0.40
解放西街街道	0.20	0.40	良田镇	0.20	0.40
文化街街道	0.20	0.40	丰登镇	0.20	0.40
富宁街街道	0.20	0.40	永宁县(6乡、镇)		
新华街街道	0.20	0.40	杨和镇	0.20	0.40
玉皇阁北街街道	0.20	0.40	李俊镇	0.20	0.45
前进街街道	0.20	0.40	望远镇	0.20	0.40
中山南街街道	0.20	0.40	望洪镇	0.20	0.45
银古路街道	0.20	0.40	闽宁镇	0.20	0.45
胜利街街道	0.20	0.40	胜利乡	0.20	0.40
丽景街街道	0.20	0.40	贺兰县(5乡、镇)		
掌政镇	0.20	0.40	习岗镇	0.20	0.40
大新镇	0.20	0.40	金贵镇	0.20	0.40
通贵乡	0.20	0.40	立岗镇	0.20	0.40
月牙湖乡	0.20	0.40	洪广镇	0.20	0.40
西夏区(6街道,2镇)			常信乡	0.20	0.40
西花园路街道	0.20	0.40	灵武市(1街道,8乡、镇)		
北京西路街道	0.20	0.40	城区街道	0.20	0.45
文昌路街道	0.20	0.40	东塔镇	0.20	0.45
塑方路街道	0.20	0.40	郝家桥镇	0.20	0.45
宁华路街道	0.20	0.40	崇兴镇	0.20	0.45
贺兰山西路街道	0.20	0.40	宁东镇	0.15	0.45
兴泾镇	0.20	0.40	马家滩镇	0.15	0.45
镇北堡镇	0.20	0.40	临河镇	0.20	0.45
金凤区(5街道,2镇)			梧桐树乡	0.20	0.45
满城北街街道	0.20	0.40	白土岗乡	0.20	0.45
黄河东路街道	0.20	0.40	石嘴山市(16街道,20乡、镇)		

续附表 13-1

行政区划名称	峰值加速度（g）	反应谱特征周期/s	行政区划名称	峰值加速度（g）	反应谱特征周期/s
大武口区（10街道,1镇）			姚伏镇	0.20	0.40
长胜街道	0.20	0.40	崇岗镇	0.20	0.40
朝阳街道	0.20	0.40	陶乐镇	0.20	0.40
人民路街道	0.20	0.40	高庄乡	0.20	0.40
长城街道	0.20	0.40	灵沙乡	0.20	0.40
青山街道	0.20	0.40	渠口乡	0.20	0.40
石炭井街道	0.20	0.40	通伏乡	0.20	0.40
白芨沟街道	0.20	0.40	高仁乡	0.20	0.40
沟口街道	0.20	0.40	红崖子乡	0.20	0.40
长兴街道	0.20	0.40	吴忠市（2街道,44乡、镇）		
锦林街道	0.20	0.40	利通区（12乡、镇）		
星海镇	0.20	0.40	金积镇	0.20	0.45
惠农区（6街道,6乡、镇）			金银滩镇	0.20	0.45
育才路街道	0.20	0.40	高闸镇	0.20	0.45
南街街谊	0.20	0.40	扁担沟镇	0.20	0.45
中街街道	0.20	0.40	上桥镇	0.20	0.45
北街街道	0.20	0.40	古城镇	0.20	0.45
河滨街街道	0.20	0.40	金星镇	0.20	0.45
火车站街道	0.20	0.40	胜利镇	0.20	0.45
红果子镇	0.20	0.40	东塔寺乡	0.20	0.45
尾闸镇	0.20	0.40	板桥乡	0.20	0.45
园艺镇	0.20	0.40	马莲渠乡	0.20	0.45
庙台乡	0.20	0.40	郭家桥乡	0.20	0.45
礼和乡	0.20	0.40	红寺堡区（1街道,5乡、镇）		
燕子墩乡	0.20	0.40	新民街道	0.20	0.45
平罗县（13乡、镇）			红寺堡镇	0.20	0.45
城关镇	0.20	0.40	太阳山镇	0.20	0.45
黄渠桥镇	0.20	0.40	大河乡	0.20	0.45
宝丰镇	0.20	0.40	新庄集乡	0.20	0.45
头闸镇	0.20	0.40	柳泉乡	0.20	0.45

行政区划名称	峰值加速度(g)	反应谱特征周期/s	行政区划名称	峰值加速度(g)	反应谱特征周期/s
盐池县(8乡、镇)			陈袁滩镇	0.20	0.45
花马池镇	0.05	0.45	固原市(3街道,62乡、镇)		
大水坑镇	0.10	0.45	原州区(3街道,11乡、镇)		
惠安堡镇	0.15	0.45	南关街道	0.20	0.45
高沙窝镇	0.10	0.45	新区街道	0.20	0.45
王乐井乡	0.10	0.45	北塬街道	0.20	0.45
冯记沟乡	0.15	0.45	三营镇	0.30	0.45
青山乡	0.10	0.45	官厅镇	0.20	0.45
麻黄山乡	0.10	0.45	开城镇	0.30	0.45
同心县(11乡、镇)			张易镇	0.20	0.45
豫海镇	0.20	0.45	彭堡镇	0.30	0.45
河西镇	0.20	0.45	头营镇	0.30	0.45
韦州镇	0.20	0.45	黄铎堡镇	0.30	0.45
下马关镇	0.20	0.45	中河乡	0.30	0.45
予旺镇	0.20	0.45	河川乡	0.20	0.45
王团镇	0.20	0.45	炭山乡	0.20	0.45
丁塘镇	0.20	0.45	寨科乡	0.20	0.45
田老庄乡	0.20	0.45	西吉县(19乡、镇)		
马高庄乡	0.20	0.45	吉强镇	0.20	0.45
张家垣乡	0.20	0.45	兴隆镇	0.20	0.45
兴隆乡	0.20	0.45	平峰镇	0.20	0.45
青铜峡市(1街道,8镇)			新营乡	0.20	0.45
裕民街道	0.20	0.45	红耀乡	0.20	0.45
小坝镇	0.20	0.45	田坪乡	0.15	0.45
大坝镇	0.20	0.45	马建乡	0.15	0.45
青铜峡镇	0.20	0.45	震湖乡	0.15	0.45
叶盛镇	0.20	0.45	兴坪乡	0.20	0.45
瞿靖镇	0.20	0.45	西滩乡	0.20	0.45
峡口镇	0.20	0.45	王民乡	0.20	0.45
邵岗镇	0.20	0.45	什字乡	0.20	0.45

续附表 13-1

行政区划名称	峰值加速度(g)	反应谱特征周期/s	行政区划名称	峰值加速度(g)	反应谱特征周期/s
马莲乡	0.20	0.45	白阳镇	0.15	0.45
将台乡	0.20	0.45	王洼镇	0.15	0.45
硝河乡	0.20	0.45	古城镇	0.20	0.45
偏城乡	0.30	0.45	新集乡	0.20	0.45
沙沟乡	0.40	0.45	城阳乡	0.15	0.45
白崖乡	0.30	0.45	红河乡	0.15	0.45
火石寨乡	0.30	0.45	冯庄乡	0.15	0.45
德隆县(13乡、镇)			小岔乡	0.15	0.45
城关镇	0.20	0.45	孟塬乡	0.15	0.45
沙塘镇	0.20	0.45	罗洼乡	0.15	0.45
联财镇	0.20	0.45	交岔乡	0.20	0.45
陈靳乡	0.20	0.45	草庙乡	0.15	0.45
好水乡	0.20	0.45	中卫市(40乡、镇)		
观庄乡	0.20	0.45	沙坡头区(12乡、镇)		
杨河乡	0.20	0.45	滨河镇	0.20	0.45
神林乡	0.20	0.45	文昌镇	0.20	0.45
张程乡	0.20	0.45	东园镇	0.20	0.45
凤岭乡	0.20	0.45	柔远镇	0.20	0.45
山河乡	0.20	0.45	镇罗镇	0.20	0.45
温堡乡	0.20	0.45	宣和镇	0.20	0.45
奠安乡	0.20	0.45	永康镇	0.20	0.45
泾源县(7乡、镇)			常乐镇	0.20	0.45
香水镇	0.20	0.45	迎水桥镇	0.20	0.45
泾河源镇	0.20	0.45	兴仁镇	0.20	0.45
六盘山镇	0.20	0.45	香山乡	0.20	0.45
新民乡	0.20	0.45	蒿川乡	0.20	0.45
兴盛乡	0.20	0.45	中宁县(11乡、镇)		
黄花乡	0.20	0.45	宁安镇	0.20	0.45
大湾乡	0.20	0.45	鸣沙镇	0.20	0.45
彭阳县(12乡、镇)			石空镇	0.20	0.45

行政区划名称	峰值加速度(g)	反应谱特征周期/s	行政区划名称	峰值加速度(g)	反应谱特征周期/s
新堡镇	0.20	0.45	七营镇	0.20	0.45
恩和镇	0.20	0.45	史店乡	0.30	0.45
大战场镇	0.20	0.45	树台乡	0.30	0.45
舟塔乡	0.20	0.45	关桥乡	0.20	0.45
白马乡	0.20	0.45	高崖乡	0.20	0.45
余丁乡	0.20	0.45	郑旗乡	0.30	0.45
喊叫水乡	0.20	0.45	贾堉乡	0.30	0.45
徐套乡	0.20	0.45	曹洼乡	0.30	0.45
海原县(17乡、镇)			九彩乡	0.30	0.45
海城镇	0.30	0.45	李俊乡	0.40	0.45
李旺镇	0.20	0.45	红羊乡	0.30	0.45
西安镇	0.30	0.45	关庄乡	0.30	0.45
三河镇	0.20	0.45	甘城乡	0.20	0.45

附录 14　常用单位英文缩写

附表 14　常见单位英文缩写

英文缩写	中文释义
μm	长度单位,微米
mm	长度单位,毫米
cm	长度单位,厘米
m	长度单位,米
t	重量单位,吨
kg	重量单位,千克
g	重量单位,克
kg/m^3	容积单位,千克/立方米
L	容积单位,升
mL	容积单位,毫升
d	时间单位,天
h	时间单位,小时
min	时间单位,分钟
s	时间单位,秒
hm^2	面积单位,公顷
km^2	面积单位,平方千米
m^2	面积单位,平方米
a	面积单位,亩
N	力的单位,牛
kN	力的单位,千牛
N/m^2	压力单位,牛顿/平方米
MPa	压力单位,兆帕,1 兆帕＝1 牛顿/平方毫米
J	能量单位,焦耳

小知识:常见符号"N""kN""kPa"" MPa"都是啥意思?

① "N"、"kN"是重量或力的单位。

"1 N"表示 1 个牛顿,约等于 0.1 kg,即"1 牛等于 2 两";

"1 kN"表示 1000 个牛顿,约等于 100 kg,即"1 千牛等于 200 斤";

② "kPa"" MPa"是压强单位,常用来表示材料每单位面积上受到的力。

"1 kPa"表示 1 个千帕,约等于 1 m^2 上作用了 100 kg 的力,或者相当于 1 cm^2(拇指盖大小)上作用了 0.01 kg 的力。

"1 MPa"表示 1000 个千帕,约等于 1 m² 上作用了 100 t 的力,或者相当于 1 cm²(拇指盖大小)上作用了 10 kg 的力。

③ 举个例子,光圆钢筋的代号是 HPB300,数字"300"就表示光圆钢筋的屈服强度标准值是"300 MPa"。一根直径为 6 mm 的光圆钢筋,其横截面面积为 28.26 mm²,因此它能承受的最大拉力标准值应为 $28.26 \times 300 \times 0.1 = 847.8$ kg。

再比如,我们说"某个地基承载力为 130 kPa",就表示这个地基上每平方米可以承受 $130 \times 100 = 13000$ kg $= 13$ t 的荷载,当超过这个数值时地基有可能失效。

附录15　农村自建房安全常识一张图

附录 16　混凝土散水做法

　　散水的宽度一般为 600～1000 mm,散水的坡度为 3‰～5‰,坡向外侧,散水外缘高出室外地坪 30～50 mm。散水材料可用混凝土、砖等。为防止散水与勒脚结合处出现裂缝,在此部位应设缝,用弹性材料(如沥青油膏)灌缝。

　　混凝土散水的做法为(按施工顺序排列):(1)素土夯实,向外坡 3‰～5‰。(2)150 mm厚 3:7 灰土夯实,宽出面层 100 mm。(3)浇筑 60 mm 厚 C20 混凝土,撒 1:1 水泥砂子压实赶光。室外混凝土散水做法参见附图 16-1。

　　湿陷性黄土地区,散水应适当加宽。

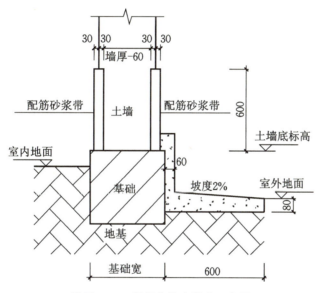

附图 16-1　混凝土散水做法示意图

参 考 文 献

[1]中华人民共和国住房和城乡建设部,中华人民共和国国家质量监督检验检疫总局.建筑抗震设计规范:GB 50011—2010(2016 年版)[S].北京:中国建筑工业出版社,2016.

[2]中华人民共和国住房和城乡建设部.镇(乡)村建筑抗震技术规程:JGJ 161—2008[S].北京:中国建筑工业出版社,2008.

[3]中华人民共和国住房和城乡建设部.砌体结构设计规范:GB 50003—2011[S].北京:中国建筑工业出版社,2011.

[4]中华人民共和国住房和城乡建设部.砌体结构通用规范:GB 55007—2021[S].北京:中国建筑工业出版社,2021.

[5]中华人民共和国住房和城乡建设部,国家市场监督管理总局.工程结构通用规范:GB 55001—2021[S].北京:中国建筑工业出版社,2021.

[6]中华人民共和国住房和城乡建设部.建筑与市政工程抗震通用规范:GB 55002—2021[S].北京:中国建筑工业出版社,2021.

[7]中华人民共和国住房和城乡建设部.建筑与市政地基基础通用规范:GB 55003—2021[S].北京:中国建筑工业出版社,2021.

[8]中华人民共和国住房和城乡建设部,国家市场监督管理总局.木结构通用规范:GB 55005—2021[S].北京:中国建筑工业出版社,2021.

[9]中华人民共和国住房和城乡建设部,中华人民共和国国家质量监督检验检疫总局.墙体材料应用统一技术规范:GB 50574—2010[S].北京:中国建筑工业出版社,2016.

[10]中华人民共和国住房和城乡建设部.湿陷性黄土地区建筑标准:GB 50025—2018[S].北京:中国建筑工业出版社,2018.

[11]国家市场监督管理总局,国家标准化管理委员会.农村三格式户厕建设技术规范:GB/T 38836—2020[S].北京:中国建筑工业出版社,2020.

[12]中国建筑标准设计研究院.农村民宅抗震构造详图[M].北京:中国计划出版社,2008.

[13]宁夏住房和城乡建设厅,宁夏建筑设计研究院有限公司.宁夏美丽村庄建设图则(试行),2021.

[14]周铁钢.农村建筑工匠培训示范教材[M].北京:中国建筑工业出版社,2020.

[15]周云,张文芳,宗兰.土木工程抗震设计[M].北京:科学出版社,2013.

[16]张奕,江胜利,夏仁宝.农村建筑工匠基础知识读本[M].北京:中国建筑工业出版社,2020.